Frei

Change Management für Führungskräfte

Change Management für Führungskräfte

Eine Praxisanleitung zur betrieblichen Transformation

von

Dr. Michael Frei

Verlag Franz Vahlen München

Dr. Michael Frei ist eine internationale Führungskraft – auch als Geschäftsführer und Vorstand – bei Unternehmen wie ABB, Alstom, Outotec und Refratechnik. Er verfügt über intensive und jahrzehntelange Erfahrung in der Führung von betrieblichen Transformationen.

ISBN 978 3 8006 5615 8

Satz: Fotosatz Buck
Zweikirchener Str. 7, 84036 Kumhausen
Druck und Bindung: BELTZ Bad Langensalza GmbH
Am Fliegerhorst 8, 99947 Bad Langensalza
Umschlaggestaltung: Ralph Zimmermann – Bureau Parapluie
Bildnachweise:
© simonkr – istockphoto.com;
© THPStock – depositphotos.com
Zeichnungen im Buch: Monika Frick
Gedruckt auf säurefreiem, alterungsbeständigem Papier
(hergestellt aus chlorfrei gebleichtem Zellstoff)

„It's the people, stupid"

Vorwort von Pertti Korhonen

Das Führen von Veränderungen bildet den Kern von Führung. In einer sich konstant verändernden Welt mit neuen Technologien, Märkten und Konkurrenz, mit neuen Risiken und Chancen ist es, um wettbewerbsfähig zu bleiben, zwingend notwendig, das Unternehmen konstant zu transformieren. Es ist diese Fähigkeit zur permanenten Veränderung, die den Erfolg eines Unternehmens bestimmt. Für diese Reise ist es nicht genug, nur großartige Visionen, Strategien und Pläne zu haben, sondern diese müssen auch in die Praxis umgesetzt werden. Dazu muss die Veränderung so geführt werden, dass die Menschen die wirklichen Akteure der Veränderung sind.

Eine solche Transformation haben wir in Outotec vollzogen, einem weltweiten Technologieführer in der Bergbau- und Metallindustrie, wo ich als CEO diente. Diese Veränderung wirkte sich auf alle Teile unseres Unternehmens aus. Die größte Herausforderung, mit der wir auf dieser Reise konfrontiert wurden, war nicht die Entwicklung von vielversprechenden Visionen, Strategien und Konzepten, sondern die tägliche Führung, um diese Visionen und Strategien in die Realität umzusetzen.

Während dieser Zeit war Michael Teil meines Teams und Vorstand bei Outotec, global verantwortlich für Supply und Delivery. Die Prinzipien in diesem Buch beschreiben, wie Michael die Veränderung in diesen Bereichen führte. Wenn ich ihn bei dieser Veränderungsarbeit beobachtete und mit ihm sprach und reflektierte, gab es ein paar Elemente, die in seinem Ansatz besonders wichtig waren. Im Mittelpunkt geht es bei ihm darum, Menschen umfangreich und sehr früh in den Veränderungsprozess einzubeziehen; nicht nur bei der Umsetzung der Veränderung, sondern auch viel früher bei der Entwicklung des Veränderungsansatzes und der Lösungen. Damit stellt er nicht nur eine geeignete Lösung sicher, die in der Praxis funktioniert, sondern auch, dass er die Leute in der Organisation für diesen Wandel gewinnt. Dieser Ansatz war auch in seinem persönlichen Engagement sichtbar.

Dieses Buch kann ich sehr empfehlen, es ist ein praktisches Change-Management-Handbuch für Führungskräfte. Es basiert auf der aktuellen Forschung und ist zugleich sehr anwendungsorientiert. Es erklärt die größeren Zusammenhänge und beschreibt zugleich die einzelnen Phasen des Veränderungsprozesses in der klaren Sprache der Führungskräfte. Und es funktioniert. Ich wünsche mir, dass dieses Buch vielen Menschen hilft, erfolgreiche Unternehmenstransformationen durchzuführen – erfolgreich für die Mitarbeitenden, die Kunden und die Aktionäre.

Helsinki, Finnland, Februar 2018

Pertti Korhonen,
Board Professional und Investor,
Outotec CEO 2010-2016

Vorwort des Autors

Dieses Buch ist geschrieben für Führungskräfte als eine praktische Unterstützung in ihrer Change-Aufgabe. Als Führungskraft habe ich selbst in mehreren globalen Unternehmen betriebliche Transformationen geleitet und realisiert. Das praktische Wissen, das ich mir dabei aneignen konnte, möchte ich mit diesem Buch weitergeben. Meine Erfahrung, die ich einbringen kann, reicht von der strategischen und Topmanagementebene, die ich als Vorstand eines Milliardenunternehmens sammeln konnte, bis hin zur „Hands-on"-Führungskraft in der täglichen Change-Arbeit, gewonnen beispielsweise durch unzählige Workshops, die ich über die ganze Welt verteilt geleitet habe. Ich hoffe, dass es mir gelungen ist, diese Erfahrung so aufzuarbeiten, dass sie in diesem Buch von praktischem Nutzen für Sie als Leser ist.

Dieses Buch ist das Resultat von Interaktionen zwischen unzähligen Menschen. Ich möchte all diesen Menschen, die direkt und indirekt zu diesem Buch beigetragen haben, ganz herzlich danken. An erster Stelle danke ich den Management-Kollegen und den Mitarbeitenden der Firmen, in denen ich tätig war und bin, und mit denen ich aktiv in den unterschiedlichen Transformationsprogrammen zusammenarbeiten, lernen und Erfolg haben durfte. Ganz speziell danken möchte ich Pertti Korhonen, damaliger CEO von Outotec, für seine vielfältige Unterstützung. Für Feedback zum Manuskript danke ich Eva Schifferer, Juri Jukola, Gerald Mayr und Manfred Drescher. Ich danke Herrn Thomas Ammon vom Verlag Vahlen für die Realisierung des Buchs, und Frau Monika Frick für die Zeichnungen. „Last but not least" danke ich meiner Familie für ihre Geduld und Unterstützung in dieser turbulenten Zeit.

Michael Frei
München, Februar 2018

Inhaltsverzeichnis

Teil A: Grundlagen und Instrumente des Change Managements

Dieses Buch ist in zwei Teile gegliedert; Teil A „Grundlagen und Instrumente des Change Managements“ und Teil B „Vorgehensmodell des Change Managements“, vgl. Abb. A. Dabei werden die in Teil A erarbeiteten Grundlagen in den einzelnen Phasen des Veränderungsvorhabens in Teil B verwendet. Teil A beginnt mit einem Einstiegskapitel, das insbesondere auch das in diesem Buch verwendete Change-Management-Modell vorstellt. Kapitel 2 durchleuchtet, was wir im Change Management überhaupt verändern, und geht auf das Unternehmen als soziales System ein, die Frage der Wahrnehmung, die Bedeutung von Gefühlen und das operative Verhalten der Menschen im Unternehmen als Kern des Veränderungsvorhabens. Kapitel 3 bis 5 behandeln dann wichtige Instrumente und Komponenten des Change Managements: Kapitel 3 das Change-Team, das die treibende Kraft des Veränderungsvorhabens ist. Dabei wird insbesondere der Frage nachgegangen, was ein leistungsfähiges Change-Team auszeichnet und wie ein solches entwickelt werden kann. Kapitel 4 behandelt Stakeholdermanagement und Kommunikation als Mittel, um die Menschen im Unternehmen für die Veränderung zu gewinnen und sie im Veränderungsprozess zu engagieren, und Kapitel 5 beschreibt das Projektmanagement und die Governance für das Veränderungsvorhaben, um dieses auf Kurs zu halten. Mit diesen Grundlagen wird dann in Teil B auf die einzelnen Phasen des Veränderungsvorhabens eingegangen.

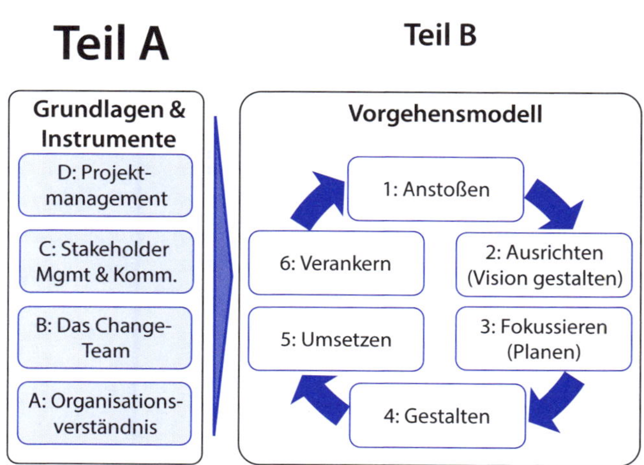

Teil A Grundlagen und Instrumente des Change Managements

1 Change Management: Die Herausforderung annehmen

1.1 Change Management als Priorität

Veränderungen in Unternehmen sind notwendiger denn je

Unternehmen befinden sich in einem zunehmend dynamischen Umfeld. Der Markt und die Unternehmen sind globaler geworden und damit wurde auch die Konkurrenz globaler und stärker. Die Vernetzung der Welt, gesellschaftliche Veränderungen und technologische Entwicklungen haben sich beschleunigt. Gleichzeitig hat die Voraussehbarkeit und Planbarkeit dieser Veränderungen abgenommen. Das stellt große Herausforderungen an die Unternehmen. Diese sehen sich einem sich dauernd verändernden Umfeld gegenüber und müssen darauf reagieren. Nicht nur haben sie laufend die Strategie zu überdenken und anzupassen, sondern die veränderte Strategie muss in der Organisation auch umgesetzt werden. Und daran scheitern viele Unternehmen.

Führen von Veränderungsvorhaben steht im Mittelpunkt von Führung und Strategie …

„Leadership ist die Fähigkeit, Vision in die Realität umzusetzen" lautet ein bekanntes Zitat von Warren Bennis, einem Pionier in Leadership-Studien. Dennoch konzentriert sich sowohl das Management als auch die Literatur vor allem auf die Gestaltung von Visionen, Strategien und Organisationen – und fokussiert häufig weniger auf die Umsetzung dieser Inhalte in die Realität. Allerdings hat die beste

Strategie keinen Wert, wenn sie nicht in die Realität umgesetzt wird. Oder um das Bild des fallenden Bleistifts zu benutzen: Der Stift fällt gemäß der Schwerkraft, so wie auch Menschen nach ihren Gewohnheiten handeln. So wie der Fall des Bleistifts beeinflusst werden kann, ist es die Aufgabe von Leadership, das Verhalten von Menschen zu beeinflussen – in kleinen täglichen Aktivitäten bis hin zu großen strategischen Transformationen.

… und trotzdem scheitern die meisten Veränderungsvorhaben

Jede Führungskraft und jeder Mitarbeiter in einem Unternehmen hat meist schon mehrmals erlebt, wie Veränderungsvorhaben gescheitert sind oder doch zumindest weit hinter den Erwartungen zurückblieben. Beispielsweise sprach bereits David Miller (Miller, 2001) davon, dass rund 75 % Veränderungsvorhaben scheitern. McKinsey spricht von 70 % der Veränderungsvorhaben, die scheitern, basierend auf regelmäßigen Umfragen, die sie zum Thema durchführen (McKinsey 2008, 2016), ähnliche Zahlen findet man bei anderen Quellen. Auch John Kotter in seinem berühmten HBR Artikel zum Thema Change Management sprach davon, dass von den Transformationen, die er in mehr als 100 Firmen untersucht hat, die Mehrheit als Misserfolg zu bewerten waren (Kotter, 1995). Wenn einzelne Untersuchungsmethoden und Resultate auch sehr unterschiedlich sind und es nicht einfach zu definieren ist, was Erfolg und Misserfolg in Veränderungsvorhaben ausmacht, und die Zahl 70 % auch häufig unreflektiert wiederholt wird, so lässt sich doch feststellen, dass Unternehmen größte Mühe bekunden, ihre Veränderungsvorhaben erfolgreich im Unternehmen umzusetzen.

Warum scheitern so viele Veränderungsvorhaben?

Es gibt sehr viele Gründe, warum Change Management in Unternehmen so häufig scheitert. Hinter all den unzähligen Gründen an der Oberfläche und dem fehlenden Methodenwissen in Change Management lassen sich folgende tiefer liegende Ursachen feststellen:

- **Knappe Ressource Leadership:** Change Management ist eine Führungsaufgabe, und zwar eine der anspruchsvollsten Art – geht es doch darum, eine große Anzahl von Menschen im Unternehmen zu motivieren, dass sie ihr operatives Verhalten nachhaltig ändern – und das auch noch funktions- und bereichsübergreifend. Die Leadership-Fähigkeit, die solchen Herausforderungen gewachsen ist, ist eine sehr knappe Ressource in Unternehmen.
- **Niedrige Priorität von Change Management:** Change Management als eine strategische Tätigkeit, die zum Ziel hat, die Fähigkeiten der Organisation zu entwickeln, ist bei vielen Führungskräften sehr weit unten auf der Prioritätenliste. Nicht nur beklagen sich viele Führungskräfte, dass die Zeit für strategische Aufgaben viel zu knapp ist. Sondern wenn es dann um strategische Aufgaben geht, ist der Fokus sehr stark auf den Markt gerichtet, auf das Produkt und die Dienstleistung, die man im Markt anbieten möchte. So wichtig diese Themen sind, sehr häufig geht dabei verloren, dass es ebenso strategisch ist, die Fähigkeit der Organisation zu entwickeln, um genau diese strategischen Pläne zu realisieren und die entsprechenden Ziele zu erreichen, ja dass die Entwicklung von Fähigkeiten der Organisation selbst ein strategischer Erfolgsfaktor ist.

- **Ineffektives Verständnis von Organisationen:** Sehr häufig haben Führungskräfte ein mechanistisches Verständnis der Organisation. Dies zeigt sich darin, dass man als Topmanagement glaubt, zu wissen – eventuell unterstützt von Beratern –, was das Beste für das Unternehmen ist, und dem mittleren Management und den Mitarbeitern zu sagen hat, was zu tun ist. Man will über Kontrolle, Anreize und Drohung sicherstellen, dass die Veränderung auch implementiert wird. Leider funktioniert dies selten – insbesondere für komplexe, wissensbasierte Arbeitsprozesse. Solche Veränderungen sind dann wohl in den Köpfen des Managements umgesetzt, nicht aber in der Praxis. In diesem Organisations- und Führungsverständnis existiert der Bedarf für ein Change Management gar nicht oder nur in einer sehr limitierten Rolle.

Zusammenfassend kann festgehalten werden, dass Veränderungen in Unternehmen notwendiger denn je sind und trotz dieser Bedeutung die meisten Veränderungsvorhaben in Unternehmen scheitern. Die Wurzel des Scheiterns bildet häufig ein ineffektives Organisations- und Führungsverständnis, es fehlt an Willen und Fähigkeit in Bezug auf Change Management als zentrale Führungsaufgabe. Damit wird Change Management zu einer Priorität, zu einem wichtigen Erfolgsfaktor – nicht nur für die Unternehmen, sondern auch für die Entwicklung und Karriere von Führungskräften.

1.2 Modelle und Definitionen des Change Managements

Unter Change Management verstehe ich das Führen von Veränderungen von Organisationen. Im Folgenden möchte ich einige wenige Change-Management-Modelle vorstellen, solche, die bahnbrechend in der Entwicklung von Change Management waren – und immer noch heute wichtig sind –, und neuere Modelle, die gerade für Praktiker spannend sind. Am Anschluss werde ich die Definition von Change Management vertiefen.

Das 3-Phasen-Modell von Kurt Lewin

Kurt Lewin (1898–1947) ist ein aus Deutschland in die USA emigrierter Psychologe und einer der Begründer der Organisationsentwicklung, aus welcher sich das heutige Change Management entwickelt hat. Lewin schuf ein 3-Phasen-Modell für die Veränderung gesellschaftlicher Gruppen (Lewin, 1947) mit den drei Phasen Auftauen (Unfreezing), Bewegen (Moving) und Einfrieren (Freezing), vgl. Abb. 1.1.

In der ersten Phase, „Auftauen“, geht es um die Überwindung der Trägheit, die Schwächung der existierenden Perspektive und die Entwicklung von alternativen Sichtweisen. In der zweiten Phase, „Bewegen“, erfolgt die Änderung mit all ihren Verwirrungen und Unsicherheiten. Das neue Verhalten wird gelernt. Dies ist die Phase des Übergangs. In der dritten und letzten Phase, „Einfrieren“, stabilisiert sich die neue Denk- und Verhaltensweise, es bilden sich neue Gewohnheiten, die Menschen haben sich in der neuen Situation eingelebt. Oder anders ausgedrückt beschreibt dieses Modell, wie ein bestehender Zustand aufgeweicht wird, dann der Übergang in einen neuen Zustand gemacht wird und anschließend dieser Zustand wieder verfestigt wird. Dieses Modell ist auch heute noch entscheidend, da Verände-

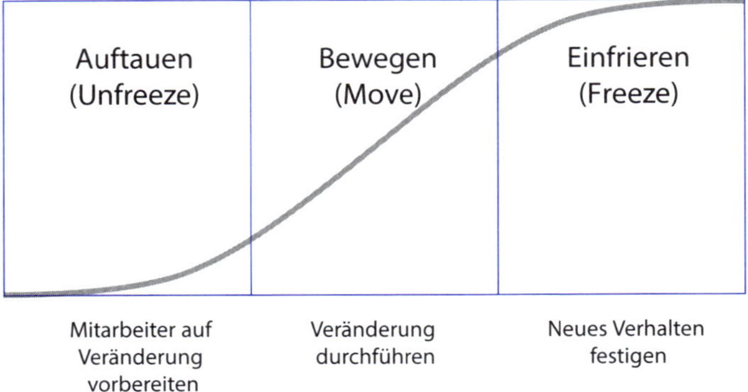

Abb. 1.1: Das 3-Phasen-Modell von Kurt Lewin

rungsvorhaben durch alle drei Phasen führen müssen. Viele Veränderungen scheitern, da sie sich auf das „Bewegen" fokussieren, das „Auftauen" und das „Einfrieren" jedoch vernachlässigen. Als Kritik an Lewins Modell wird häufig angebracht, dass es die Welt zu statisch sieht, dass es von stabilen Zuständen ausgeht, die heutige Welt aber in kontinuierlicher Veränderung ist. Ich teile diese Kritik nicht, denn kontinuierliche Veränderung muss in einzelnen Schritten erfolgen, einer auf dem anderen aufbauend, und auf jeden dieser Einzelschritte lässt sich Lewins Modell anwenden.

Systemische Organisationsberatung

Die Systemische Organisationsberatung baut auf der Organisationsentwicklung auf und hatte ihren Ursprung in der Familientherapie. Sie basiert auf der Systemtheorie mit den wichtigen Vertretern Ludwig von Bertalanffy (vgl. Bertalanffy, 1976) und Niklas Luhmann (vgl. Luhmann, 1984), sie betrachtet die Organisation als ein soziales System – also als die Interaktion von Menschen. Dabei ist nach Roswita Königswieser (Königswieser, 2015, S. 20) Beratung eine Unterstützung des Ratsuchenden, selbst die Lösung zu finden (Hilfe zur Selbsthilfe), mit der Zielsetzung, „langfristige, nachhaltige Lern- und Erneuerungsprozesse zu initialisieren und zu begleiten, um Systeme (Organisationen) überlebensfähiger, erfolgreicher und effizienter zu machen". Für die Anwendung im Change Management möchte ich aus dem „System"-Umfeld insbesondere Peter Senge mit seiner Arbeit zur lernenenden Organisation und Change hervorheben (Senge, 1999), im deutschsprachigen Raum Roswita Königswieser (Königswieser, 1999) und Barbara Heitger (Heitger, 2014). Die Systemische Organisationsberatung liefert ein Modell, welches sehr gut die menschlichen Interaktionen im Veränderungsprozess theoretisch beschreibt und auch sehr viele Instrumente bereitstellt, diese Interaktionen effektiv zu gestalten.

Die acht Stufen nach John Kotter

Das heute nach wie vor populärste Change-Management-Modell ist dasjenige von John P. Kotter, einem Professor Emeritus an der Harvard Business School (Kotter, 1995 und 1996). Aufgrund von umfangreichen Unternehmensanalysen stellte Kotter ein Change-Management-Modell mit acht Stufen vor. Diese acht Stufen sind;

1. Ein Gefühl der Dringlichkeit erzeugen, 2. Eine Führungskoalition aufbauen, 3. Vision und Strategie entwickeln, 4. Die Vision des Wandels kommunizieren, 5. Mitarbeiter auf breiter Basis befähigen, 6. Schnelle Erfolge erzielen, 7. Erfolge konsolidieren und weitere Veränderungen einleiten, 8. Neue Ansätze in der Kultur verankern. In einem Folgebuch (Kotter, 2002) hat Kotter dann die emotionale Seite des Veränderungsprozesses und das Verändern des Verhaltens der Menschen noch weiter vertieft. Eines der großen Vorteile des Modells von Kotter ist, dass es ein Vorgehensmodell darstellt und damit Führungskräften einen Rahmen gibt, welche Schritte sie im Veränderungsvorhaben durchzuführen haben. Einwände, die gegen das Modell von Kotter vorgebracht werden, sind, dass es zu stark top-down orientiert ist und es einem Wasserfallmodell entspricht.

Der Elefant, der Reiter und der Pfad von Chip und Dan Heath

Die Brüder Chip und Dan Heath haben 2010 einen Bestseller geschrieben, in dem sie einen Change-Management-Ansatz beschreiben, der aus meiner Sicht sehr gut hilft, das Wesen von Change Management zu verstehen (Heath, 2010). Er basiert darauf, dass in einem Veränderungsvorhaben drei wesentliche Aspekte zu berücksichtigen sind; nämlich die rationale Seite des Menschen, das Denken, zweitens und noch wichtiger, die Gefühle des Menschen, seine emotionale Seite, und drittens das Umfeld und die Systeme, die das Verhalten des Menschen beeinflussen. Um diese drei Aspekte zu beschreiben, verwenden sie ein sehr schönes Bild: der große und starke Elefant, der die Gefühle darstellt, der Reiter des Elefanten, der das Denken verkörpert – und Mühe hat, den Elefanten zu steuern, und drittens der Pfad, auf dem der Elefant geht, der das Umfeld und die Systeme charakterisiert. Das Buch beschreibt kein Vorgehensmodell für Change Management, zeigt aber sehr gut, wie diese drei Aspekte in einem Veränderungsvorhaben gezielt berücksichtigt werden können.

Change Management und seine Definition im deutschsprachigen Raum

Das deutschsprachige Standardwerk zu Change Management kommt von Klaus Doppler (Doppler, 2014), einem selbstständigen Organisationsberater. Weitere gute Überblicke vermitteln Thomas Lauer (Lauer, 2014) und Claudia Kostka (Kostka, 2016). Kostka definiert Change Management als das „ganzheitliche und systematische Planen, Initiieren, Realisieren, Reflektieren und Stabilisieren von Veränderungsprozessen in Organisationen“ (Kostka, 2016, S. 7) und Lauer als „Steuerung von Unternehmenswandel“ (Lauer, 2014, S. 6). Mein persönlicher Favorit der deutschsprachigen Change-Management-Literatur kommt von Manfred Höfer et al. (Höfer, 2014), das sehr anregend und praktisch ist. Sie beschreiben Change Management als „bewusst gestalteter Eingriff in den laufenden Betrieb des Unternehmens, um den Kurs zu halten, zu korrigieren oder neue Chancen zu ergreifen“ (Höfer, 2014, S. 16). Diese Literatur gibt im Allgemeinen gute Beispiele für Anwendungen und Tools, was aber fehlt, ist ein Leitfaden für Führungskräfte, um betriebliche Transformationen zu führen.

Change Management definiert: Das Führen von Veränderungen von Organisationen

Um im Rahmen dieses Buches ein klares Verständnis zu haben, definiere ich Change Management als das Führen von Veränderungen von Organisationen. Im Folgenden möchte ich erläutern, welche Aspekte diese Definition beinhaltet:

- **Organisation:** Die Veränderung betrifft Organisationen, beispielsweise Unternehmen. Diese sind soziale Systeme mit den Menschen im Zentrum, mit ihrem Denken, Fühlen und Handeln. Die Veränderung einer Organisation ist somit die Veränderung des Verhaltens und der Arbeit von Management und Mitarbeitenden. Dazu gehören auch Prozesse, Werkzeuge, Systeme und Strukturen, die diese Arbeit unterstützen. Aber eine Entwicklung und Einführung solcher Elemente – beispielsweise eines neuen IT-Systems oder einer neuen Organisationsstruktur – alleine stellt aus meiner Sicht kein Change Management dar: Im Zentrum müssen immer die Menschen stehen, die diese Mittel anwenden oder durch diese Rahmenbedingungen geprägt werden. Obwohl der Fokus dieses Buchs auf industriellen Unternehmen liegt, spreche ich hier bewusst von Organisationen, denn der Ansatz ist übertragbar auf alle Arten von Unternehmen und auch den öffentlichen Sektor. Umgekehrt muss die Veränderung aber nicht eine ganze Organisation betreffen, sondern kann auch nur einzelne Bereiche adressieren. Trotzdem spreche ich von Veränderungen „von" Organisationen und nicht „in" Organisationen, denn jede Veränderung in einem Bereich verändert auch die Organisation als Ganzes.
- **Veränderungen:** Veränderung geschieht nicht um der Veränderung willen, sondern um auf Dauer einen neuen Zustand zu erreichen; es ist eine gezielte Veränderung von Organisationen. Veränderung ist Transformation. Die Zielsetzung für den neuen Zustand kommt dabei häufig aus dem Strategieprozess oder aus der kontinuierlichen Verbesserung. Dabei sind die drei Phasen von Lewin (vgl. früher) zu durchlaufen, das Auftauen des bestehenden Zustands, der Übergang in den neuen und die Verfestigung des neuen Zustands. Sehr häufig wird in der Praxis sowohl die erste als auch die dritte Phase vergessen.
- **Führen:** Da es sich um eine gezielte Veränderung der Organisation handelt, muss sie geführt werden. Führen beinhaltet typischerweise die Aufgaben Planen, Steuern, Gestalten, Koordinieren und Kontrollieren. Diese Definition von Führung gilt uneingeschränkt für Change Management. Der Fokus des Change Managements liegt dabei in der Führung des Prozesses der Veränderung, und zwar von der Idee bis zur Realisierung. Er darf nicht etwa erst bei der Umsetzung einer fertigen Lösung beginnen, beispielsweise der Umsetzung einer Strategie oder einer Organisationsstruktur, sondern sollte den gesamten Prozess abdecken; von einer Idee über die Gestaltung einer Lösung, basierend auf dieser Idee, bis zur nachhaltigen Verankerung dieser neuen Lösung in den Arbeitsweisen der Menschen in der Organisation.

Ausgehend von der Beschreibung oben, wird auch klar, wie wichtig die Beteiligung der Betroffenen von Anfang an des Veränderungsprozesses ist. Somit könnte Change Management zusammenfassend verstanden werden als:

Das Führen einer zielgerichteten Veränderung von Arbeitsweisen und Verhalten einer Organisation – von einem bestehenden zu einem neuen Zustand – ausgehend von der Idee bis zur Realisierung dieser Idee – und unter Beteiligung der Mitarbeitenden über den gesamten Veränderungsprozess.

1.3 Der Change-Management-Ansatz dieses Buches

Grundlagen des Ansatzes

Das Ziel dieses Buches ist, Führungskräften ein Hilfsmittel in die Hand zu geben, um erfolgreich Veränderungen in ihren Unternehmen zu realisieren. Das heißt, der Ansatz, der in diesem Buch präsentiert wird, verfolgt zwei Ziele; einerseits die „Wirkung", dass es auch funktioniert, und andererseits die „Praktikabilität", also eine klare Anleitung, was zu tun ist, um diese Wirkung zu erreichen. Um Wirkung entfalten zu können, basiert der Ansatz auf folgenden Grundlagen, auf die in Kapitel 2 vertieft eingegangen wird:

- **Change Management ist das Verändern von Verhalten.** Unternehmen sind soziale Systeme mit den Menschen und ihrem Verhalten im Zentrum. Der Kern des Veränderungsvorhabens ist somit das Gestalten von menschlichem Verhalten in der täglichen Arbeit. Systeme, Prozesse, Organisationsformen etc. sind dabei wichtige Mittel, um dieses Verhalten zu beeinflussen.
- **Unternehmen sind als soziale Systeme äußerst komplex.** Dies bedeutet auch, dass das Management und externe Berater die Situation alleine nicht hinreichend verstehen können und somit die Lösungen auch nicht top-down entwickelt und vorgegeben werden können. Um die Situation angemessen zu verstehen und um eine qualitativ hochstehende und umsetzbare Lösung zu erhalten, müssen die Mitarbeitenden beteiligt werden.
- **Mitarbeitende müssen sich verändern wollen.** Im Gegensatz zu einfachen Tätigkeiten kann Veränderung von Verhalten im komplexen Umfeld von wissensbasierten Unternehmen kaum erzwungen werden, sondern die Mitarbeitenden müssen überzeugt werden, ihr Verhalten zu ändern.
- **Verändern von Verhalten läuft durch Phasen:** Wie im 3-Phasen-Modell von Kurt Lewin (Lewin 1947) beschrieben, können Verhaltensveränderungen nicht einfach auf Knopfdruck umgesetzt werden. Menschen sind einerseits zuerst auf die Veränderung vorzubereiten, das „Auftauen"; andererseits ist nach der Veränderung das neue Verhalten zu festigen, das „Einfrieren". Das Vorgehen hat alle drei Phasen voll abzudecken.
- **Verhalten wird durch Gefühle bestimmt.** Menschen verhalten sich meist nicht rational, auch nicht im Unternehmensumfeld. Logik bringt den Menschen zum Denken, Gefühle bringen ihn zum Handeln. Dieser emotionale Aspekt muss sowohl für die Gestaltung des Inhalts der Veränderung als auch im Vorgehen berücksichtigt werden.

Beteiligen der Mitarbeitenden als Kern des Ansatzes

Aus den oben angeführten Überlegungen folgt direkt, dass die Mitarbeitenden früh und umfangreich im Veränderungsprozess beteiligt werden müssen: Einerseits damit sie durch die Phase des „Auftauens" gehen können, ihre Gefühle adressiert werden und so die Motivation, sich zu verändern, und Akzeptanz für das neue Verhalten aufgebaut werden kann. Andererseits können im komplexen sozialen System eines Unternehmens keine effektiven Lösungen top-down vorgegeben werden, sondern sind durch die Mitarbeitenden mitzugestalten.

Struktur des Ansatzes

Um für Führungskräfte von Nutzen zu sein, basiert der Ansatz auf einem klaren Vorgehensmodell. Dieses Vorgehensmodell wird unterstützt durch Grundlagen und unterstützende Prozesse oder Instrumente, die über das ganze Vorgehen hinausreichen. Gesamthaft besteht das Modell aus 10 Erfolgsfaktoren; nämlich 4 Elementen im Bereich der Grundlagen und übergeordneten Instrumente (A–D) und 6 Phasen des Veränderungsmodells (1–6), vgl. Abb. 1.2.

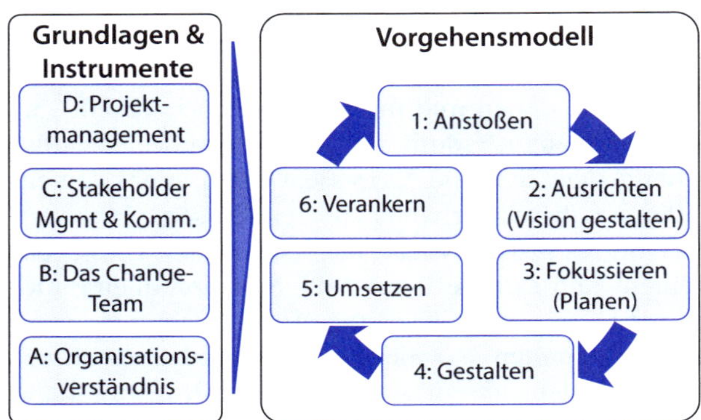

Abb. 1.2: Der Change-Management-Ansatz dieses Buches

Das Vorgehensmodell ist verwandt mit dem von Kotter (Kotter, 1996), wobei ich aber bewusst die Trennung in Grundlagen und allgemeine Instrumente einerseits und den Vorgehensprozess andererseits vorgenommen habe. Diese Trennung habe ich eingeführt, um Aktivitäten wie beispielsweise Stakeholdermanagement und Kommunikation, die über den gesamten Vorgehensprozess laufen, unterscheiden zu können von jenen, die spezifisch für eine einzelne Phase sind. Im Folgenden werden diese 10 Erfolgsfaktoren vorgestellt. Anschließend wird jedem dieser Erfolgsfaktoren ein einzelnes Kapitel des Buches gewidmet.

A. Organisationsverständnis (Kapitel 2)

Es sind weniger einzelne Tools und Methoden, die über Erfolg und Misserfolg von Veränderungsvorhaben entscheiden, sondern das Verständnis des Managements von Organisation und Führung. Dieses Verständnis bestimmt, wie die Realität wahrgenommen wird, wie Menschen im positiven Sinne beeinflusst werden können – was ja nichts anderes als Führung ist – und wie in einem Veränderungsvorhaben vorgegangen wird. Geht das Management davon aus, dass es die Realität am besten versteht, dass Veränderungen primär Strukturen, Prozesse und Systeme sind, dass Menschen primär rational handeln und dass Veränderungen top-down implementiert werden können? Oder geht das Management von einem Verständnis des Unternehmens als soziales System aus, wo die Menschen und ihr Verhalten im Zentrum stehen und wo Veränderungen nur unter früher und umfangreicher Beteiligung der Mitarbeitenden möglich sind? Das Organisationsverständnis ist essenziell für das Change Management, da es die Wahrnehmung und das Denken und somit sämtliche Aktivitäten im Veränderungsvorhaben bestimmt.

B. Das Change-Team (Kapitel 3)

Ein Veränderungsvorhaben ist eine komplexe Herausforderung, in das viele Menschen involviert werden. Ein solches Vorhaben kann nicht von einer Führungsperson alleine oder durch eine Gruppe von Einzelkämpfern geführt werden, sondern es braucht dazu ein starkes Team. Das Change-Team kann mit dem Führungsteam eines Unternehmens verglichen werden – so wie ein erfolgreiches Unternehmen ein echtes Team an seiner Spitze braucht, so gilt das Gleiche für ein Veränderungsvorhaben. Das Change-Team – insbesondere als ein Projektteam – kann nicht als gegeben betrachtet werden, sondern es muss aufgebaut, geführt und entwickelt werden.

C. Stakeholdermanagement und Kommunikation (Kapitel 4)

Veränderungen können nicht top-down vorgegeben werden, sondern Management und Mitarbeitende müssen für die Veränderung gewonnen werden, dazu dienen Stakeholdermanagement und Kommunikation. Stakeholdermanagement ist insbesondere wichtig, damit das Management und Schlüsselleute im Unternehmen eine aktive, unterstützende Rolle in der Veränderung übernehmen. Stakeholdermanagement und Kommunikation sind wichtige Instrumente über den ganzen Verlauf des Veränderungsvorhabens.

D. Projektmanagement und Governance (Kapitel 5)

Projektmanagement und Governance sind wichtige Elemente eines Veränderungsvorhabens, aber nicht einfach in der situationsgerechten Anwendung. Einerseits besteht das Risiko, dass Veränderungsvorhaben wie technische oder kommerzielle Projekte geplant und umgesetzt werden, oder aber, dass Projektmanagement-Prinzipen außer Acht gelassen werden. Ein Veränderungsvorhaben ist ein komplexes Projekt zur Gestaltung eines sozialen Systems, es braucht deshalb starkes Projektmanagement und Governance mit einem klaren Ziel. Gleichzeitig muss es flexibel sein, um unvorhersehbare Entwicklungen und Erkenntniszuwachs zu berücksichtigen, die typisch für die Gestaltung sozialer Systeme sind.

Diese 4 Elemente, „A. Organisationsverständnis", „B. Change-Team", „C. Stakeholdermanagement und Kommunikation" und „D. Projektmanagement und Governance", bilden die Grundlagen und Instrumente, die über den ganzen Veränderungsprozess anzuwenden sind. Der Veränderungsprozess selbst kann in die folgenden sechs Phasen (Phasen 1–6) strukturiert werden, denen ebenfalls später wieder je ein Kapitel gewidmet ist:

1. Anstoßen: Handlungsbedarf klären und Motivation wecken (Kapitel 6)

Ganz am Anfang einer Veränderung muss die Organisation auf die Veränderung vorbereitet werden, es ist Lewins erste Phase, das „Auftauen" (vgl. Kap. 1.2). Häufig wird diese erste Phase in der Praxis unterschätzt oder ganz vergessen. Es ist wichtig, dass die Mitarbeitenden nicht nur rational verstehen, warum eine Veränderung nötig ist, sondern auch ihr Gefühl für diese Veränderung zu gewinnen, sie für die Veränderung zu motivieren, ein Gefühl der Dringlichkeit zu erschaffen.

2. Ausrichten: Gemeinsam eine attraktive Vision gestalten (Kapitel 7)

Die Vision beschreibt, wohin die Reise geht, wie es am Ziel aussieht. Dabei ist es wichtig, dass diese Vision der Veränderung nicht top-down entwickelt und dann kommuniziert wird, sondern die Mitarbeitenden in ihre Gestaltung miteinbezogen werden. Ebenfalls muss die Vision emotional überzeugend sein und emotional überzeugend kommuniziert werden, damit sie die Mitarbeitenden motiviert, auf diese Reise zu gehen.

3. Fokussieren: Planen für schnelle, relevante Erfolge (Kapitel 8)

Veränderungen sind emotional sehr anstrengend für die Betroffenen und ihr Vertrauen in den Erfolg der Veränderung ist normalerweise sehr gering. Deshalb ist es wichtig, das Vorhaben so zu planen, dass schnelle Resultate erzielt werden können, und zwar Resultate, die für die Betroffenen emotional relevant sind. Es wäre aber falsch, sofort in Aktionismus zu verfallen: Handeln, damit gehandelt ist, ohne wirklich über die Vision der Veränderung oder die Auswirkungen des Handelns im Klaren zu sein.

4. Gestalten: Lösung und neues Verhalten erarbeiten (Kapitel 9)

Häufig wird in der Gestaltung der Fehler gemacht, dass ein Team mit einem technischen Fokus an diese Arbeit geht, also mit einem Fokus auf Organisationsstrukturen, Prozesse, Systeme und Werkzeuge. Praktisch jede Veränderung hat diese Elemente, der entscheidende Punkt aber ist das Verstehen und Gestalten des menschlichen Verhaltens und der entsprechenden Arbeitsweisen. Ebenfalls sind wiederum die Mitarbeitenden möglichst breit zu beteiligen, um die beste Lösung zu entwickeln, die anschließende Umsetzung zu ermöglichen und eine hohe Akzeptanz der Lösung in der Organisation zu erreichen.

5. Umsetzen: Neues Verhalten unternehmensweit lernen (Kapitel 10)

In dieser Phase geht es darum, die Mitarbeitenden für das neue Verhalten zu gewinnen und das neue Verhalten zu erlernen. Wie beim vorausgehenden Schritt ist das größte Risiko hier, das Veränderungsvorhaben auf die Implementierung von technischen Elementen zu reduzieren. Um neue Arbeitsweisen, neues spezifisches Verhalten zu erlernen, müssen nicht nur einzelne Trainings durchgeführt werden, sondern durch Unterstützung und Kontrolle ist sicherzustellen, dass das neue Verhalten auch angewendet wird.

6. Verankern: Neues Verhalten festigen und Veränderungsmomentum weiterführen (Kapitel 11)

Das Verankern ist eine sehr wichtige Phase, um das neue Verhalten zu festigen, sie entspricht Lewins Phase 3 „Einfrieren“. Sehr häufig wird diese Phase in der Praxis ausgelassen, das Veränderungsvorhaben zu früh als erfolgreich abgeschlossen, womit dieses dann scheitert. Das Verankern des neuen Verhaltens geschieht durch die Gestaltung der Rahmenbedingungen, beispielsweise durch Strategie, Prozesse, Organisation und HR, und damit auch der Beeinflussung der Kultur. Das Ziel dieser Phase ist, aus dem neu gelernten Verhalten selbst eine Gewohnheit werden zu lassen, und damit kann das spezifische Veränderungsprojekt abgeschlossen werden. Gleichzeitig gilt es auch, das gewonnene Veränderungsmomentum in andere Bereiche hineinzutragen. Und die Fähigkeit, erfolgreich Transformationen im Unternehmen durchzuführen, zu sichern und weiterzuentwickeln, stellt selbst einen wesentlichen Erfolgsfaktor und ein Alleinstellungsmerkmal für das Unternehmen dar.

1.4 Einführung in die Fallbeispiele

Um die vorgestellte Change-Management-Methodik zu veranschaulichen, werden in diesem Buch 3 durchgehende Fallbeispiele verwendet. Die Fallbeispiele basieren auf Transformationen, die der Autor selbst geleitet und durchgeführt hat. Deshalb bewegen sich diese Beispiele im Umfeld der Investitionsgüterindustrie – sind aber vollumfänglich auf andere Industrien, ja selbst auf andere Organisationen als Unternehmen übertragbar. Um keine Rückschlüsse auf die betroffenen Unternehmen und Personen zuzulassen, wurde der Kontext der Fallbeispiele geändert.

Fallbeispiel Einkaufstransformation – *Stromerzeugungsanlagen*

Ein globales Unternehmen für Stromerzeugungsanlagen bildet den Rahmen für das Fallbeispiel Einkaufstransformation. Das Unternehmen stellt einzelne Maschinen und Komponenten für die Stromerzeugung her und es liefert auch ganze Anlagen. Das Unternehmen hatte bis dahin erfolgreich Kundenprojekte sehr dezentral abgewickelt. Eine globale Einkaufsdimension gab es nicht. Der Einkauf war integraler Bestandteil der Projektabwicklung am entsprechenden Standort oder bei der entsprechenden Einheit und hat sich ausschließlich auf die Bedürfnisse dieser Projekte ausgerichtet. Dieses Geschäftsmodell hatte zur Folge, dass nur wenig Einkaufssynergien zwischen den einzelnen Projekten, Standorten oder Produktlinien realisiert oder die Lieferantenbasis proaktiv und global entwickelt wurden. Damit schränkte dieses Modell das Wachstum des Unternehmens und dessen Gewinnziele ein. Um dies zu ändern, wurde eine Einkaufstransformation initialisiert, um zu einem proaktiven, globalen und funktionsübergreifenden Einkaufsverständnis zu gelangen und die übergeordneten Business-Ziele zu erreichen. Zur Umsetzung dieses Ziels wurden neue Einkaufspraktiken entwickelt, insbesondere zur globalen Zusammenarbeit mit allen Business-Units und über einzelne Projekte hinaus, das heißt früher Einbezug von Einkaufsthemen in Produktentwicklung und Verkauf und ein systematisches Lieferantenmanagement und -entwicklung. Dazu wurde auch eine globale Einkaufsorganisation aufgebaut, ebenfalls mussten die Einkaufsfähigkeiten über alle Hierarchieebenen hinweg wesentlich entwickelt werden. Die Change-Management-Herausforderung in diesem Fall lag insbesondere darin, dass dieses Programm das Grundverständnis, wer für den Einkauf im Unternehmen verantwortlich ist, wesentlich veränderte und dass die Einkaufsfunktion von Grund auf entwickelt wurde, um diese neue Verantwortung wahrnehmen zu können.

Fallbeispiel Operational Excellence – *Anlagenbau Metallindustrie*

Das Fallbeispiel Operational Excellence handelt von einem Technologieanbieter für die metallgewinnende Industrie, der Anlagen zur Gewinnung von Erzen und deren Weiterverarbeitung zu Metallen entwickelt und realisiert. Dieses Geschäft ist geprägt durch eine große Vielfalt von unterschiedlichen Technologien und vom Projektcharakter der Abwicklung. Typisch für das Projektgeschäft generell ist auch, dass während der Projektabwicklung häufig Abweichungen auftreten, die dann zu erhöhten Kosten und Verspätungen führen. Und dies war auch in diesem Beispiel der Fall, wo eine Erosion der Gewinnmarge über den Verlauf einer zu großen Anzahl von Projekten festgestellt wurde. Daraufhin wurde ein Operational-Excellence-Programm gestartet, um die Profitabilität in der Abwicklung dieser Kundenprojekte zu verbessern. Um das Verbesserungspotenzial zu identifizieren, wurde mit einer umfangreichen Analyse gestartet, in der sehr viele Mitarbeitende von unterschiedlichsten Standorten involviert waren. Aufgrund der Analyse wurden Bereiche priorisiert, für die einzelne Veränderungsprojekte durchführt wurden. Die Inhalte der Veränderungsprojekte wurden in intensiven mehrtägigen Workshops durch Teilnehmer der operativen Organisation selbst gestaltet und anschließend die Implementierung von den gleichen Personen begleitet. Nach der Implementierung dieser ersten Veränderungen wurde in einen kontinuierlichen Prozess übergegangen, wo weitere Bereiche identifiziert und Veränderungsprojekte initialisiert wurden. Was das Change Management in diesem Fall herausforderte, war die Breite der Aufgabe – da die Projektabwicklung praktisch das ganze Unternehmen über alle Organisationseinheiten und Standorte betraf und im Zentrum der operativen Tätigkeit des Unternehmens stand.

Fallbeispiel Organisationsgestaltung – *Papiermaschinen*

Das dritte Fallbeispiel handelt in der Papiermaschinenindustrie. Papiermaschinen sind bis zu 10 Meter breite, 200 Meter lange und 3 Stockwerk hohe Anlagen, dazu kommen weitere Systeme zur Stoffaufbereitung, für den Wasserkreislauf und die Behandlung von Neben- und Abfallprodukten. Das betrachtete Unternehmen ist ein globales Unternehmen mit Tausenden von Mitarbeitern, mit vielen Standorten über den Globus verteilt und einigen Technologiezentren. Kundenprojekte werden innerhalb dieses Netzwerks abgewickelt; einerseits mit den lokalen Teams, um nah am Kunden und dem Standort der neuen Anlage zu sein, andererseits mit den zentralen Teams in den Zentren, welche die entsprechenden Technologien beherrschen. Die Problematik in diesem Fallbeispiel ist der zyklische Charakter dieses Geschäfts mit sehr großen Umsatzschwankungen. Dies ist nicht nur in den Wachstumsphasen ein Problem, um genug qualifizierte Ressourcen für die Abwicklung des Geschäfts zu haben, sondern auch in der Schrumpfungsphase, um Kosten zu reduzieren und trotzdem die Fähigkeiten zu behalten. Dies stellt genau den Hintergrund des Fallbeispiels Organisationsgestaltung dar. Das Fallbeispiel fiel dabei auf die Abschwungsphase und war auch mit Entlassungen verbunden, was es umso schwieriger machte. Die Aufgabe in diesem Veränderungsvorhaben war somit, ein Geschäftsmodell und eine Organisationsform im Bereich der Projektabwicklung zu finden und zu implementieren, um mit diesen Schwankungen am besten umgehen zu können. Die spezielle Herausforderung für das Change Management in diesem Fall war, dieses Vorhaben nicht auf Personalabbau und Restrukturierung zu reduzieren und als solches wahrgenommen zu werden, sondern tatsächlich ein längerfristiges und agiles, d. h. für Wachstum und Schrumpfung, für großes und kleineres Projektvolumen geeignetes Geschäftsmodell samt Organisationsform zu entwickeln und zu realisieren.

1.5 Zusammenfassung: Die Change-Management-Herausforderung annehmen

Veränderungen in Unternehmen sind aufgrund des dynamischen Umfeldes notwendiger denn je. Trotz dieser Bedeutung scheitern 70 % der Veränderungsvorhaben. Einer der Hauptgründe für dieses Scheitern ist ein mechanisches Organisationsverständnis, das sich in einem ineffektiven Vorgehen in Veränderungen äußert. Dabei gibt es viele Modelle, die Führungskräfte in ihrem Vorhaben helfen, insbesondere möchte ich das 3-Phasen-Modell von Kurt Lewin, dasjenige von John P. Kotter und jenes der systemischen Organisationsberatung hervorheben. Basierend auf diesen Modellen schlage ich ein praxisorientiertes Vorgehensmodell vor, das aus 4 Grundlagen und 6 Phasen des Vorgehensprozesses besteht. Diese 10 Elemente, mit den hier ebenfalls eingeführten 3 Fallbeispielen, bilden die Basis für die folgenden Kapitel dieses Buches über Change Management für Führungskräfte. Dabei wird Change Management verstanden als das Führen von Veränderungen von Organisationen, unter Beteiligung der Betroffenen über den gesamten Veränderungsprozess.

2 Organisationsverständnis: Verstehen, was wir verändern

2.1 Einleitung: Die Organisation, in die wir eingreifen

Change Management stellt einen gezielten Eingriff in die Organisation dar. Was ist es aber, in das wir eingreifen, das wir transformieren? Gleich einem Arzt, der den menschlichen Körper verstehen muss, um eine Operation durchzuführen, hat der Change-Leader das Wesen eines Unternehmens zu verstehen, um erfolgreich seine Operation durchzuführen. Dabei spielt ebenfalls der Mensch die zentrale Rolle zum Verständnis der Organisation und ihrer Veränderung. Das Organisationsverständnis bildet die Grundlage für das gesamte Change Management, sowohl für die wichtigsten Instrumente als auch für die einzelnen Phasen des Vorgehensmodells. Das Organisationsverständnis bildet das Fundament für alle anderen der 10 Elemente des hier vorgestellten Change-Management-Ansatzes vgl. Abb. 2.1.

Einstiegsbeispiel – *Was schiefgehen kann*

Das Topmanagement ist zusammen mit Beratern in einem mehrtägigen Off-site-Strategie-Workshop. Dabei werden Reports von Finanzzahlen und Marktdaten ausführlich analysiert sowie unterschiedliche Handlungsbedarfe identifiziert. Ein Resultat ist, dass man als Unternehmen näher am Kunden sein will. Es wird beschlossen, dazu ein Veränderungsprojekt zu initialisieren. Es wird ein kleines Team in das Vorhaben eingeweiht und Anpassungen an Strukturen, Rollendefinitionen, Praktiken und Tools werden definiert. Wenig später wird das Resultat der Organisation kommuniziert; mit den Finanz- und Marktdaten wird erklärt, warum die Veränderung nötig ist und welches die einzelnen Elemente sind,

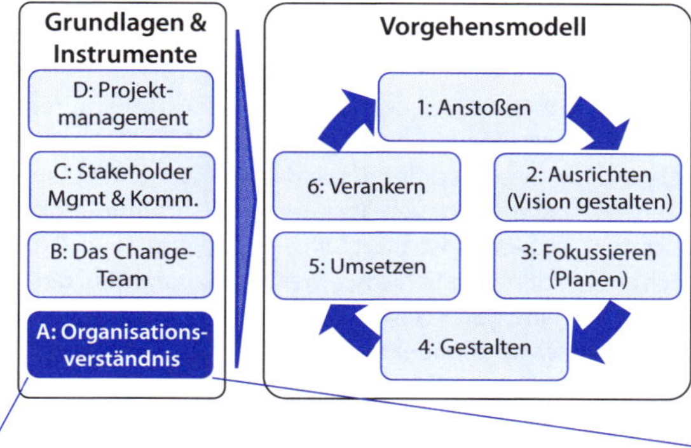

- Unternehmen als soziales System (der Mensch) (Kap. 2.2)
- Konstruierte Realität (die Wahrnehmung) (Kap. 2.3)
- Dominante Rolle der Gefühle (Kap. 2.4)
- Verändern von Verhalten (Kap. 2.5)
- Auswirkungen auf das Change Management (Kap. 2.6)

Abb. 2.1: Organisationsverständnis: Verstehen, was wir verändern

die verändert werden. Das mittlere Management erhält die Aufgabe, diese Veränderung in seinem Bereich umzusetzen. Das Topmanagement ist anfänglich sehr zufrieden, wie effizient diese Veränderung durchgeführt wird. Dann mehren sich aber die Zeichen, dass sich eigentlich nichts geändert hat. Was ist passiert? Das hier beschriebene Vorgehen ist von einem mechanischen Verständnis des Unternehmens geprägt. Und das führt in Veränderungen selten zum Erfolg.

Typische Fehler und Fehlannahmen zur Natur des Unternehmens und von Veränderungen

- Management und Berater verstehen die Situation am besten, um die richtigen Veränderungsmaßnahmen bestimmen zu können.
- Das Veränderungsvorhaben ist zu dringend, als dass genug Zeit wäre, die Mitarbeitenden zu beteiligen, dies würde nur den Prozess verlangsamen.
- Die Mitarbeitenden über die Umsetzung der Lösung hinaus zu beteiligen ist Verschwendung von Ressourcen, das hält die Leute von der eigentlichen Arbeit ab.
- Veränderungen werden am besten top-down implementiert.
- Mitarbeiter können am besten über Argumente und (Bonus-)Ziele motiviert werden.
- Veränderung heißt, neue Organisationen, Prozesse, Tools, Systeme zu implementieren.
- Wenn Sie oder das Change-Team die oben genannten Ansichten nicht teilen, das entsprechende Organisationsverständnis aber dominant im Management vertreten ist und Sie trotzdem an den Erfolg des Veränderungsvorhabens glauben.

Aufbau des Kapitels

Im Folgenden wird aufgezeigt, warum welche Annahmen zum Erfolg führen und wie entsprechende Fehler verhindert werden können: nämlich durch das Verständnis, dass ein Unternehmen ein soziales System ist, geprägt durch das Verhalten von Menschen. Dieses Verhalten einzelner Menschen ist geprägt von der eigenen Wahrnehmung der Realität, ja, dass diese Realität selbst von jedem konstruiert wird. Anschließend wird die Bedeutung von Gefühlen besprochen, um dann zur Schlussfolgerung zu kommen, dass Change Management Verändern von Verhalten und Gewohnheiten ist, vgl. Abb. 2.1. Der Schluss des Kapitels bildet die Zusammenfassung mit einer Checkliste für die wichtigsten Aspekte.

2.2 Der Mensch im Zentrum: Das Unternehmen als soziales System

Das Grundverständnis, welches Sie und Ihre Managementkollegen vom Unternehmen haben, entscheidet fundamental über den Erfolg von Veränderungsvorhaben. Dieses Grundverständnis bestimmt, wie Sie die Realität wahrnehmen und welche Handlungsoptionen für Sie überhaupt existieren. Vereinfacht ausgedrückt gibt es zwei typische Sichtweisen des Unternehmens; die einer Maschine und die eines lebenden Organismus.

Das Unternehmen als Maschine, als mechanistisches System

Im mechanistischen Ansatz wird das Unternehmen als Maschine verstanden. Der Ansatz basiert einerseits auf der Ansicht, dass das Management oder die Berater die Situation mit den geeigneten Instrumenten selbst am besten verstehen. Dieser Ansatz geht von einfachen Wirkzusammenhängen beziehungsweise Ursache-Wirkungs-Kausalitäten aus. Allgemein liegt in diesen Wirkzusammenhängen ein starker Fokus auf Finanzkennzahlen. Andererseits basiert dieser Ansatz auch darauf, dass Veränderungen top-down getrieben werden können. Das heißt, dass es ausreicht, wenn das Management die Situation verstanden hat und dann die Organisation instruiert, was zu tun ist. Mit dieser Instruktion wird dann auch häufig angenommen, dass die Veränderung umgesetzt ist. Ähnlich wie bei einer Maschine ein Befehl automatisch ausgeführt wird oder man nur am richtigen Rädchen drehen muss, um das gewünschte Resultat zu erzielen.

Häufig wird in Unternehmen mit einem mechanistischen Selbstverständnis die Verantwortung nach oben delegiert. Damit kann sich das Management seiner Bedeutung und Macht erfreuen und die Mitarbeitenden können sich entlasten. Ebenfalls ist in dieser Kultur unsere emotionale Aufmerksamkeit nach oben gerichtet, also die Bedeutung von Anerkennung und Kritik durch den Chef sehr wichtig, wichtiger als beispielsweise Kundenfeedback. Um herauszufinden, wie stark ausgeprägt das mechanistische Weltbild ist, achten Sie auf die Sprache und die Metaphern, die verwendet werden. Beispielsweise ist „driving change“ die Sprache des mechanistischen Ansatzes.

Das Unternehmen als lebender Organismus, als soziales System

Der Ansatz des Unternehmens als Maschine funktioniert aber nicht, weil er die menschliche Seite ignoriert. Menschen verhalten sich nicht nur rational und sind somit nicht steuerbar wie Maschinen. Unternehmen bilden ein soziales System, ein System von Menschen, die miteinander in Beziehung stehen (Luhmann, 1984). Durch das rationale und emotionale Verhalten der Menschen und die komplexen Wechselwirkungen unter ihnen entwickelt ein Unternehmen seine eigenen Verhaltensmuster, ein Eigenleben – wie ein lebender Organismus. Wie ein solches soziales System auf Anregungen oder Störungen von „außen", wie z. B. durch die Ankündigung eines Veränderungsvorhabens, reagiert, entscheidet das System selbst, und wie, ist häufig schwer vorausschaubar. Dadurch bleibt auch das Resultat einer solchen Intervention schlussendlich ungewiss. Das Verständnis des Unternehmens als soziales System ist komplexer als das einer Maschine. Es bietet aber einen besseren Erklärungsrahmen, wie ein Unternehmen funktioniert, gleichzeitig untergräbt es das Vertrauen in vermeintlich einfache Lösungen.

Fallbeispiel Organisationsgestaltung: *Gewinnverbesserung*

Die finanzielle Situation des Papiermaschinenunternehmens hatte sich wegen des reduzierten Umsatzes verschlechtert und es mussten Lösungen gefunden werden, um den Gewinn zu verbessern. Mit einem mechanistischen Ansatz würden die Kosten analysiert und leicht schlussgefolgert, wie viel Personal abgebaut werden müsste, um wieder auf einen angemessenen Gewinn zu kommen. Aus der Perspektive des Unternehmens als soziales System stellte sich das Management aber die Frage, ob diese Analyse genug die Wechselwirkungen im Unternehmen berücksichtigt. Beispielsweise ob durch den geplanten Personalabbau nicht eine Lücke entstehen würde, deren negativer Einfluss auf den Gewinn größer ist als die entsprechenden eingesparten Personalkosten. Oder welches die Konsequenzen des Personalabbaus auf die verbleibenden Manager und Mitarbeitenden wären, beispielsweise auf ihre Arbeitsmoral oder ihren Fokus auf Kunden und das Gewinnen von neuen Aufträgen. Mit diesen Überlegungen wird aus einem vermeintlich trivialen, linearen Ursache-Wirkungs-Zusammenhang – dass aus Personalabbau automatisch eine Gewinnverbesserung resultiert – ein komplexes Netz von Wechselwirkungen, wo die geeignetste Lösung nicht offensichtlich ist.

Das Unternehmen als soziales System verstehen

Will man das Unternehmen als soziales System verstehen lernen, sind seine inneren Muster und vielschichtigen Wechselwirkungen und Energien zu studieren. Gleichzeitig müssen wir akzeptieren, dass wir diese nie voll verstehen werden. Somit wird auch der Einbezug und Austausch mit anderen Menschen im Unternehmen wichtig; je mehr und unterschiedlichere Perspektiven berücksichtigt werden, desto besser lernen wir das System Unternehmen verstehen. Dabei können wir uns nicht nur auf Management und Berater verlassen, sondern es sind insbesondere die Mitarbeitenden im Arbeitsprozess selbst, die einen entscheidenden Beitrag leisten können. Gleichzeitig ist dieses soziale System Unternehmen nicht statisch, sondern hoch dynamisch; es ist in einem ständigen Fluss. Dies bedeutet, es gilt auch zu verstehen, welche Trends, welche Energien sich in diesen Systemen entwickeln, wo sie sich hinbewegen. Dieses breit abgestützte und dynamische Systemverständnis des Unternehmens liefert die geeignete Basis für das Change Management.

Das Unternehmen als soziales System – Implikation für das Veränderungsvorhaben

Veränderungsvorhaben, wo Menschen durch neue Praktiken ihr Verhalten verändern sollen und die mit einem mechanistischen Ansatz angegangen werden, sind zum Scheitern verurteilt. Selbst wenn Sie und das Change-Team einen systemischen Ansatz haben, aber die Mehrheit des Managements einen mechanistischen, stehen Sie vor großen Problemen. Denn nun müssen Sie das Management nicht nur vom Sinn der Veränderung, sondern auch noch vom Sinn Ihres Ansatzes überzeugen; warum Sie so viel Zeit und Ressourcen für all diese „weichen" Faktoren verschwenden. In den folgenden Unterkapiteln wird analysiert, was nun das Verständnis des Unternehmens als soziales System für das Veränderungsvorhaben konkret bedeutet. Hier ein erster Überblick, vgl. Abb. 2.2.:

	Unternehmen als mechanisches System	Unternehmen als soziales System
A	Unternehmen ist erklärbar: Lineare Ursache-Wirkungs-Ketten.	Unternehmen ist nicht voll erklärbar: Vielfältige Wechselwirkungen zwischen Ursachen und Wirkungen.
B	Objektive Realität, die das Management kennt.	Es gibt mehrere Sichtweisen der Realität.
C	Menschen handeln primär rational.	Menschen handeln primär emotional.
D	Organisationen sind primär Strukturen und Prozesse.	Organisationen sind primär Menschen und ihr Verhalten.
E	Effizienz von Veränderungen	Zeit für „Auftauen" und „Einfrieren" von Verhalten
	Führt zu: Top-down-Veränderungsansatz	Führt zu: Veränderung durch Beteiligen der Mitarbeitenden

Abb. 2.2: Vergleich des Unternehmens als mechanisches versus soziales System

A. Ein Unternehmen ist aufgrund der Menschen und ihrer Interaktionen ein komplexes System. Es herrschen vielfältige Wechselwirkungen zwischen Ursachen und Wirkungen, es gibt keine einfachen und linearen Ursache-Wirkungs-Ketten (Kap. 2.2).

B. Aufgrund der Komplexität des Unternehmens gibt es keine alleinige objektive Realität; auch das Topmanagement kennt diese nicht. Es gibt mehrere berechtigte Sichtweisen auf die Realität; und je mehr unterschiedliche Sichtweisen integriert werden, desto besser wird das Bild der Realität (Kap. 2.3).

C. Menschen handeln nicht primär rational, sondern emotional. Dies bedeutet in Veränderungsvorhaben, dass die Mitarbeitenden emotional überzeugt werden müssen (Kap. 2.4).

D. Da das Unternehmen nicht ein technisches, sondern ein soziales System ist, ist Change Management nicht primär das Verändern von Strukturen und Prozessen, sondern das Verändern von Verhalten (Kap. 2.5).

E. Verhaltensveränderungen können nicht einfach auf Knopfdruck umgesetzt werden, sondern in Veränderungen ist zuerst das bestehende Verhalten „aufzutauen" und das neue Verhalten wieder „einzufrieren" (vgl. 3-Phasen-Modell von Lewin, Kap. 1,2).

Diese Elemente verdeutlichen, warum der Top-down-Ansatz des mechanistischen Ansatzes nicht funktioniert und warum die Beteiligung der Mitarbeitenden über den gesamten Veränderungsprozess so wichtig ist.

2.3 Menschen konstruieren sich ihre Realität

Die Menschen stehen im Mittelpunkt des sozialen Systems. Dies bedeutet für Change Management und für jede andere Leadership-Aufgabe, dass es wichtig ist, zu verstehen, wie die Menschen sich selbst, das Unternehmen und ihre Rolle darin wahrnehmen. Wir müssen verstehen, in welcher Realität wir selbst und unsere Mitmenschen leben. Denn diese Realität bestimmt, wie wir denken, fühlen und handeln. Gleichzeitig konstruieren wir diese Realität selbst durch unser Denken und Fühlen.

Wir konstruieren unsere eigene Realität

Unsere persönliche Wahrnehmung der Realität ist nicht einfach das Abbild dieser Realität, sondern sie ist konstruiert durch Sinnesreize und unser Denken, Fühlen und Gedächtnis. Unser Gedächtnis ist dabei nichts anderes als unsere Gedanken und Gefühle über das, was wir in der Vergangenheit erlebt haben. Wie wir die Realität wahrnehmen, hängt von unserem Denken ab. Oder noch stärker ausgedrückt: Die wahrgenommene Realität ist ein Konstrukt unseres Denkens. Natürlich gibt es klare Fakten. Aber welche Fakten wir überhaupt wahrnehmen und wie wir diese Fakten interpretieren und wie wir dann aufgrund dieser interpretierten Fakten handeln, hängt von unserem Denken ab.

Das heißt auch, dass jeder eine andere Realität wahrnimmt. Das Gefährliche ist, dass wir uns dieser Tatsache meist nicht bewusst sind und dann überzeugt sind, dass unsere Realität die einzig richtige ist, und die Sichtweise der anderen als falsch oder minderwertig abtun. Es ist also sehr wichtig, in einem Veränderungsvorhaben wahrzunehmen, welche Realität man selbst, das Change-Team und die Menschen in der Organisation konstruiert haben. Zusätzlich ist es im Change Management essenziell, zu wissen, wie Sie diese Wahrnehmung beeinflussen können.

Fallbeispiel Einkaufstransformation: *Unterschiedliche Realitäten*

Als die Einkaufstransformation im Unternehmen der Stromerzeugungsanlagen initialisiert wurde, stießen ganz unterschiedliche Welten, ganz unterschiedlich konstruierte Realitäten aufeinander. Personen mit einer Projektperspektive sahen den Einkauf typischerweise als eine reine Projekttätigkeit mit der Zielsetzung, mit den eingekauften Gütern innerhalb des Projektbudgets und des Zeitplans zu bleiben. Personen mit der Perspektive des strategischen Einkaufs waren häufig sehr frustriert, da sie Synergien zwischen den Projekten und somit ein großes Einsparungspotenzial sahen, aber häufig die anderen nicht überzeugen konnten, dies zu realisieren. Und Personen mit einer Servicegeschäftsperspektive waren wegen der Vielfalt der Lieferanten und der großen Anzahl unterschiedlicher Komponenten unglücklich, da dies ihr Servicegeschäft erschwerte. Die gleiche Situation – aber völlig anders wahrgenommen von unterschiedlichen Personengruppen. Und alle Perspektiven waren relevant und mussten berücksichtigt werden.

Wir konstruieren unsere Realität sehr selektiv – Beispiel: der unsichtbare Gorilla

Wir sind so beschäftigt mit unserer täglichen Arbeit, dass wir kritische Dinge, die um uns herum passieren, gar nicht mehr wahrnehmen. Dazu gibt es einen berühmten Versuch von Chabris und Simons: „The invisible Gorilla". Gegenstand ist ein kurzer Film von einem Basketballspiel, der auch auf YouTube zu sehen ist. Versuchspersonen wurden aufgefordert, sich den Film anzuschauen und die Anzahl Pässe des weißen Teams zu zählen, und das andere Team zu ignorieren. Das war's dann auch schon. Dabei ist aber etwas ganz Außerordentliches in diesem Film passiert: Etwa in der Mitte der Sequenz erscheint eine Person in einem Gorillaanzug, die sich für 9 Sekunden mitten auf dem Spielfeld bewegt. Die Hälfte der Versuchspersonen waren so beschäftigt mit dem Zählen der Pässe, dass sie den Gorilla überhaupt nicht wahrgenommen haben. Diese Beobachtung kann verallgemeinert werden: Wenn wir auf eine Aufgabe stark fokussiert sind, nehmen wir häufig nicht war, was rundherum passiert. Dies kommt auch im Unternehmen vor, wenn wir beispielsweise so stark auf unser operatives Geschäft fokussiert sind, dass wir nicht sehen, welche strategischen Veränderungen im Umfeld oder im Unternehmen selbst passieren, zum Beispiel sich ein neuer Konkurrent oder eine Substitution für unser Angebot entwickelt oder wir schleichend eine wichtige Fähigkeit verlieren, beispielsweise durch die Pensionierung von Schlüsselpersonen. Plötzlich fällt dies jemandem auf und das Bedürfnis für eine Veränderung ist geboren.

Wir konstruieren uns eine einfache Realität, eine einfache Story – auch auf Kosten der Fakten

Nicht nur sind wir selektiv in der Wahrnehmung – wir sind auch sehr vereinfachend. Für das menschliche Denken und insbesondere das Handeln ist eine komplexe Realität zu anstrengend, sie lähmt uns. Wir bevorzugen eine einfache Story, welche die Realität beschreibt; erklärt, wie sie funktioniert, welches Ursache und Wirkungen sind (vgl. Kahneman, 2011). Dies gilt für alle Bereiche des Lebens, auch in Unternehmen. Für den Menschen ist es dabei wichtiger, eine einfache, kohärente Story zu bilden als eine möglichst exakte und damit komplexe – und dabei dürfen ruhig auch Fakten auf der Strecke bleiben. Neben dieser Vereinfachung der Realität kommt noch ein weiterer Effekt dazu: Wir Menschen sind auch schlechte Selbstbeurteiler: Wir haben meist eine viel positivere Interpretation gegenüber uns selbst und Dingen, die uns nahe sind. 90 % der Autofahrer halten sich für überdurchschnittlich gute Autofahrer! Umgekehrt schätzen wir uns in Dingen, die schwierig sind, schlechter ein als andere Menschen. Es ist also wichtig, dass wir diese natürliche Tendenz zur Vereinfachung und Übertreibung in uns allen erkennen und bewusst damit umgehen.

Bereit sein, Fakten zu akzeptieren und seine Wahrnehmung der Realität anzupassen

Die Vereinfachung der Realität führt dazu, dass Fakten ignoriert werden, die diese konstruierte Realität, diese Story, nicht unterstützen. Zum Beispiel sieht sich ein Unternehmen als sehr erfolgreich und definiert den zugänglichen Markt so eng, dass es in diesem Markt eine starke Position hat; es realisiert nicht, dass, wenn es den Markt weiter fassen würde, es feststellen müsste, dass es aus diesem verdrängt wird. Oder wir haben einen in unseren Augen sehr fähigen Mitarbeiter. Wir blenden Feedback über Probleme mit dieser Person zu lange aus oder wir finden Erklärungen, warum dieses Feedback falsch oder nicht relevant ist. Oder ein Transformationsprojekt wird schöngeredet, als Erfolg dargestellt, und niemand will auf die Organisation hören oder die entsprechenden Kennzahlen erfassen, um die Situation wirklich zu verstehen. Wir haben uns alle unsere Realität, unsere Storys zurechtgelegt und wehren uns, die Fakten, die dieser Story widersprechen, zu akzeptieren. Aber genau darin liegt ein Schlüssel zum Erfolg. Durch das Akzeptieren von unangenehmen Fakten wird unsere Realität vielschichtiger und somit unser Denken, Fühlen und Handeln wirkungsvoller.

Seiner Denkgewohnheiten und Storys bewusst werden und diese aktiv gestalten

Die mentale Grundhaltung, die wir einnehmen, ist die Basis für unseren Erfolg. Oder umgekehrt ausgedrückt: Häufig schränken wir unseren Erfolg selbst ein durch die Art, wie wir denken. Wir werden zum Opfer von unseren eigenen Geschichten, schränken uns beispielsweise durch Negativismus ein. Oder im Falle eines Managers mit einem mechanischen Ansatz bleiben Wirkzusammenhänge in einem System verborgen. Das Denken definiert, was man wahrnimmt; man sieht nur das, wohin man schaut. Unsere Denkgewohnheiten, so wie wir die Realität wahrnehmen, sind einerseits evolutions- und umgebungsbedingt, andererseits können wir sie aber direkt beeinflussen. Gewohnheiten – auch Denkgewohnheiten – können durch entsprechendes Bewusstwerden und Üben verändert werden. Sich dieser Denkgewohnheiten bewusst zu werden ist sehr wichtig: Einerseits auf uns selbst bezogen: Welche „Storys" erzählen wir uns selbst? Sind wir uns dieser Geschichten bewusst? Sind diese Geschichten förderlich? Oder limitieren sie uns in unserem Handeln? Wenn wir schon selbst entscheiden, was wir denken, wählen wir dann auch das, was uns und anderen das Leben einfacher macht und uns hilft, unsere Ziele zu erreichen (vgl. auch Zander, 2000)? Andererseits leben unsere Mitmenschen genau gleich mit ihren Denkgewohnheiten. Wissen wir, welches diese sind? Und wie diese beispielsweise das geplante Veränderungsvorhaben beeinflussen?

Fallbeispiel Einkaufstransformation: *Selbstwahrnehmung des Change-Teams*

Im Fallbeispiel der Einkaufstransformation im Stromerzeugungsunternehmen hat das Leadership- und Change-Team des Einkaufs starken Widerstand von der Organisation gespürt und unter diesem Widerstand gelitten, auch bezüglich des Selbstbildes. Um sich dieser Situation aktiv bewusst zu werden und zu lernen, damit umzugehen, haben wir mit dem Leadership-Team einen Workshop durchgeführt und jeder hatte die Aufgabe, sich ein Tier vorzustellen, das uns als Team charakterisiert. Es kamen Vorstellungen an die Oberfläche, wie ein Adler, das als mächtiges Tier den Überblick hat und dann zuschlägt, wenn sich eine Gelegenheit bietet. Es entstanden aber auch ganz andere Bilder, zum Beispiel das einer Mücke; wir können sehr lästig sein, aber wir müssen dauernd aufpassen, dass wir nicht zerdrückt werden. Diese Bilder reflektieren die wahrgenommene Realität der einzelnen Mitglieder des Einkaufsteams in dieser spezifischen Situation. Durch das Bewusstmachen dieser Wahrnehmung konnten wir beginnen, diese zu verändern.

Implikationen für das Veränderungsvorhaben: Selbstwahrnehmung des Change-Teams

Das Change-Team ist eine treibende Kraft des Veränderungsprozesses. Dabei ist es essenziell, in welcher mentalen Realität dieses Team lebt. Wie sieht es sich selbst? Wie sieht es die Organisation? Das Change-Team ist jedoch nicht Opfer dieser Realität, sondern es hat sie sich selbst konstruiert und kann sie somit auch verändern. Dazu hat sich das Change-Team seiner konstruierten Realität bewusst zu werden. Beispielsweise durch Fragen wie: Welche Annahmen, die meine Wahrnehmung prägen, mache ich in Bezug auf mich selbst und die anderen, deren ich mir nicht bewusst bin? Welche alternativen Annahmen könnte ich treffen, die mir einen größeren Handlungsspielraum geben würden?

Auf das obige Beispiel mit der Mücke angewendet: Bin ich mir bewusst, dass ich mich einerseits schwach sehe, andererseits als lästig für die anderen? Auf welchen Tatsachen basiert diese Annahme? Kommt es daher, dass ich mich als lästig empfinde, da das Management den Einkauf gebraucht, um Druck auf die Organisation auszuüben? Und mich deshalb auch als schwach empfinde, weil ich mich zwischen Management und der Organisation aufgerieben fühle? Welche alternativen Annahmen kann ich entwickeln? Wie kann ich mich definieren, dass mein Handlungsspielraum größer wird?

Implikationen für das Veränderungsvorhaben; die Wahrnehmung der Organisation

Die Tatsache der konstruierten Realität ist nicht nur wichtig für das Change-Team, sondern für die ganze Organisation. Besonders wichtig für das Change Management ist, wie die konstruierte Realität des Managements und der Mitarbeitenden bezüglich Ausgangssituation und Veränderungsvorhaben aussieht. Die Art der Wahrnehmung ist gerade in der Anfangsphase des Veränderungsvorhabens entscheidend: Jemand hat die Ansicht entwickelt, dass eine Veränderung nötig ist, der Großteil der Organisation wird diese Ansicht jedoch nicht teilen – weil sie in einer anderen Realität leben. Trotzdem gilt es, einen Großteil der Organisation für das Veränderungsvorhaben zu gewinnen, weil sonst in einem sozialen System wie dem Unternehmen die Veränderung keinen Erfolg haben kann. Und jemanden für ein Veränderungsvorhaben zu gewinnen heißt, seine konstruierte Realität zu verändern.

2.4 Die dominante Rolle von Gefühlen

In den vorausgehenden Unterkapiteln wurde beschrieben, dass Unternehmen soziale Systeme sind mit den Menschen im Mittelpunkt und dass die wahrgenommene Realität selbst durch diese Menschen konstruiert wird. Dabei wird häufig angenommen, dass Menschen rational handeln. Dies gilt insbesondere in der Wirtschaftswelt, wo die Vernunftsicht dominiert, schließlich geht es um Fakten und Zahlen; Gefühle werden häufig vernachlässigt oder unterdrückt. Emotionen sind zum Teil ein Tabuthema, zumindest ein weißer Fleck; in Unternehmen gilt als professionell, wer rational ist. Umfangreiche Untersuchungen zeigen aber, wie falsch diese Sicht ist, wie emotional der Mensch ist, auch im Wirtschaftsleben. So zeigt Kahneman (Kahneman, 2011) sehr wirkungsvoll auf, wie der Mensch kaum rationale Entscheidungen fällt, beispielsweise im Umgang mit Risiken, Wahrscheinlichkeiten, Investitionen oder aussichtslosen Projekten. Die Realität, die sich die Menschen konstruieren, basiert nicht nur auf Fakten, sondern primär auf Emotionen. Logik bringt den Menschen zum Denken, Gefühle bringen ihn zum Handeln. Dies hat weitreichende Implikationen auch für das Change Management.

Gefühl und Vernunft – der Elefant und sein Reiter

Menschen sind geprägt durch die zwei Pole Vernunft und Gefühl und welcher der zwei nun die Überhand hat. Zum Beispiel in anstehenden alltäglichen Entscheidungen, wie ein Eis zu essen, morgens früh aufzustehen oder Sport zu treiben. Für diese zwei Pole werden ganz unterschiedliche Namen und Bilder verwendet; die Antike verwendet das Bild eines Pferdewagens mit den Pferden als unterschiedliche Gefühle und dem Wagenlenker als die Vernunft. Ein verwandtes Bild, das mir persönlich sehr gut gefällt, kommt ursprünglich von Jonathan Haidt (Haidt, 2006) und wurde durch das äußerst lesenswerte Change-Management-Buch von Chip und Dan Heath (Heath, 2010) erweitert und als Change-Management-Metapher bekannt; der Elefant als das Gefühl und der Reiter des Elefanten als die Vernunft:

- Der Elefant, die emotionale Seite, operiert automatisch und schnell. Er repräsentiert die Energie, er setzt die Arbeit um. Normalerweise ist es der Elefant, der bestimmt, wie wir uns verhalten. Auch ist es der Elefant, der definiert, was wir von der Welt sehen und wie wir sie sehen. Er ist stark, und wenn er und der Reiter im Konflikt sind, gewinnt er.
- Der Reiter, die rationale Seite. Der Planer. Der Reiter hält sich für den Helden, glaubt, alles unter Kontrolle zu haben – obwohl meist der Elefant macht, was er will, und der Reiter gar nicht so genau hinschaut oder im Nachhinein rationalisiert, was der Elefant gemacht hat. Der Reiter kann kurzfristig den Elefanten in eine Richtung zwingen, langfristig gewinnt aber der Elefant. Der Reiter ist faul, das Konzentrieren und Denken ist anstrengend.

Fallbeispiel Einkaufstransformation: *die Rolle der Gefühle*

Ich möchte den Elefanten und den Reiter am Beispiel eines strategischen Einkäufers erläutern, wie er beispielsweise in der Einkaufstransformation des Maschinen- und Anlagenbauers zur Stromerzeugung vorkam. Vereinfacht gesagt ist die primäre Rolle des strategischen Einkäufers, Synergien und Optimierungspotenzial im Einkauf über das gesamte Unternehmen zu identifizieren und dann zu realisieren, indem die Lieferantenbasis und die Art der Interaktion des Unternehmens mit dieser Lieferantenbasis entsprechend gestaltet werden. Der Reiter hat gelernt, dabei völlig rational vorzugehen: Er hat die entsprechenden Methoden und Instrumente gelernt und setzt diese ein. Er ist überzeugt, dass er dabei ganz rational handelt. Dem ist aber nicht so, der Elefant ist am Werk: Beispielsweise hat der Elefant Angst vor Risiken, also lieber keine neuen Lieferanten am anderen Ende der Welt in ganz anderen Kulturen aufbauen und besser beim bestehenden in der Nachbarschaft bleiben. Oder seine Erfahrung verfärbt, was er im Moment wahrnimmt, er hat z. B. ein gutes Gefühl für einen Lieferanten, der einmal sehr gut war, aber nicht realisiert, dass dieser schleichend schlechter wird; oder seine Wahrnehmung ist so von einem negativen einmaligen Erlebnis geprägt, dass er nicht mehr bereit ist, diese Option realistisch zu beurteilen. Oder er müsste schon lange einen Lieferanten kontaktieren, um bessere Preise zu verhandeln, bringt aber die Energie dazu einfach nicht auf und findet für seine Passivität gute rationale Erklärungen. Oder er vertraut selbstsicher seinem Expertenwissen, ohne dieses zu hinterfragen und ohne vielleicht zu realisieren, dass er eine klare Meinung hat, aber nicht die Fakten dazu. Oder die Zusammenarbeit mit einer bestimmten Organisationseinheit ist so mühsam, dass er die lieber meidet und ihre Einkaufsbedürfnisse ignoriert. Dies sind nur einige wenige Beispiele, wo die Gefühle eines strategischen Einkäufers im täglichen Geschäft zum Tragen kommen.

Gefühle sind Energie

Gefühle sind die Energie für unser Handeln, sie sind die Motivation. Dies gilt auch für das Veränderungsvorhaben. Sie sind es, die eine Veränderung überhaupt ermöglichen. Es sind nicht primär rationale Argumente oder Bonusziele. Umgekehrt sind es aber auch die Gefühle, die eine Veränderung verhindern können. Im letzteren Fall beklagt man sich dann über Widerstand und Veränderungsresistenz. Versuchen Sie deshalb nicht, emotionale Widerstände durch rationale Argumente zu entkräften, selbst wenn diese emotionalen Widerstände nicht als solche, sondern ganz rational daherkommen. Finden Sie die Gefühle und beachten Sie sie. Für erfolgreiche Veränderungen gilt es, Gefühle bei sich selbst und bei anderen zu erkennen und zu beeinflussen.

Gefühle werden selten spontan und offen gezeigt. Die Sprache – insbesondere auch die Körpersprache – gibt aber Hinweise auf diese Gefühle. Spiegeln Sie diese Beobachtung zurück mit der Einladung, zu erklären, wie das zu interpretieren ist. Oder umgekehrt können Gefühle auch inszeniert werden, beispielsweise Empörung oder Wut. Sind Sie sich dieser Gefühle bei anderen bewusst, also auch was diese bei Ihnen auslösen. Schaffen Sie es, „sich auf den Balkon zu begeben" (Heifetz, 2002) und sich als Teil des sich abspielenden Dramas zu sehen? Und sich beispielsweise nicht provozieren zu lassen, sondern ruhig und überlegt zu bleiben?

Implikationen für das Veränderungsvorhaben – Change Management ist Gefühlsmanagement

Die Pole Vernunft und Gefühl, der Reiter und der Elefant, sind entscheidend für Transformationen im Unternehmen. Einerseits sich selbst als Change-Team seines Elefanten bewusst zu werden und dann insbesondere den Elefanten der Mitarbeitenden des Unternehmens – auf allen Ebenen – zu erkennen und in den Handlungen zu berücksichtigen. Was fühlen die Leute bezüglich des Status quo und was bezüglich der sich anbahnenden Veränderung? Wie können wir im Veränderungsprozess unterstützende Gefühle der Mitmenschen ansprechen? Wie müssen wir die Veränderung gestalten und kommunizieren, um es dem Elefanten möglichst einfach zu machen? Im Veränderungsprozess sind also beide, der Reiter und der Elefant, zu engagieren. Dies ist eine Herausforderung, da die Motivation für die Veränderung praktisch immer von der rationalen Seite her kommt. Change Management ist somit zu einem großen Teil Gefühlsmanagement.

2.5 Veränderung ist Verändern von Verhalten und Gewohnheiten

Wir haben hergeleitet, dass Unternehmen soziale Systeme sind, dass das Handeln der Menschen von der eigenen konstruierten Realität und von den Gefühlen abhängt. Wie hängt dies alles mit Change Management und betrieblicher Transformation zusammen? Um das zu beantworten, müssen wir verstehen, was wir im Change Management eigentlich genau verändern.

Fallbeispiel Einkaufstransformation: *Veränderung ist Verändern von Verhalten*

Beim Unternehmen der Stromerzeugungsanlagen ist der Kern der Einkaufstransformation der Übergang von einem taktischen, funktionalen zu einem proaktiven, funktionsübergreifenden Einkaufsverständnis. Zur Umsetzung wurden neue Praktiken in den Einkaufstätigkeiten entwickelt, insbesondere die globale Zusammenarbeit mit allen Business-Units und über einzelne Projekte hinaus, der frühe Einbezug von Einkaufsthemen in der Produktentwicklung und im Verkauf und ein langfristiges Lieferantenmanagement. Dafür brauchte es eine Beschreibung der neuen Prozesse und Praktiken, die Entwicklung der entsprechenden Tools und die Schulung der Mitarbeitenden in diesen neuen Aktivitäten. Was wir aber schlussendlich erreichen wollten, war eine Verhaltensänderung dieser Menschen, also beispielsweise, dass im Einkauf nicht nur auf ein Projekt oder eine Unit geschaut wird, sondern dieser mit anderen zusammenarbeitet, um Synergien zu identifizieren und zu realisieren. Oder dass der Einkauf eng mit der Produktentwicklung und mit dem Verkauf zusammenarbeitet, um Einkaufsaspekte bereits in diesen Phasen systematisch zu berücksichtigen, oder dass ein Lieferant nicht nur opportunistisch aus der Perspektive der eigenen Präferenz, eines einzelnen Projektes oder einer einzelnen Unit betrachtet und behandelt wird, sondern von einer langfristigen unternehmensübergreifenden Perspektive. Prozesse, Praktiken, IT-Systeme und Strukturen sind alles wichtige Mittel der Veränderung – im Zentrum der Einkaufstransformation stand aber, wie sich die Menschen im Unternehmen in konkreten, einkaufsrelevanten Situationen verhalten.

Fallbeispiel Organisationsgestaltung: *Veränderung ist Verändern von Verhalten*

Im Fallbeispiel Organisationsgestaltung des Papiermaschinenunternehmens mussten wir uns ebenfalls fragen, was wir genau verändern. Natürlich haben wir uns Gedanken zur Organisationsstruktur gemacht, die Vor- und Nachteile einer funktionalen, einer produkt-/technologiebasierten oder einer regionenbasierten Organisation – oder auch Kombinationen davon in zwei- oder dreidimensionalen Matrixorganisationen. Mit einem mechanistischen Ansatz hätten wir mit dem Management die Organigramme erstellt, die IT-, Finanz-, und HR-Systeme entsprechend angepasst und die neue Struktur kommuniziert. Wir hätten sicher auch Verantwortlichkeiten und Aufgaben definiert – mit dem Risiko, dass dies alles leicht in Bürokratie ausufern würde. All diese Elemente haben wir adressiert – wichtig war uns aber, welches Verhalten wir damit bezweckten, welches Ziel wir erreichen wollten. Aufgrund der Technologieintensität und der Komplexität im Management von Papiermaschinenprojekten – als auch der momentanen Überkapazität und Kostenstruktur – mussten wir unsere Ressourcen mehr konzentrieren. Dies bedeutete, dass wir vom Verhalten den Kundenfokus stärken mussten, um trotz der erhöhten Konzentration nah am Kunden zu sein und zu lernen, besser im Netzwerk zu arbeiten, um Belastungsschwankungen zwischen den einzelnen Zentren auszugleichen und spezialisierte Ressourcen global einsetzen zu können. Ja, wir mussten Organisationsstrukturen definieren, entscheidend aber war, dass wir uns klar waren, welches Verhalten nötig war, um in diesem Umfeld Erfolg zu haben, und wie die Organisationsstruktur dieses Verhalten unterstützte.

Wie die beiden Fallbeispiele zeigen, ist der Kern von Change Management und betrieblichen Transformationen das Verändern von Verhalten von Mitarbeitenden in spezifischen, konkreten Situationen. Dies basiert direkt auf der Tatsache, dass ein Unternehmen ein soziales System ist, geprägt durch das Verhalten der Menschen im Unternehmen. Prozesse, Praktiken, Systeme, Werkzeuge, Strukturen, Rollenbeschreibungen etc. sind wichtig, aber nicht Selbstzweck, sondern unterstützen, das gewünschte Verhalten zu definieren und zu realisieren.

Von verändertem Verhalten zu neuen Gewohnheiten

Mit dem erlernten neuen Verhalten ist das Ziel der Veränderung leider noch nicht erreicht. Wie viele Male haben wir schon erlebt, dass Veränderungsprogramme positive Resultate gezeigt haben, für erfolgreich beendet erklärt wurden – nur um dann zu realisieren, wie die Leute wieder in ihr altes Verhalten zurückfallen. Es genügt nicht, wenn das neue Verhalten ein paar Mal angewendet wird, sondern eine Veränderung ist erst dann nachhaltig, wenn das neue Verhalten permanent ist, es zu einer neuen Gewohnheit geworden ist. Gewohnheiten sind nichts anderes als das eingespielte Verhalten des Elefanten. Durch die Anstrengung des Reiters und unter geschickter Berücksichtigung der Eigenschaften des Elefanten können wir dem Elefanten ein neues Verhalten antrainieren. Der Reiter muss aber die Anstrengung aufrechterhalten, bis der Elefant das neue Verhalten auch wirklich verinnerlicht hat und es somit zur Gewohnheit geworden ist. Gewohnheiten sind eine sehr starke Kraft. Am Anfang einer Veränderung eine Kraft, die gegen sie gerichtet ist. Wenn aber in einem Veränderungsvorhaben neue Gewohnheiten gebildet werden, sind sie die Kraft, die den neuen Zustand nachhaltig am Leben halten. Es ist dieses Bilden von neuen Gewohnheiten, welches das kritische Element in der dritten Phase des Modells von Lewin ist (vgl. Kap. 1.2).

Das System prägt unser Verhalten – der Pfad des Elefanten

Wie können wir nun den Elefanten dazu bringen, sich ein neues Verhalten anzueignen? Insbesondere da wir ja festgestellt haben, dass der Einfluss des Reiters auf den Elefanten beschränkt ist und der Reiter dabei sehr stark ermüdet. Die Antwort liegt in der Gestaltung des Umfeldes des Elefanten. Chip und Dan Heath (Heath, 2010) erweitern dazu ihr Bild vom Elefanten und dem Reiter um das Element des Pfades. Der Pfad beschreibt das Umfeld: die Systeme, Prozesse, Praktiken, Strukturen, also alle Rahmenbedingungen, die einen Einfluss auf unser Verhalten haben. Wir müssen den Pfad so gestalten, dass der Elefant diesem Pfad gerne folgt oder keine andere Wahl hat, als ihm zu folgen. Wenn Sie sich beispielsweise entschlossen haben, keine Süßigkeiten mehr zu naschen, ist es das Beste, wenn Sie den Pfad so gestalten, dass Sie gar keine Süßigkeiten mehr kaufen und zu Hause haben. Somit kommt der Elefant nicht in Versuchung und der Reiter kann entspannt sein – er muss jetzt nur während des kurzen Einkaufs aufmerksam sein und den Elefanten am Süßigkeitsregal vorbeibringen. Ein weiteres Beispiel aus dem Alltag: Sie bestellen im Internet einen Service, der für den ersten Monat gratis ist, dann aber automatisch weiterläuft und zahlungspflichtig wird. Natürlich können Sie jederzeit abbestellen, aber der Anbieter hat hier das System bewusst so gestaltet, dass es für Sie – nämlich Ihren Elefanten – ein Leichtes ist, Ihr Verhalten zu ändern, Sie sind motiviert, da es ja etwas gratis gibt. Gleichzeitig baut der Anbieter darauf, dass Sie sich an den neuen Service gewöhnen und ihn nicht wieder abbestellen, selbst wenn Sie vom Angebot nicht restlos überzeugt sind; sei es, weil Sie für das Abbestellen die Motivation nicht aufbringen, es schlicht vergessen, den absichtlich schwierig gestalteten Weg im Internet zum Abbestellen nicht finden oder das Telefon immer besetzt ist – wenn es überhaupt eine Telefonnummer gibt. Hier hat der Anbieter den Pfad bewusst so gestaltet, dass es dem Elefanten leichtfällt, ihm zu folgen, und sehr schwer, ihn wieder zu verlassen. Auch im Veränderungsvorhaben sind das Unternehmen und seine Systeme, Tools, Strukturen und Rahmenbedingungen so zu gestalten, dass das gewünschte Verhalten gefördert wird und das ungewünschte verhindert.

Das Verständnis, dass das System das Verhalten prägt, ist auch während des Veränderungsprozess selbst wichtig. Häufig beschuldigen wir die Menschen, Widerstand gegen die Veränderung zu leisten. Dies ist eine unproduktive Erklärung – eine konstruierte Realität, die unsere Handlungsoptionen einschränkt: Nicht nur überschätzen wir die Kapazität des Menschen für Veränderung, sondern die Menschen sind auch in ihrem System gefangen – der Elefant folgt einfach seinem Pfad. Solange wir diese Einflüsse des Systems, welche die Veränderung blockieren, nicht erkennen und adressieren, ist es sehr schwierig, Veränderungen herbeizuführen.

Implikationen für das Veränderungsvorhaben; Change Management ist das Verändern von Verhalten und Gewohnheiten

Change Management ist das Verändern von Verhalten und Gewohnheiten – dies bildet die Essenz für das gesamte Veränderungsvorhaben. Einerseits für den Prozess; Change Management ist nichts anderes als ein Prozess, um von bestehenden Gewohnheiten zu neuen Gewohnheiten zu gelangen. Dies bedeutet insbesondere, wie wir Menschen dazu anregen können, Ihre alten Gewohnheiten abzulegen und sich ein neues Verhalten anzueignen, und dass ein Veränderungsvorhaben erst dann erfolgreich abgeschlossen werden kann, wenn nicht nur neues Verhalten gezeigt, sondern sich tatsächlich neue Gewohnheiten gebildet haben. Andererseits ist diese Erkenntnis essenziell für die Gestaltung des Soll-Zustandes der Veränderung; genau zu definieren, welches Verhalten den Soll-Zustand charakterisiert, und dann das System so zu gestalten, dass es dieses Verhalten auch unterstützt. In Anlehnung an Lewin (vgl. Kap. 1.2, Abb. 1.1) kann somit zusammengefasst werden, dass Veränderungsvorhaben mit einem mechanistischen Unternehmensverständnis primär auf die mittlere der drei Phasen fokussiert und das „Auftauen“ und das „Einfrieren“, also Phasen 1 und 3, vernachlässigt. Es braucht die Sichtweise des Unternehmens als soziales System, um die Bedeutung aller drei Phasen zu erkennen.

2.6 Change Management im sozialen System: Beteiligen der Mitarbeitenden

Vergleich von Change Management mit mechanistischem Ansatz versus sozialem System

Im Folgenden möchte ich aufzeigen, wie das Grundverständnis des Unternehmens als mechanistisches versus soziales System das Change Management beeinflusst. In Abb. 2.3 werden die Zusammenhänge als Baum dargestellt, wobei beide, mechanistisches oder soziales System, identisch aufgebaut sind, nur mit den unterschiedlichen Ausprägungen. Als Wurzeln haben wir die Grundüberzeugungen, wie in Abb 2.2 in Kap. 2.2 dargestellt, mit der Komplexität von Ursachen und Wirkungen in einem Unternehmen, der Wahrnehmung der Realität, dem Antrieb für Handlungen (Rationalität versus Gefühl), was den Kern einer Organisation ausmacht, nämlich Strukturen und Prozesse versus Menschen, und das Verständnis von Veränderung; Effizienz versus Zeit für „Auftauen" und „Einfrieren" von Verhalten. Die Ausprägung dieser Grundüberzeugungen führt im mechanistischen Unternehmensverständnis zu einem Top-down-Veränderungsansatz. Im Verständnis des Unternehmens als soziales System führt es zur Veränderung der Beteiligung der Mitarbeitenden von Anfang an.

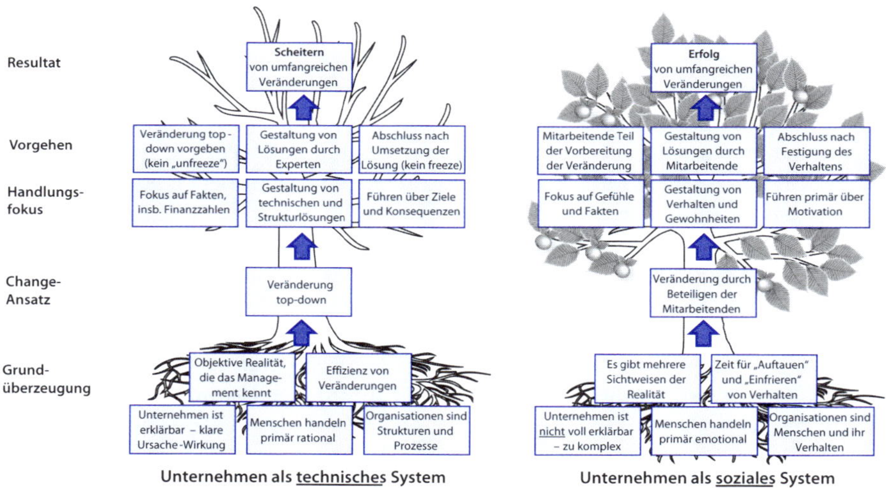

Abb. 2.3: Einfluss des Organisationsverständnisses auf den Change-Ansatz und dessen Resultate

Der Top-down-Ansatz des mechanistischen Verständnisses mit seiner Vernachlässigung des Faktors, Mensch bringt einen Handlungsfokus auf Zahlen und Fakten, ein Gestalten von technischen und strukturellen Lösungen und ein Führen über Ziele und Konsequenzen. Dies reflektiert sich in einem Vorgehen, wo kaum ein „Auftauen" des bestehenden Verhaltens der Organisation stattfindet, Lösungen in kleinen Expertenteams erarbeitet werden und häufig die Veränderung nach Implementierung der technischen Lösung als abgeschlossen erklärt wird, somit das neue Verhalten nicht „eingefroren" wird. Ein solches Vorgehen ist zum Scheitern verurteilt.

Im Gegensatz dazu ist das Change Management mit dem Beteiligen der Mitarbeitenden des Unternehmens als soziales System geprägt durch die Berücksichtigung des Faktors Mensch. Es fokussiert auf die Gefühle, das Gestalten von Verhalten und Gewohnheiten und auf das Führen über Motivation. Das Vorgehen ist geprägt durch die Beteiligung der Mitarbeitenden bereits zu Beginn der Veränderung, auch um das „Auftauen" des bestehenden Verhaltens zu ermöglichen sowie das Beteiligen in der Gestaltung von Veränderungsvision und Lösungen und kein Abschluss der Veränderung, bevor das Verhalten nicht gefestigt ist, dieses wieder eingefroren ist. Dieses Vorgehen ermöglicht eine erfolgreiche, nachhaltige Veränderung.

Beteiligen der Mitarbeitenden

Warum ist das Beteiligen der Mitarbeitenden im Veränderungsprozess von Anfang an so wichtig? Es sind gleich mehrere kritische Elemente, die zu erwähnen sind:

- **„Auftauen":** Menschen brauchen Zeit, um sich mit einer neuen Situation auseinanderzusetzen und um überhaupt gewillt und fähig zu sein, Neues zu lernen. Deshalb müssen die Mitarbeitenden von Anfang an involviert sein, um Zeit für das „Auftauen" zu haben.
- **Entscheidungsqualität:** Die Unternehmensrealität ist komplex. Das Management ist nicht in der Lage, die Situation hinreichend selbst zu verstehen, um die besten Entscheidungen, beispielsweise bezüglich Strategie und Struktur, zu treffen. Je mehr diverse Sichtweisen involviert werden, desto besser die Qualität der Entscheidungen.
- **Lösungsqualität:** Die entwickelten Lösungen und Verhaltensmuster müssen in der Praxis von den Mitarbeitenden angewendet werden. Je mehr operative Personen in deren Entwicklung involviert sind, desto praktikabler die Lösung.
- **Buy-in:** Veränderung von Verhalten kann nicht top-down implementiert werden, sondern die Mitarbeitenden entscheiden selbst, ob sie ihr Verhalten ändern oder nicht. Wer von Anfang an involviert ist, kann sich mit der Situation auseinandersetzen und eher eine positive Einstellung dazu entwickeln.
- **Motivation:** Es sind die Gefühle der Mitarbeitenden, die entscheiden, ob sie ihr Verhalten ändern oder nicht. Das Herz der Mitarbeitenden zu gewinnen gelingt am besten über die Beteiligung im Veränderungsprozess.
- **Momentum:** Veränderung in einem Unternehmen ist kein Schalter, der umgelegt werden kann, sondern Veränderung erfolgt graduell, indem ein Momentum aufgebaut wird. Je mehr und je früher Mitarbeitende im Veränderungsprozess engagiert sind, desto eher wird dieses Momentum aufgebaut.
- **Effizienz:** Veränderungen sind umfangreiche Aufgaben, und je mehr Leute daran beteiligt sind, desto schneller und effektiver ist die Veränderung. Also Beteiligung bei der Analyse, Gestaltung von Lösungen und insbesondere auch bei der Umsetzung.

Veränderungsverlauf: Der Top-down-Ansatz im Vergleich zum Beteiligen der Mitarbeitenden

Wie verläuft nun ein typischer Veränderungsprozess, der dem Ansatz der Beteiligung der Mitarbeitenden folgt, versus einem Top-down-Ansatz? Abb. 2.4 stellt deren Verlauf schematisch über die in Kap. 1.3 vorgestellten 6 Phasen dar. Der Top-down-Ansatz, basierend auf dem mechanistischen Unternehmensverständnis, macht schnellen Fortschritt in den Phasen 1 bis 4 – da die Veränderung in einem kleinen Team gehandhabt wird. In Phase 5 „Umsetzung" gerät dieser Ansatz aber in Schwierigkeiten: Die Organisation teilt weder das „Warum" noch das „Was" der Veränderung mit – auch Kommunikationsevents helfen jetzt wenig. Warum? Es ist Lewins Phase 1 „Auftauen", die übergangen wurde, und die braucht Zeit. Die Umsetzung wird also nur sehr oberflächlich stattfinden können. Kombiniert mit dem fehlenden Fokus auf Phase 6 „Verankern" – Lewins „Einfrieren" – wird das wenige Erreichte auch wieder schnell verfallen, es wird keine nachhaltige Veränderung erreicht. Ganz anders verläuft die Kurve im Ansatz der Beteiligung der Mitarbeitenden, der auf dem Verständnis des Unternehmens als soziales System beruht. Dieser Prozess startet sehr langsam. Es braucht Zeit, die Organisation zu engagieren, zuerst für das „Warum" der Veränderung, dann für die Vision und weiter für die Gestaltung. Sobald dieses Engagement aber erreicht wird, beschleunigt sich die Veränderung, sie gewinnt an Momentum. Dies ist insbesondere in der Phase „Umsetzen" sichtbar. Mit Zeit und Effort wird dann das neue Verhalten verankert. Das Beteiligen der Mitarbeitenden führt die Veränderung zum Erfolg.

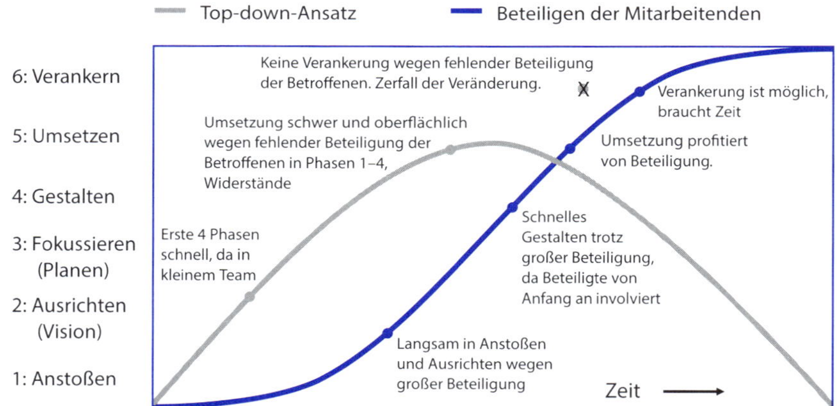

Abb. 2.4: Einfluss des Organisationsverständnisses auf den Change-Ansatz und dessen Resultate

Keine Zeit, zu viel Aufwand

Deshalb gelten auch die eingangs erwähnten Vorwände bezüglich keine Zeit und zu viel Aufwand für die frühe Beteiligung der Mitarbeitenden nicht. Natürlich ist es korrekt, dass Zeitbedarf und Aufwand am Anfang dadurch größer sind – was aber zählt, ist der Erfolg der Veränderung und der Gesamtaufwand am Schluss. Das Problem ist, dass Menschen mit einem mechanistischen Weltbild dies nicht so sehen; Management und Berater planen, was zu tun ist, und dann wird es in der Organisation top-down „implementiert". Häufig sehen diese Leute aber nicht, was es heißt, etwas zu implementieren, und insbesondere den Aufwand dazu. Aus dieser Perspektive ist das frühe Involvieren der Mitarbeitenden tatsächlich eine Verschwendung. Nur leider zeigen all die gescheiterten Transformationsvorhaben, dass es so nicht funktioniert.

2.7 Zusammenfassung: Verstehen, was wir verändern

Unternehmen sind soziale Systeme. Sie sind geprägt durch das Verhalten der einzelnen Menschen, deshalb sehr komplex und auch vom Management schlussendlich nicht voll verstehbar. Wie die Menschen in Unternehmen auf Managementinterventionen reagieren, entscheiden sie selbst; Veränderungen sind deshalb nicht einfach top-down implementierbar. Wie sich die Menschen verhalten, hängt davon ab, wie sie die Realität wahrnehmen. Ja, wir konstruieren die Realität selbst durch unser Denken und Fühlen. Das bedeutet auch, dass jeder in einer ganz anderen Realität lebt; wo der eine einen großen Veränderungsbedarf sieht, sieht ein anderer das Gegenteil. Erfolgreiche Veränderung bedeutet, dass man in diesem Bereich eine gemeinsame Realität entwickelt. Wenn wir unsere Realität bilden, gehen wir sehr selektiv und vereinfachend vor und insbesondere nicht rational. Gefühle spielen eine entscheidende Rolle, wie wir etwas wahrnehmen und somit auch für unser Handeln. Jedes erfolgreiche Veränderungsvorhaben hat die Gefühle der Menschen zu mobilisieren; diese Gefühle sind die Energie, die eine Veränderung bewegen – oder blockieren. Aber was ist das eigentlich, was wir verändern? Es ist das Verhalten und die Gewohnheiten der Mitarbeitenden in ihrer spezifischen täglichen Arbeit. Systeme, Tools, Strukturen, Rahmenbedingungen etc. fördern oder behindern die Veränderung und das gewünschte Verhalten. Change Management ist somit nichts anderes als ein Prozess, um von bestehenden Gewohnheiten zu neuen Gewohnheiten zu gelangen und nicht nachzulassen, bevor aus neu gelernten Praktiken und Verhalten auch tatsächlich neue Gewohnheiten geworden sind. Ein Top-down-Ansatz führt somit zum Scheitern. Um Veränderungen erfolgreich und nachhaltig in einem Unternehmen zu realisieren, braucht es ein Change Management, das die Mitarbeitenden von Anfang an einbezieht.

***Checkliste zu:** Verstehen, was wir verändern*

Das Unternehmen als soziales System

- Sie und Ihr Change-Team verstehen das Unternehmen als ein soziales System, geprägt durch die Menschen und ihr Verhalten. Das heißt, Sie sind sich bewusst, dass ein Unternehmen durch komplexe Wirkzusammenhänge geprägt ist, die nicht vollständig erklärt werden können. Sie oder das Management bestehen nicht darauf, dass Sie die eine objektive Realität kennen, sondern Sie berücksichtigen so viele unterschiedliche Perspektiven wie möglich.
- Im Management des Unternehmens haben Sie eine ausreichend starke Gruppe mit einem Verständnis der Organisation als soziales System. Falls Sie eine stark mechanistische Managementkultur haben, sind Sie sich der minimalen Erfolgsaussichten Ihres Veränderungsvorhabens bewusst.

Die konstruierte Realität

- Sie und das Change-Team sind sich der eigenen konstruierten Realität bewusst. Einerseits bezüglich Ihres Bildes von der Realität im Unternehmen, andererseits bezogen auf sich selbst. Sie sind sich dieser Realität nicht nur bewusst, sondern gestalten sie aktiv so, dass Sie Ihren Handlungsspielraum maximieren.
- Auch das Management und die Mitarbeitenden leben in ihrer konstruierten Realität. Sie beeinflussen ihre Wahrnehmung der Realität, um sie für das Veränderungsvorhaben zu gewinnen. Dazu versuchen Sie zuerst, ihre Realität zu verstehen, um dann gemeinsam eine Wahrnehmung zu entwickeln, die eine Motivation für die Veränderung bei ihnen wecken kann.

Die dominante Rolle von Gefühlen

- Sie erkennen, dass der Mensch auch in Unternehmen nicht rational ist. Sie erkennen die dominante Rolle von Gefühlen bei Management und Mitarbeitenden, insbesondere für Entscheidungen und als Handlungsmotivation – beispielsweise für oder gegen die Veränderung.
- Sie planen das Veränderungsvorhaben so, dass Sie gezielt die Gefühle der Mitarbeitenden und des Managements im Veränderungsprozess ansprechen – und sich nicht nur auf rationale Argumentation verlassen.

Change Management ist Verändern von Verhalten und Gewohnheiten

- Sie verstehen Change Management als einen Transformationsprozess, um von bestehenden Gewohnheiten zu neuen Gewohnheiten zu gelangen.
- Sie sehen ein Veränderungsvorhaben erst dann als erfolgreich abgeschlossen, wenn nicht nur neues Verhalten gezeigt wird, sondern sich tatsächlich neue Gewohnheiten gebildet haben.
- Sie definieren für die Gestaltung des Soll-Zustandes der Veränderung genau, welches spezifische Verhalten in welcher Situation angestrebt wird.
- Sie gestalten als Teil des Soll-Zustands das System und Umfeld so, dass es das gewünschte Verhalten unterstützt – und ungewünschtes Verhalten ver- oder zumindest behindert.

Veränderungsansatz der Beteiligung der Mitarbeitenden

- Sie wählen einen Veränderungsansatz, der nicht top-down ist, sondern Sie beteiligen die Mitarbeitenden von Anfang an im Veränderungsprozess.

3 Das Change-Team: Die treibende Kraft der Veränderung

3.1 Einleitung: Das Change-Team als Erfolgsfaktor für das Veränderungsvorhaben

Das Change-Team ist die treibende Kraft der Veränderung. Selbst der überzeugteste und überzeugendste Topmanager kann alleine nichts erreichen. Es ist das Change-Team, das die ersten inhaltlichen Gedanken für die Veränderung zusammenträgt und entwickelt, das den Vorgehensplan erstellt und dafür sorgt, dass er auch umgesetzt wird. Es ist dieses Team, durch dessen Koordination und Kooperation mit der Organisation die Veränderung sich in Bewegung setzt. Es reflektiert über den Fortschritt der Veränderung und unterstützt sich in schwierigen Zeiten gegenseitig. Ein gutes Change-Team ist nicht einfach ein Team, das eine Veränderung durchboxt, sondern das die Energie des Unternehmens in Richtung der Veränderung lenkt – wie ein Dirigent, der die Energie eines Orchesters lenkt. Dazu brauchen Sie ein schlagkräftiges Team. Um schlagkräftig zu sein, muss nicht nur jedes Teammitglied fähig und für dieses Veränderungsvorhaben motiviert sein, sondern es muss in dieses Team auch investiert werden, damit aus fähigen Individuen ein erfolgreiches Team wird. So wie das Organisationsverständnis das Fundament für die Veränderung ist, ist das Change-Team seine treibende Kraft, vgl. Abb. 3.1. Das Change-Team braucht Raum und Zeit, um Beziehungen und Vertrauen untereinander aufzubauen und ein gemeinsames Verständnis der Veränderung zu entwickeln. Das Change-Team wird dadurch zum zentralen Erfolgsfaktor für das Veränderungsvorhaben.

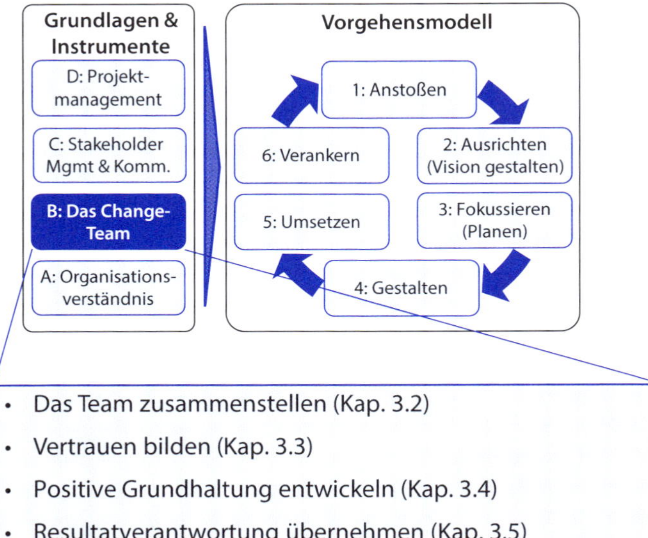

Abb. 3.1: Das Change-Team – die treibende Kraft der Veränderung

Einstiegsbeispiel – *Was schiefgehen kann*

Die Geschäftsleitung beschließt ein Veränderungsvorhaben. Sie identifiziert und nominiert einen Change-Leader, der die Führung für dieses Vorhaben übernimmt. Ohne Zeit zu verlieren, stellt dieser ein Change-Team zusammen, wichtige Auswahlkriterien sind Verfügbarkeit der Teammitglieder und die Wahrnehmung der Interessen der einzelnen Organisationseinheiten. Das Team beginnt unverzüglich zu arbeiten. Schnell zeigt sich aber, dass die einzelnen Teammitglieder primär auf ihre Teilaufgabe fokussiert sind, und Spannungen treten zwischen den Teammitgliedern auf. Irgendwie gewinnt das Projekt nicht an Schwung; es wird wohl viel gearbeitet, die Resultate bleiben aber aus. Dem Veränderungsvorhaben fehlt ein Change-Team, das auch als echtes Team zusammenarbeitet.

Typische Fehler und Fehlannahmen

- Der Change-Champion als Teil des Topmanagements oder das Topmanagement als Team entwickelt klare Vorstellungen vom Veränderungsprogramm und etabliert dann das Change-Team.
- Die Aufgabe des Change-Leaders ist, Visionen und Strategien zu entwickeln und Entscheidungen zu fällen.
- Beim Zusammenstellen des Change-Teams spielen die Verfügbarkeit der einzelnen Mitglieder und die Wahrnehmung der Interessen der entsprechenden Organisationseinheiten eine wichtige Rolle.
- Teammitglieder werden vom Change-Leader vorbehaltslos gegen mögliche Anfeindungen der Organisation verteidigt.
- Das Change-Team fokussiert sich ausschließlich auf die Arbeit am Veränderungsprogramm und an dessen Inhalt, das Change-Team als solches wird als gegeben betrachtet.

- Gefühle und Konflikte zu thematisieren verlangsamt den Prozess und macht das Team ineffektiv.
- Jeder ist für seine Arbeit und seine Resultate verantwortlich.
- Veränderung ist ein konstanter Kampf zwischen dem Change-Team und der Organisation.

Aufbau des Kapitels

Das Kapitel besteht hauptsächlich aus vier Abschnitten, wobei jeweils einer auf dem anderen aufbaut, vgl. Abb. 3.1: Erstens das richtige Team zusammenstellen, insbesondere welche Kriterien bei der Auswahl der Teammitglieder zu beachten sind. Zweitens Vertrauen im Team zu bilden, also wie das Team zusammenarbeitet: Wie schaffen Sie vertrauensbildende Erlebnisse und wie gehen Sie mit Konflikten um? Drittens die Grundhaltung des Teams, wie es sich und die Welt sieht, wie negative Perspektiven in positive umgewandelt werden können. Und viertens, wie Sie ein Verhalten entwickeln, dass das Team gemeinsam die Gesamtverantwortung für das Resultat, also die erfolgreiche Realisierung der Veränderung, übernimmt.

Ausblick: Zusammenstellen von Arbeitsteams

Dieses Kapitel handelt vom Zusammenstellen des Change-Teams. In einem größeren Veränderungsvorhaben wird es aber nicht bei einem zentralen Change-Team bleiben. Wenn es dann um die Erarbeitung von konkreten Lösungen geht, kommen Arbeitsteams zum Einsatz. Vieles, was in diesem Kapitel gesagt wird, gilt in abgeschwächter Form auch für diese Arbeitsteams.

3.2 Zuerst das richtige Team

„Holen Sie zuerst die richtigen Leute in den Bus, die falschen Leute aus dem Bus, und bringen Sie die richtigen Leute auf den richtigen Sitz." So umschreibt Jim Collins in „Good to Great" (Collins, 2001) die Zusammenstellung des richtigen Teams. Ebenfalls beschreibt er, wie wichtig es ist, zuerst das richtige Team zusammenzustellen, bevor man an die Arbeit geht: „First who, then what." Dies ist eine Warnung an starke Change-Leader: Kommen Sie nicht mit einer fertigen Vision und sogar Planung der Transformation, sondern stellen Sie zuerst das Team zusammen und entwickeln Sie das Programm zusammen mit dem Team. Sonst bleibt es bei einer „One-Man-Show", mit der Sie keine nachhaltige Transformation im Unternehmen erreichen können.

Sie brauchen ein echtes Change-Team

Die Anforderungen an das Change-Team hängen vom Umfang des Veränderungsvorhabens ab. Dieses Buch handelt nicht von einfachen, kleineren Veränderungen, sondern von betrieblichen Transformationen, die einen wesentlichen Einfluss auf das Verhalten von vielen Mitarbeitenden haben. Für solche größeren Veränderungen brauchen Sie ein echtes Team, das dieses Vorhaben führt. Für das perfekte Team müssen die Mitglieder voll zu diesem Team „committed" sein, das

Change-Team als ihr erstes Team verstehen, ihr Zuhause. Die Change-Aufgabe soll ihre wichtigste Aufgabe sein und der Großteil der Zeit für diese Aufgabe aufgewendet werden. Sie brauchen ein richtiges Team, das intensiv zusammenarbeitet, und nicht eine Gruppe von Individuen. Sie brauchen ein Team und nicht Leute, die von ihren Einheiten delegiert sind, nur um die Interessen dieser Einheiten wahrzunehmen, die sich auf die Change-Aufgabe aber nicht voll einlassen wollen oder können. All dies sind natürlich hohe Anforderungen – arbeiten Sie darauf hin, es lohnt sich.

Formen des Change-Teams

Es gibt unterschiedliche organisatorische Ansätze, wie Sie Ihr Change-Team definieren können. Im Prinzip sind es drei Formen, alle mit ihren Vor- und Nachteilen:

1. **Projektteam oder Task Force:** die klassische Form für Veränderungsteams. Mitarbeitende werden für das Veränderungsprojekt für die Dauer des Projektes in das Projekt-Team delegiert. Vorteil dieses Ansatzes ist, dass er einfach und flexibel ist. Nachteile sind Risiken bezüglich mangelnder Identifikation mit dem Vorhaben, nicht genug Zeit für die Change-Aufgabe, insbesondere wenn von der gebenden Einheit nicht genug von operativen Aufgaben befreit, und Mangel an Change-Management-Fähigkeiten.
2. **Leadership-Team mit Change-Mission:** Integration von Verantwortung für das Veränderungsvorhaben: Beispielsweise ein Service-Leadership-Team, das aus den Serviceverantwortlichen der verschiedenen Geschäftsbereiche besteht und das die operative und strategische Gesamtverantwortung wie auch die Verantwortung für die Transformation des Servicebereiches hat. Die in diesem Buch beschriebenen Fallbeispiele sind mit solchen Teams durchgeführt worden. Dieser Ansatz hat den Vorteil, dass das gleiche Team für das operative Geschäftsresultat und für die strategische Veränderung verantwortlich ist, also eine hohe Identifikation und Integration. Risiko ist, dass entweder die operative oder die strategische Seite vernachlässigt wird oder dass dieses Team eine zu stark funktionale anstelle der unternehmensübergreifenden Perspektive einnimmt.
3. **Permanentes Change-Team:** Es wird ein zentrales, funktionsübergreifendes Change-Team gebildet, nicht als Projektteam, sondern permanent. Es leitet die definierten Veränderungsprojekte des Unternehmens in den unterschiedlichen Bereichen unter Einbezug der spezifisch benötigten Experten und Sponsoren. Solche Teams gibt es häufig im Kontext von kontinuierlicher Verbesserung, Six Sigma und Lean. Vorteil: Sie haben einen jederzeit verfügbaren Pool von echten Change-Management-Experten; Sie etablieren Change Management als Prozess und Kernkompetenz des Unternehmens. Risiko: Stabsstellenmentalität und fehlendes Vertrauen oder Engagement der Business-Verantwortlichen.

Diese drei Varianten können auch zu verschiedensten Mischformen kombiniert werden. Schlussendlich hängt es vom Kontext ab, welches für Sie der beste Ansatz ist.

Kriterien zur Selektion der Teammitglieder

Nachdem Sie geklärt haben, welches die beste Form des Change-Teams in Ihrer Situation ist, ist der nächste Schritt, die Teammitglieder zu selektieren. Dabei empfehle ich, folgende Kriterien zu berücksichtigen:

- **Akzeptanz:** Haben die Teammitglieder die Akzeptanz der Organisation oder – falls sie neu oder noch unbekannt sind – haben sie eine Chance, diese Akzeptanz aufzubauen? Dies ist absolut essenziell, da das Team die primäre Aufgabe hat, die Veränderung in der Organisation zu ermöglichen. Dazu brauchen Sie das Vertrauen der Organisation.
- **Fachliche Kompetenz:** Die fachliche Kompetenz ist wichtig, soll aber auch nicht überbewertet werden. Das Team soll wissen, „what good looks like"; verstehen, was auch außerhalb des Unternehmens in diesem Bereich läuft. Es sollte ein gewisses Expertenwissen haben, insbesondere um den fachlichen Überblick zu haben und um die Akzeptanz der Organisation zu gewinnen. Umgekehrt kann die fachliche Kompetenz am einfachsten von allen Anforderungen von außen eingeholt werden. Zudem besteht bei zu starker Expertenidentifikation das Risiko, dass das Team glaubt, die absolute Wahrheit zu kennen, und nicht bereit ist, auf die Organisation zu hören.
- **Soziale Kompetenz:** Die soziale Kompetenz ist wichtig sowohl für die Arbeit innerhalb des Teams als auch in der Interaktion mit der Organisation. Mitglieder müssen sich ins Team einfügen können und einen Beitrag zum Team leisten. Es kann z. B. nicht sein, dass ein Teammitglied seine eigene Agenda verfolgt und seinen Bereich von den anderen abschirmt, vielleicht dadurch motiviert, dass es die Anerkennung alleine für sich sucht. Andererseits ist die soziale Kompetenz sehr wichtig für die Interaktion mit der Organisation über den gesamten Transformationsprozess. Dazu gehören Fähigkeiten wie zuhören und Mitmenschen für eine Sache begeistern.
- **Innovationsdenken:** Mitglieder in einem Veränderungsteam sollten Freude an Veränderung haben: Sie müssen gewillt sein, alte Denk- und Verhaltensmuster zu hinterfragen, neue Ideen aufzunehmen und einzubringen, enthusiastisch sein, aber gleichzeitig auch eigene Ideen hinterfragen und offen für andere Ansichten sein.
- **Resultatorientierung:** Teammitglieder brauchen einen inneren Antrieb, Resultate zu liefern. Ein Transformationsprozess kann sehr leicht versanden, sich endlos mit Analysen und Konzepten beschäftigen oder sich auf falsche Prioritäten fokussieren. Mit der entsprechenden Resultatorientierung kann dem entgegengewirkt werden.
- **Motivation:** Selbst das perfekte Teammitglied passt nicht, wenn es nicht motiviert ist: Wenn es von der Sache selbst inhaltlich nicht überzeugt ist, d. h. den Sinn der Veränderung nicht begreift oder ihr wenig Bedeutung schenkt. Häufig werden solche Personen von einer Organisationseinheit vorgeschlagen, um ihre Interessen wahrzunehmen. Hat man so jemanden im Team, hat das einen sehr negativen Einfluss auf die Teamdynamik und den Erfolg des Veränderungsvorhabens.
- **Verfügbarkeit:** Häufig kommt es vor, dass Teammitglieder nicht genug Zeit für das Veränderungsvorhaben aufwenden können, selbst wenn sie das wollen. Um diesem Problem zu begegnen, ist es sehr wichtig, dass von Anfang an der

Zeitaufwand mit der gebenden Organisation abgemacht ist. Als Faustregel gilt, dass mehr als 50 % der Zeit für das Veränderungsvorhaben aufgewendet werden soll, damit klar ist, dass dies die primäre Arbeit ist. Später, wenn entsprechende Probleme auftreten, ist auf diese Abmachung zurückzukommen.

- **Diversität:** Neben den richtigen Eigenschaften der Teammitglieder brauchen Sie auch den richtigen Mix zwischen den Teammitgliedern, die richtige Diversität. Einerseits den richtigen Mix, um alle wichtigen Dimensionen der Organisation im Veränderungsvorhaben abzudecken; beispielsweise Funktionen, Geschäftseinheiten, Unternehmenskulturen (beispielsweise bei Unternehmen, die durch einen Merger hervorgegangen sind), Regionen, Seniorität und andere. Andererseits brauchen Sie auch den richtigen Mix und Diversität aus der Perspektive der Teamdynamik, damit sich die einzelnen Mitglieder ergänzen und gut zusammenarbeiten können.

Sie werden wahrscheinlich kaum in der Lage sein, all diese Kriterien immer zu erfüllen. Zwei Kriterien würde ich aber in ihrer Wichtigkeit über die anderen stellen: Motivation und Akzeptanz.

Fallbeispiel Einkaufstransformation: *Form und Zusammenstellung des Teams*

Die gewählte Form des Change-Teams für die Einkaufstransformation war jene des Leadership-Teams mit Change Mission. Die Grundidee der Einkaufstransformation war, nicht nur ein Veränderungsvorhaben durchzuführen, sondern auch gleichzeitig ein strategisches und operatives Führungsteam für die Einkaufstätigkeit des Unternehmens aufzubauen. Um die Integration des Einkaufs insbesondere mit den Business Areas, welche die Gewinn- und Umsatzverantwortung hatten, sicherzustellen, wählten wir eine Matrixorganisation. Die meisten Teammitglieder hatten somit eine doppelte Berichtslinie zu einem weiteren Mitglied der Geschäftsleitung und waren somit Teil von zwei Managementteams – und mussten in beiden voll akzeptiert sein, um ihre Rolle wahrnehmen zu können. Die Einkaufstransformation war insbesondere auch eine Transformation der Einkaufsführungsfähigkeiten und entsprechend haben wir auch eine größere Anzahl von Externen für diese Positionen rekrutiert. Dies hatte aber auch den Effekt, dass das Team zuerst in einer provisorischen Zusammensetzung startete und erst über die Zeit komplettiert wurde. Durch den hohen Anteil an externen Rekrutierungen konnten wir das angestrebte Fähigkeitsportfolio bewusst nach den formulierten Kriterien aufbauen. Dabei war der kritische Faktor, dass diese neuen Mitarbeitenden auch die Akzeptanz der Organisation brauchten – wozu wir die entsprechenden Schlüsselpersonen bereits in die Rekrutierung involviert haben.

Die Rolle von Beratern

Wenn wir das Change-Team zusammensetzen, haben wir nicht nur die Optionen von bestehenden Mitarbeitenden und neuen Rekrutierungen, sondern auch den Einsatz von Beratern oder anderen externen Dienstleistern. Dabei habe ich folgende Sicht zur Rolle von Beratern in Veränderungsvorhaben: Erstens soll die Führungsverantwortung und somit die Führungsrolle immer intern besetzt werden – sowohl aufgrund der Glaubwürdigkeit als auch des internen Netzwerks, das für die Führungsrolle entscheidend ist. Zweitens: Kritische Fähigkeiten zur Durchführung von Veränderungsvorhaben, also insbesondere Fähigkeiten im Bereich Change Management und Führen von Transformationen: Diese stellen für mich eine Kernkompetenz für ein Unternehmen dar; falls diese Fähigkeiten im Unternehmen nicht vorhanden sind, ist es sehr wichtig, diese aufzubauen. Dabei können Berater im Veränderungsvorhaben eine sehr wichtige Rolle übernehmen. Nicht dass sie diese Aufgaben einfach selbst ausführen und das Unternehmen langfristig von ihnen abhängig ist, sondern sie müssen gezielt eingesetzt werden, um Führungskräfte „on the job“ auszubilden, damit diese nach und nach die Change-Management-Aktivitäten selbst übernehmen. Dies bedingt aber, dass geeignete Führungskräfte dafür von Anfang an vorgesehen und eingesetzt werden. Drittens unkritische Fähigkeiten oder solche, die nur selten gebraucht werden: Da würde ich mit Externen zusammenarbeiten, ohne die entsprechenden Fähigkeiten intern aufzubauen. Dazu zähle ich auch, gezielt durch Externe eine zusätzliche Perspektive einzubeziehen.

Teammitglieder gewinnen

Personen, welche die aufgeführten Auswahlkriterien erfüllen, sind nicht sehr zahlreich im Unternehmen und sehr gefragt. Diese Personen gilt es zu identifizieren und zu umwerben. Halten Sie konstant Ausschau nach solchen Menschen und bauen Sie eine Beziehung zu ihnen auf, sodass Sie bereits einen Pool von möglichen Kandidaten haben, die auch Vertrauen in Sie haben. Schlussendlich ist ein Veränderungsprojekt für solche Mitarbeitenden eine Chance, etwas zu gestalten, sich für das Unternehmen über die tägliche Arbeit hinaus zu engagieren und sich für einen Karriereschritt zu empfehlen. Es ist aber auch ein großes Risiko, da die meisten Veränderungsvorhaben nicht den gewünschten Erfolg zeigen. Neben dem Überzeugen der potenziellen Teammitglieder gibt es eine zweite sehr wichtige Gruppe, die zu gewinnen ist, nämlich das Topmanagement. Schaffen Sie es, einzelne Mitglieder des Topmanagements zu überzeugen, ist es meist sehr wirkungsvoll, wenn diese die geeigneten Kandidaten in der Organisation identifizieren und zur Mitarbeit im Change-Team einladen. Wie wir später noch an unterschiedlichen Stellen diskutieren werden, kommt dem Topmanagement im Veränderungsvorhaben eine zentrale Aufgabe zu, es lohnt sich also, es von Anfang an aktiv miteinzubeziehen.

Konsequenz in Personalentscheiden

Die Besetzung des richtigen Teams ist fundamental für den Erfolg des Veränderungsvorhabens. Zu häufig werden hier Kompromisse gemacht, ohne wirklich alle Optionen betrachtet zu haben:

- Geben Sie sich nicht zufrieden, dass Sie jemanden zugestanden erhalten, sondern reflektieren Sie, wie die Person die gestellten Anforderungen wirklich erfüllt. Geben Sie nicht dem Druck nach, zu schnell Kompromisse einzugehen, damit das Team so schnell wie möglich besetzt wird und Sie einen entsprechenden Milestone erreichen.
- Falls Sie die Möglichkeit haben, Leute von extern für das Change-Team zu rekrutieren, beteiligen Sie die wichtigsten Stakeholder im Prozess, um ihre Akzeptanz zu gewinnen.
- Sind Sie nicht nur offen für Feedback der Organisation bezüglich der Leistung der einzelnen Teammitglieder, sondern suchen Sie dieses Feedback aktiv. Verlassen Sie sich nicht auf den jährlichen Mitarbeiterbeurteilungsprozess, dann ist es meistens schon zu spät. Falls Sie von wichtigen Stakeholdern Feedback

erhalten, dass es beispielsweise ein Akzeptanzproblem gibt, nützt keine rationale Argumentation – Wahrnehmung ist Realität. Analysieren Sie, inwieweit das Akzeptanzproblem mit der Person oder mit dem Veränderungsvorhaben als Ganzes zusammenhängt. Häufig ist eine Personenveränderung nötig, weil jemand mit einem wahrgenommenen Akzeptanzproblem meist ineffektiv in seiner Veränderungsarbeit ist.

Sind Sie also konsequent in Ihren Personalentscheidungen, diese sind schlussendlich besser für alle Beteiligten, inklusive für den Betroffenen und Sie selbst.

3.3 Vertrauen im Team bilden

Die richtigen Mitglieder für das Team zu gewinnen ist der erste wichtige Schritt. Aber dann beginnt die Arbeit erst. Sie brauchen nicht nur die richtigen Personen im Team, sondern diese müssen auch gut zusammenarbeiten, müssen ein Team werden. Die grundlegende Voraussetzung für ein Team ist Vertrauen (vgl. beispielsweise Lencioni, 2002). Vertrauen bedingt aber, dass man sich auf das Team einlässt. Es fehlt häufig, gerade auch in Managementteams, da jeder mit seinem eigenen Verantwortungsbereich beschäftigt ist. Die meisten Leute identifizieren sich mit den Teams, die sie leiten, und nicht mit dem, in dem sie ein Mitglied sind – beispielsweise ein Geschäftsleitungsmitglied für die Produktion, das sich primär mit seinem Produktionsmanagement-Team identifiziert und erst sekundär mit der Geschäftsleitung. Das Ziel ist, dass die Mitglieder dieses Team als ihr erstes Team betrachten, und dafür ist Vertrauen der Kitt, der das Team bildet. Ohne Vertrauen gibt es nur eine Gruppe von Einzelkämpfern, aber kein Team.

Vertrauen definiert

Was heißt Vertrauen? Vertrauen ist – wie auch Covey (Covey, 2006) beschreibt – eine innere Überzeugung, bezogen auf andere Personen oder sich selbst bezüglich Integrität, Absicht und Fähigkeit, Resultate zu liefern. Dabei kann es das Vertrauen sein, das ich mir selbst oder den anderen entgegenbringe und welches die anderen mir entgegenbringen. Am einfachsten ist Vertrauen negativ zu definieren: Wir alle kennen Beispiele, wo durch fehlende Integrität, Absicht oder Fähigkeit Vertrauen untergraben wird: Wenn jemand in einem Meeting sich zu einer Sache verpflichtet, dann aber, kaum ist das Meeting vorbei, sich ganz anders verhält (fehlende Integrität), oder wenn es z. B. um die Globalisierung von Einkauf geht, der entsprechende Mitarbeiter aber primär lokal einkaufen will (fehlende Absicht). Oder jemand ist nicht fähig, gewisse Handlungen, beispielsweise das Aussprechen von vertraulichen oder sensitiven Informationen, zu unterlassen.

Vertrauen gewinnen und verlieren

Die meisten Menschen bringen anderen – insbesondere im gleichen Unternehmen – zunächst Vertrauen entgegen, auch wenn beispielsweise ein Neuer in die Organisation hineinkommt oder ein Mitarbeiter in einen neuen Bereich wechselt. Die Anfangsphase ist dann sehr kritisch; entweder wird dieses Grundvertrauen bestätigt und das Vertrauen wächst oder es wird nicht bestätigt und schwindet dahin. Hat sich erstmals eine Story über die Vertrauenswürdigkeit einer Person gebildet (vgl. Kapitel 2.3), ist es sehr schwierig, sie zu verändern – umgekehrt braucht es wenig, um Vertrauen zu untergraben. Betrachten Sie Vertrauen als Kapital, das Sie sorgsam pflegen – innerhalb des Change-Teams und noch wichtiger in der gesamten Organisation.

Bauen Sie Vertrauen im Team durch Verletzlichkeit

Ein wesentliches Element – zumindest in den westlichen Kulturen –, um Vertrauen im Team zu bilden, ist, offen zu sein bezüglich der eigenen Fehler und Schwächen. Dies ist ein iterativer Prozess; Vertrauen führt zur Bereitschaft, Verletzlichkeit zu zeigen, was dann zu mehr Vertrauen führt. Hier kommt insbesondere dem Team-Leader eine wichtige Funktion zu: Er soll mit gutem Beispiel vorangehen und eigene Verletzlichkeit zulassen – und das auf keinen Fall vorspielen. Wie reagiert er auf Kritik? Gesteht er seine Schwächen ein? Fragt er um Hilfe? Ebenfalls hat er die Rahmenbedingungen zu setzen und eine sichere Atmosphäre zu schaffen, in der die Teammitglieder auch wagen können, ihre Verletzlichkeit zu zeigen und Konflikte offen auszutragen. Dies bedeutet insbesondere, vertrauensbildende Äußerungen und konstruktive Kritik zu unterstützen und vertrauenszerstörende oder destruktive Vorkommnisse zu erkennen und zu adressieren.

***Praxistipp:** Schaffen Sie gemeinsame vertrauensbildende Erlebnisse*

Vertrauen kann nur im Verlauf der Zeit aufgebaut werden. Neben der täglichen Interaktion empfiehlt es sich, spezifische Aktivitäten durchzuführen, um Erlebnisse zu schaffen, die gezielt Vertrauen aufbauen. Unten folgt eine Liste mit Beispielen. Die ersten vier der aufgelisteten Aktivitäten sind am besten mit einer Drittperson als Moderator durchzuführen, um einerseits die Methoden- und Prozesskompetenz sicherzustellen und andererseits dem Team-Leader zu ermöglichen, Teil des Teams und des Prozesses zu sein und mit gutem Beispiel als Teammitglied voranzugehen.

- **Persönlichkeitsprofile,** wie z. B. der Myers-Briggs-Typenindikator (MBTI), sind Analysen der Persönlichkeit nach gewissen Dimensionen. Sie helfen den Teilnehmern zu erkennen, wie unterschiedlich Menschen sind, und sich gegenseitig besser zu verstehen. Dabei werden die Analysen im Vorfeld durchgeführt, häufig individuell, und dann im Team besprochen. Diese Übung macht meist viel Spaß und eignet sich auch, wenn noch kein tiefes Vertrauensverhältnis besteht.
- **Persönliche Historie teilen.** In dieser Übung teilt jedes Mitglied so viel, wie es gewillt ist, über sein persönliches Leben mit; wichtige Ereignisse in seinem Leben, Träume etc. Dabei hilft es enorm, wenn jeder Teilnehmer auf einem Flipchart oder mit Gegenständen diese Dinge visualisiert. Je mehr die Teilnehmer gewillt sind, in die Tiefe zu gehen, desto stärker die Wirkung. Es ist deshalb auch eine Frage, wann im Prozess man diese Übung machen will. Je mehr Grundvertrauen da ist, desto eher sind die Teilnehmer bereit, sich zu öffnen. Dabei können auch schon mal Tränen fließen. Durch diese Übung binden sich die Teammitglieder auf der persönlichen Ebene.
- **360-Grad-Feedback:** Jedes Teammitglied füllt einen Fragebogen zu jedem anderen Teammitglied aus. Die Resultate werden dann für jeden konsolidiert – ohne Rückschlüsse zuzulassen, wer den entsprechenden Input gegeben hat – und die Resultate im Team präsentiert und kommentiert. Dies eignet sich auch für weniger reife Teams. Aber auch hier habe ich schon erlebt, wie Teilnehmer absolut nicht fähig oder gewillt

waren, das Feedback anzunehmen, sondern die Ursache für die Aussagen, die ihnen nicht passten, bei den Feedback-Gebern und den Umständen suchten.

- **Persönlich Feedback geben.** Dies ist eine starke Übung: Alle Mitglieder sitzen in einem Kreis. Einer nach dem anderen darf auf einem „Thron" Platz nehmen und erhält direktes Feedback von den Teilnehmern im Kreis. Die Übung und Form des Feedbacks wird vorausbestimmt und die Teilnehmer werden aufgefordert, sich ihre Aussagen zu ihren Kollegen als Vorbereitung aufzuschreiben. Feedback kann beispielsweise beinhalten, welches der größte Beitrag ist, den der Entsprechende für das Team leistet, und was er ändern könnte, um seinen Beitrag noch zu erhöhen. Eine alternative Kategorisierung könnte sein: was weiterzumachen, was aufzuhören und was neu anzufangen ist (continue doing, stop doing, start doing). Während der Feedbackrunde im Kreis nominiert der Feedbackempfänger jemanden, der für ihn die Aussagen aufschreibt, damit er sich voll auf das Zuhören konzentrieren kann und die Resultate gesichert werden. Derjenige auf dem Thron erhält von einem nach dem anderen direktes Feedback – und dann wird die Rolle gewechselt, bis alle auf dem Thron waren. Persönlich habe ich sehr gute Erfahrungen mit dieser Übung gemacht, aber je nach Reife der Teilnehmer kann diese Übung zu stark sein, da sie jeden, auch als Feedbackgeber, exponiert.
- **Team-Events,** zum Beispiel draußen gemeinsam irgendwelche Aufgaben zu erfüllen oder einfach nur gemeinsam Spaß zu haben, sind gute ergänzende Maßnahmen zu obigen Aktivitäten, alleine durchgeführt fehlt aber die Bindung zum Geschäft. Je einfacher diese Team-Events sind, desto mehr Raum geben sie den Teilnehmern, eine Beziehung aufzubauen. Also beispielsweise im Winter in den Bergen eine Schneeschuhwanderung zu machen oder in einer einfachen Hütte gemeinsam zu kochen.
- **Benchmark-Besuche:** Gerade für Veränderungsvorhaben ist eine Lernreise zu einem anderen Unternehmen ein sehr geeignetes Instrument. Einerseits ist es ein Team-Event mit dem entsprechenden vertrauensbildenden Effekt, andererseits hilft es dem Change-Team auch, die Perspektive nach außen zu richten, nicht nur bezüglich Best Practices beispielsweise im Einkauf oder in der Projektabwicklung, sondern auch wie das Unternehmen mit dem Veränderungsprozess umgegangen ist.

Konflikte an die Oberfläche bringen und bearbeiten

Vertrauen ist die Voraussetzung, um Konflikte austragen zu können. Konfliktfähigkeit ist absolut essenziell, da es in jedem Team Konflikte gibt, insbesondere in einem Change-Team. Natürlich können die Konflikte unter den Tisch gekehrt werden, aber dann ist das Team gelähmt und es kann keine gemeinsamen Resultate liefern. Konflikte müssen angesprochen und bearbeitet werden. Es nützt auch niemanden etwas, wenn Konflikte vermieden werden, um eine Person zu schützen. Oder Konflikten aus dem Weg zu gehen, um die knapp bemessene Zeit für die wichtigen anstehenden Sachthemen zu reservieren. Konflikte sind Gefühle und die dominieren die Logik; der Elefant ist stärker als der Reiter. Finden Sie Praktiken oder Rituale, um diese Gefühle im Team zu erkennen, zu benennen und zu bearbeiten. Konstruktiver Umgang mit Konflikten stärkt das Vertrauen. Umgekehrt sind Konflikte, die nicht adressiert werden, absolutes Gift für das Vertrauen. Auch hier kommt dem Teamleiter wieder eine wichtige Rolle zu, erstens Rollenmodell zu sein und zweitens die Rahmenbedingungen zu setzen, um konfliktfähiges Verhalten zu ermöglichen.

Etablieren Sie Regeln der Teamzusammenarbeit: „Team together, team apart"

Regeln für die Zusammenarbeit im Change-Team sind wichtig. Einerseits hat es zu identifizieren, welche Verhaltensmuster innerhalb des Teams angewendet werden sollen, beispielsweise um Vertrauen zu bilden und Konflikte zu adressieren, andererseits müssen Sie dafür sorgen, dass sich das Team auch an diese Verhaltensmuster hält. Diese Verhaltensmuster beziehen sich sowohl auf Teammeetings und den direkten Kontakt zwischen den Teammitgliedern als auch, noch schwieriger, wie sich jedes Teammitglied in der Organisation verhält, nämlich sich an diese Teamregeln hält: „Team together, team apart". In der Zusammenarbeit des Teams nehmen die Teammeetings eine wichtige Stellung ein. Gestalten Sie diese Meetings so, dass sie Vertrauen bilden, für die Teilnehmer emotional positiv empfunden werden und Resultate liefern. Die Herausforderung hier ist weniger, zu definieren, welches das richtige Verhalten ist, sondern dieses konsequent umzusetzen – beschränken Sie sich deshalb auf wenige Regeln, stellen Sie aber konsequent sicher, dass sie eingehalten werden – auch dies hat einen Einfluss auf das Vertrauen im Team. Stellen Sie auch sicher, dass diese Meetings genug Freiräume haben für Reflexion und Dialog und dass sie sich nicht nur auf der rationalen Ebene bewegen, sondern bewusst und explizit auch auf der emotionalen.

Fallbeispiel Operational Excellence: *Umgang mit Konflikten und Regeln im Team*

Im Finnischen gibt es einen sehr schönen Ausdruck: „Die Katze auf den Tisch stellen" („Nostaa kissa pöydälle"), der bedeutet, direkt und ehrlich zu sein, die Sache beim Namen zu nennen, das Problem nicht unter den Teppich zu kehren. Wir haben dies in ein Ritual umgesetzt und eine Stoffkatze in all unsere Teammeetings mitgenommen und in die Mitte des Besprechungstisches gesetzt, um uns an unsere Teamregeln zu erinnern, insbesondere unser Versprechen, Gefühle zu berücksichtigen und Konflikte konstruktiv zu adressieren – ja, wir haben die Stoffkatze sogar auf unsere Reisen mitgenommen. Wann immer ein Teilnehmer das Gefühl hatte, dass es ein „Problem" gibt, hat er die Katze genommen und wir haben sofort das Meeting unterbrochen und auf die entsprechende Person gehört. Oder wenn sich jemand unangepasst verhalten hat und die Stimmung nicht zu angespannt war, wurde demjenigen die Katze unmittelbar zugeworfen – direktes Feedback, meist mit Gelächter verbunden.

Checkliste: *Wie weiß ich, dass das Team Vertrauen gebildet hat und konfliktfähig ist?*

Vertrauen und Konfliktfähigkeit im Team wird in folgendem Verhalten sichtbar:

- Mitglieder interessieren sich gegenseitig füreinander; persönliche Themen sind bekannt und werden angesprochen.
- Schwächen und Fehler werden eingestanden.
- Mitglieder bitten sich gegenseitig um Hilfe.
- Mitglieder offerieren sich gegenseitig Feedback.
- Es wird Rücksicht auf die anderen Teammitglieder genommen.
- Mitglieder entschuldigen sich, wenn sie etwas Unangebrachtes gesagt oder getan haben.
- Mitglieder betreiben keine Politik, also keine Manipulation, sie führen keine „hidden agenda".
- Gefühle werden angesprochen.
- Schwierige Themen werden adressiert („die Katze auf den Tisch stellen").
- Die Diskussion ist leidenschaftlich und offen. Die Meetings sind spannend.

3.4 Eine positive Grundhaltung im Change-Team entwickeln

Die Arbeit im Change-Team ist nicht einfach und kann emotional sehr anspruchsvoll sein. Die Teammitglieder sind meist neu in diesem Team, ungewohnt im Umgang mit der Aufgabe und stoßen bisweilen auf starke Widerstände von kritischen Stakeholdern. Der erste Schritt, mit diesen Herausforderungen umzugehen, ist, Vertrauen und Konfliktfähigkeit im Team zu entwickeln. Ein weiterer Erfolgsfaktor ist, wie das Team die Realität sieht, vgl. Kapitel 2.3. Dazu müssen die Teammitglieder aktiv an ihrer Wahrnehmung und ihren Gefühlen arbeiten und eine positive Grundhaltung entwickeln und aufrechterhalten.

Die negative Perspektive überwinden

Untersuchungen zeigen, dass der Mensch das Negative stärker wahrnimmt als das Positive und dass er negative Vorfälle etwa doppelt so stark gewichtet wie positive (vgl. beispielsweise Kahneman, 2011). Evolutionsbedingt ist das nachvollziehbar, mussten wir doch dauernd auf überlebensbedrohende Gefahren vorbereitet sein. Auch im Kontext eines Veränderungsvorhabens kommt die negative Perspektive sehr natürlich; einerseits sieht man, was alles zu verändern ist, andererseits erntet man dafür häufig sehr viel Widerstand in der Organisation. Dadurch kommt das Change-Team sehr leicht in eine negative Haltung, wie das auch im Fallbeispiel der Einkaufstransformation mit dem Bild der Mücke im letzten Kapitel sichtbar wurde.

Die negative Perspektive ist aber schlichtweg nicht unterstützend; sie fördert die Problemorientierung, nicht die Lösungsorientierung, und reduziert somit den Handlungsspielraum. Unter Umständen verstrickt man sich in Analysen oder negativen Geschichten und wird völlig handlungsunfähig. Zudem hat sie einen negativen Einfluss auf die eigene Führungsfähigkeit, eine Art negative Energie, die man ausstrahlt und die einen entsprechenden Einfluss auf das Umfeld hat, insbesondere auf die Mitglieder des Change-Teams und seine wichtigsten Stakeholder, zum Beispiel seine Managementkollegen. Wie im letzten Kapitel besprochen, konstruieren wir unsere Realität selbst. Wenn wir unsere Realität also schon selbst konstruieren, dann sollten wir uns bewusst eine Realität konstruieren, die faktenbasiert ist und die für uns und andere hilfreich ist (vgl. beispielsweise Zander, 2000).

Eine positive, faktenbasierte Grundhaltung

Sich eine positive Realität zu konstruieren heißt nicht, die Fakten zu ignorieren und die Welt schönzureden. Im Gegenteil! Es geht darum, die brutalen Fakten zu akzeptieren, wie sie sind. Dann aber nicht in ein Lamento zu verfallen, sondern vorwärts zu schauen, was damit gemacht werden kann. Collins in „Good to Great" (Collins, 2001) nennt dies das „Stockdale Paradox", benannt nach dem US-Admiral Jim Stockdale, der für acht Jahre während des Vietnamkrieges gefangen gehalten wurde, dabei den brutalen Fakten in die Augen schaute und gleichzeitig den Glauben an die Freilassung nicht aufgab, entsprechende Pläne schmiedete und umsetzte. Wie macht man das? Indem man erkennt, dass man die Wahl und Freiheit hat, Fakten aus unterschiedlichen Perspektiven zu betrachten und sich die Perspektive zu wählen, welche die besten Handlungsoptionen ermöglicht. Das gleiche Verhalten zeigt ein gutes Change-Team: Es setzt alles daran, die Fakten, so unangenehm sie auch sind, zu verstehen, dabei sich aber nicht entmutigen zu lassen, sondern an die Vision der Veränderung zu glauben, die nötigen Aktionen zu planen und umzusetzen, um Schritt um Schritt von der jetzigen Situation zur Vision zu gelangen.

Von „Wir und die anderen" zum „gemeinsamen Erfolg"

Aufgrund der Dynamik in Veränderungsvorhaben gibt es leicht ein Gefühl von „Wir (das Change-Team) und die anderen (die Organisation)" – und zwar von beiden Seiten. So wie das Change-Team die Organisation als änderungsresistent wahrnehmen kann, wird sie häufig durch die Organisation als Störenfried oder gar als inkompetenter oder mutwilliger Zerstörer wahrgenommen. Diese Perspektive ist aber unproduktiv; sie bringt das Unternehmen nicht weiter, insbesondere auch nicht die Kultur und Zusammenarbeit der Menschen im Unternehmen.

Diese Perspektive ist aber eine konstruierte Realität, d.h., man kann sich auch für eine andere Sichtweise entscheiden. Für das Change-Team ist es wichtig, diese Haltung, diese konstruierte Realität des „Wir und die anderen", zu ersetzten durch eine Grundhaltung des Erschaffens eines „gemeinsamen Erfolges". Dieses Ziel des „gemeinsamen Erfolges" hat zwei Dimensionen: einerseits den Willen, das Unternehmen vorwärtszubringen, Resultate zu erzielen; andererseits aber auch eine gewisse Bescheidenheit, sich als Teil des Ganzen zu sehen. Diese Eigenschaft der Kombination von starkem Willen und Bescheidenheit ist es auch, was Jim Collins (Collins, 2001) als „Level 5 Leadership" beschreibt, die er bei den CEOs von herausragenden Firmen festgestellt hat.

Eine andere Ausprägung des „Wir und die anderen" ist das Nullsummenspiel, die Haltung, in der mein Gewinn dein Verlust ist und umgekehrt, das heißt, die Summe bleibt gleich, es gibt null Zuwachs. Beispielsweise drückt sich diese Haltung aus in einem „Sieg" des Change-Teams über jemand anderen. Gerade in Veränderungsvorhaben ist dieses Nullsummenspiel absolut fehl am Platz – geht es doch darum, für das Unternehmen als Ganzes eine attraktivere Zukunft zu gestalten; es sollte ein Zuwachs sein, ein Win-Win für alle Betroffenen, ein gemeinsamer Gewinn. Das Change-Team sollte reflektieren, wo seine Annahmen und Gedanken durch das Nullsummenspiel geprägt sind und welches eine alternative Betrachtungsweise wäre.

Das Gute im Menschen sehen

Eine besondere Spielform des „Wir und die anderen" ist, im anderen den Bösewicht zu sehen, der grundsätzlich gegen eine Veränderung ist. In diesem Fall ist man Opfer des eigenen Denkens, man schreibt das Verhalten dem Individuum zu und nicht auch der Situation. Personen sind geprägt durch die Situation, in der sie leben, also Beruf, Organisationseinheit etc. – der Elefant folgt dem ausgetretenen Pfad. Statt im anderen den Bösewicht zu sehen, sollte das Change-Team die Perspektive entwickeln, das Positive im Menschen zu sehen. Dabei hilft, sich „in die Schuhe des anderen zu versetzen". Hier geht es wiederum nicht darum, die Augen vor Negativem zu verschließen, sondern nicht sofort andere zu be- und verurteilen, das

Potenzial in den Menschen zu sehen und sich darauf zu konzentrieren, wie dieses Potenzial realisiert werden kann, wie man gemeinsam den Erfolg gestalten kann. Dies hat direkt einen positiven Einfluss auf die Beziehung zu diesen Menschen; sie ist respektvoll und man hat einen gemeinsamen Zweck. Sie hilft auch, besser zuzuhören, zu lernen und eine wirkungsvollere Sicht der Realität zu entwickeln.

Die positive Grundhaltung führt zum Erfolg

Die elementare Bedeutung der mentalen Grundeinstellung wird eindrücklich von Carol Dweck (Dweck, 2007) in ihrem Buch „Mindset" beschrieben. Dabei unterscheidet sie zwei Arten der Grundhaltung: das „fixed mindset" und das „growth mindset". Das „growth mindset" ist charakterisiert durch eine positive Grundhaltung, dass jeder Mensch lernen kann, sich weiterentwickeln kann – und Rückschläge für ihn Lerngelegenheiten darstellen. Sie zeigt auf, dass es dieses „growth mindset" ist, das zum Erfolg führt – privat und beruflich. Die positive Perspektive funktioniert, da sie eine sich selbst erfüllende Prophezeiung ist, also zum entsprechenden Ergebnis führt. Die mentale Perspektive, die wir einnehmen, bestimmt unsere Wahrnehmung und unser Handeln. Durch diese positive Grundhaltung wird unsere Interaktion mit unseren Mitmenschen wirkungsvoller und liefert somit die besseren Resultate.

Checkliste: *Wie weiß ich, dass das Change-Team eine positive Grundhaltung entwickelt hat?*

Folgendes Verhalten lässt auf eine positive Grundhaltung schließen:

- Negatives wird bewusst wahrgenommen und analysiert, beeinflusst aber die Grundhaltung nicht negativ.
- Widerstand der Organisation und gemachte Fehler werden als Lerngelegenheit wahrgenommen.
- Das Team erkennt, dass es selbst verantwortlich ist für seine Grundhaltung und Gefühlslage – nämlich durch seine konstruierte Realität.
- Teammitglieder weisen sich gegenseitig darauf hin, wenn einer in eine negative Story verfällt.
- Das Team spricht nicht von „wir" als Change-Team und „die anderen" – sondern vom „Wir" der gesamten Organisation und vom gemeinsamen Erreichen des Erfolgs.
- Das Team erkennt, dass, wenn Leute Widerstand zeigen, dies nicht primär Unwille oder Bosheit ist, sondern dass der Mensch ein Gewohnheitstier ist – der Elefant folgt seinem Pfad.
- Das Change-Team sieht einen Erfolg im Veränderungsvorhaben nicht als „seinen" Erfolg, sondern als Erfolg der Organisation.

3.5 Resultatverantwortung im Team übernehmen

Nachdem Sie das richtige Team zusammengestellt, eine Vertrauensbasis und Konfliktfähigkeit gebildet und an der positiven Grundhaltung gearbeitet haben, geht es nun darum, aus diesem ein Team zu bilden, das auch Resultate liefert. Schließlich ist es das Ziel, mit diesem Team eine nachhaltige Veränderung im Unternehmen zu erreichen, also Erfolge zu realisieren. Die Frage ist also, wie dieses Team Resultate erreicht. Wie Lencioni (Lencioni, 2002) aufzeigt, ist es dabei wichtig, dass man erstens tragfähige Entscheidungen fällt, zweitens sich gegenseitig verantwortlich für die Umsetzung dieser Entscheide hält und drittens einen konstanten Fokus auf das Resultat behält.

Schritt 1: Tragfähige Entscheidungen erzeugen

Der erste Schritt, um zu Resultaten zu kommen, besteht darin, gemeinsam tragfähige Entscheidungen zu fällen. Dazu braucht es vorab eine offene, engagierte Diskussion – deshalb sind die Vertrauensbasis und Konfliktfähigkeit sowie die positive Grundhaltung so wichtig. Die Diskussion braucht es, um einerseits Klarheit bezüglich des Inhalts zu erzeugen, andererseits für die Zustimmung. Wichtig ist, dass jeder voll hinter dieser Entscheidung steht.

Der Mechanismus, wie Entscheidungen gefällt werden, kann sehr unterschiedlich sein. Wichtig ist, dass jedes Teammitglied die Chance hat, oder besser aktiv eingeladen wird, seine Meinung zu äußern, dann aber der Team-Leader dafür sorgt, dass man schnell zu einer Entscheidung kommt, wenn nötig auch ohne Konsens oder Mehrheit. Das Gleiche gilt für Entscheidungen basierend auf unvollständigen Informationen – meist ist der Schaden durch eine Verzögerung der Entscheidung und entsprechende Ressourcenbindung größer als der Qualitätsgewinn durch bessere Informationen. Kommen Sie also zu Entscheidungen. Die Teammitglieder werden Ihnen meist dankbar sein, von der Ungewissheit erlöst zu sein, selbst wenn sie ursprünglich eine andere Meinung vertreten haben.

Ein wichtiger Faktor, um sicherzustellen, dass Entscheidungen auch von allen getragen werden, ist, sehr deutlich zu formulieren, was jetzt überhaupt entschieden wurde. Jeder hat sicher schon erlebt, wie unterschiedlich Feedbacks von Meetings sein können, wie Entscheide völlig verzogen oder nur partiell kommuniziert werden. Dies untergräbt das Vertrauen, das die Organisation in diese Teams hat. Stellen Sie also sicher, dass die Entscheidungen klar sind und nicht nur im Sitzungsprotokoll dokumentiert. Ein gutes Instrument dazu ist, am Ende des Meetings, zusätzlich zum normalen Sitzungsprotokoll, gemeinsam ein kurzes Dokument mit den wichtigsten Entscheidungen und Resultaten zu verfassen. Dieses Dokument dient dann der Kommunikation. Dies braucht nicht viel Zeit, aber viel Disziplin, da gerade am Ende von Meetings meist die Zeit sehr knapp ist.

Schritt 2: Sich gegenseitig verantwortlich halten

Sind Entscheidungen einmal gefällt, gilt es, diese einzuhalten und umzusetzen. Das beginnt damit, dass man sich selbst an das Abgemachte hält, aber auch, dass man seine Teamkollegen dazu anhält. Dies betrifft den Verhaltenskodex, aber auch das Durchführen von abgemachten Entscheidungen und Aufgaben. Sich gegenseitig verantwortlich zu halten kann als sehr unangenehm empfunden werden, es ist viel einfacher, wegzuschauen, „Ist ja nicht mein Problem" – ist es aber: Das Team ist nur so stark wie sein schwächstes Mitglied – im Resultat wie auch in der Wahrnehmung der Organisation. Damit man sich gegenseitig verantwortlich halten kann, braucht es natürlich das früher besprochene Vertrauen und insbesondere die Fähigkeit, mit Konflikten umzugehen. Umgekehrt, wenn man sich zu gut kennt, kann dies auch ein Risiko sein, da dann die Gefahr besteht, dass aus Rücksicht auf die Freundschaft der Konflikt unterdrückt wird.

Häufig liegt die Aufgabe, die einzelnen Teammitglieder verantwortlich zu halten, beim Leiter des Teams, wenn es sich dabei auch um den Vorgesetzten handelt. Um aber ein wirklich leistungsfähiges Team zu entwickeln – und damit gleichzeitig auch die einzelnen Teammitglieder zu fördern –, muss diese Verantwortung auf das Team verteilt werden. Ein bewährtes Tool dazu ist, in einem Meeting einzelne Führungsverantwortungen rauszunehmen und rotierend unterschiedlichen Teamteilnehmern zu geben. Die typischsten Rollen sind: der Zeit- und Agendamanager, der sicherstellt, dass die zeitlichen Slots der Agenda eingehalten werden; der Verhaltensbeobachter, der jederzeit intervenieren kann und soll und zwischendurch um sein Feedback gebeten wird; und der Protokollführer, der beispielsweise auch sicherstellt, dass Entscheide und Aktionen klar sind. Das Rotieren dieser Aufgaben hilft, jedes Teammitglied zu motivieren, eine aktive Verantwortung für das gesamte Team zu übernehmen.

Um sich gegenseitig verantwortlich zu halten, müssen natürlich Verhaltensprinzipen, Entscheide, Ziele, Pläne und Aktionen beschlossen, dokumentiert und ihre Einhaltung beziehungsweise Umsetzung gemeinsam überprüft werden. Insbesondere empfiehlt es sich, beispielsweise am Ende jedes Meetings eine offene Feedbackrunde über das Verhalten während des Meetings und dessen Zweckmäßigkeit durchzuführen.

Schritt 3: Fokus auf das kollektive Resultat

Das Ziel des Change-Teams ist, die Vision und die Ziele der Veränderung erfolgreich und nachhaltig zu realisieren. Alle Aktivitäten des Teams sind Mittel zu diesem Zweck, zu diesem übergeordneten Resultat. Sehr häufig wird dies in der Intensität der Arbeit vergessen und leicht verliert man sich in Details oder auf einem Nebenschauplatz. Was zählt, ist das Resultat, nicht der Aufwand. Und was zählt, ist das kollektive Resultat des Teams, nicht das individuelle des einzelnen Teammitglieds. Dieser Fokus auf das Resultat wird unterstützt, indem das gewünschte Ergebnis explizit und messbar definiert wird und in der gesamten Organisation kommuniziert und gemessen wird.

Fallbeispiel Einkaufstransformation: *Resultatfokus*

In der Einkaufstransformation im Unternehmen der Stromerzeugungsanlagen waren Einkaufseinsparungen ein zentrales Ziel. Wir hatten diese Einsparungen nicht nur als Bonusziele für den Einkauf, sondern für die gesamte operative Organisation definiert, um die Bedeutung der funktionsübergreifenden Zusammenarbeit für das Erreichen dieser Ziele zu unterstreichen. Wir haben die erzielten Einsparungen nicht nur monatlich rapportiert, sondern auch weit kommuniziert und visualisiert. Zu diesem Zweck haben wir ein riesiges Einsparungsbarometer montiert, wo wir monatlich den aktuellen Stand angezeigt haben, somit zur Diskussion angeregt, uns aber auch entsprechend exponiert haben.

Umgang mit unerwünschten Resultaten

Wie im vorausgehenden Kapitel besprochen, hat der Mensch die Tendenz, Informationen zu verdrängen, die nicht zu seiner Story passen – und dies sind insbesondere negative Informationen. Das können schleichende Ereignisse sein, beispielsweise dass das Veränderungsvorhaben ins Stocken gerät, oder auch plötzliche Ereignisse, z. B. eine Krisensituation mit einem Kunden, die einen Bezug zum Veränderungsvorhaben hat oder haben könnte. Es braucht diesen Fokus auf das erwünschte Resultat, um festzustellen, wenn Abweichungen eintreten, und es braucht die Vertrauensbasis, Konfliktfähigkeit und positive Grundhaltung, diese Informationen zuzulassen, um mit einer solchen Situation konstruktiv umzugehen. Seien Sie flexibel, ohne das Ziel aus den Augen zu verlieren. Bewahren Sie Ruhe und agieren Sie gleichzeitig schnell.

Die Rolle des Team-Leaders

Die Art des Teams, die ich hier beschrieben habe, insbesondere sich gegenseitig verantwortlich zu halten, um die Ziele zu erreichen, stellt hohe Anforderungen an den Team-Leader. Die Rolle des Team-Leaders, ein solches Team zu gestalten, ist nicht die des allwissenden, alles entscheidenden Helden, sondern viel eher jene eines Coaches und eines Prozessverantwortlichen. Der Team-Leader sorgt dafür, dass gerade auch die introvertierten Teammitglieder ihre Meinung äußern, um eine balancierte und gut informierte Entscheidungsgrundlage zu haben; dass Entscheidungen gefällt werden, ohne seine eigene Meinung aufzudrängen; dass sich die Teammitglieder gegenseitig verantwortlich halten, und er hilft dem Team, auf das gemeinsame Resultat fokussiert zu bleiben. Allerdings müssen der Team-Leader und das Team auch Krisen erkennen, zum Beispiel mit Kunden oder wichtigen Stakeholdern, schnell reagieren und Aktionen einleiten. Ein solches Team aufzubauen ist ein langer Prozess. Und die einzelnen Teammitglieder müssen langsam in diese Art der Verantwortung hineinwachsen. Schafft man das, erreicht man ein „High-performing Team" und gleichzeitig einen neuen Pool von hervorragenden Führungspersönlichkeiten.

***Checkliste:** Wie weiß ich, dass das Team Verantwortung für das gemeinsame Resultat übernommen hat?*

- Das Team hat Klarheit bezüglich Prioritäten und allgemeiner Marschrichtung.
- Teammitglieder wissen, woran ihre Kollegen arbeiten und wie das zum Ganzen beiträgt.
- Teammitglieder halten sich gegenseitig verantwortlich für abweichendes Verhalten oder Nichteinhalten von Abmachungen – freundlich und spezifisch.
- Falls Ziele und Resultate nicht erreicht werden, wird dies sehr ernst genommen.
- Diskussionen sind lebendig und engagiert.
- Teammitglieder sind bereit, Opfer in ihrem eigenen Bereich zu bringen für das Wohl des Ganzen.
- Diskussionen und Meetings werden mit klaren Entscheidungen und Aktionen beendend und dokumentiert.
- Teammitglieder verlassen Meetings zuversichtlich.

3.6 Zusammenfassung: Das Change-Team oder die treibende Kraft der Veränderung

Ein schlagkräftiges Change-Team ist der wichtigste Erfolgsfaktor für ein Veränderungsvorhaben. Um ein schlagkräftiges Team zu erhalten, sind mehrere Schritte nötig, einer auf dem anderen aufbauend (vgl. dazu auch Lencioni, 2002). Es ist wichtig, dass Sie dieses Team ganz am Anfang zusammenstellen, um das Veränderungsprogramm gemeinsam zu entwickeln. Der erste Schritt für ein schlagkräftiges Team sind die richtigen Teammitglieder, die konsequent nach ihren technischen und sozialen Fähigkeiten zur erfolgreichen Realisierung des Veränderungsvorhabens ausgewählt werden müssen. Der zweite Schritt ist, die Basis im Team zu formen, insbesondere Vertrauen und Konfliktfähigkeit zu entwickeln, Vertrauen zu bilden durch Aufstellen von gemeinsamen Verhaltensregeln, Verletzlichkeit im Team zu fördern und gezielt Möglichkeiten für vertrauensbildende Erlebnisse zu schaffen. Weiter ist es wichtig, dass Sie eine positive Grundhaltung im Team erzeugen, insbesondere den unangenehmen Fakten ins Gesicht schauen, gleichzeitig den Glauben an die Vision nicht verlieren und sich auch nicht gegen den Rest der Organisation abgrenzen. Viertens ist eine Kultur zu entwickeln, wo jedes Teammitglied die Verantwortung für das kollektive Resultat übernimmt, was bedingt, tragfähige Entscheidungen zu erzeugen, sich gegenseitig verantwortlich und konstant den Fokus auf das Resultat zu halten. Diese vier Elemente sind wie die Ebenen einer Pyramide, eine Ebene ist die Basis für die nächste und zuoberst ist das Resultat, der Erfolg. Dabei kommt dem Team-Leader eine entscheidende Rolle zu, weniger als der Entscheider und oberste Experte, sondern als Coach, der den Prozess des Teams subtil führt und durch sein eigenes Verhalten Vorbild ist.

Checkliste: *So entwickeln Sie ein schlagkräftiges Change-Team*

Zuerst das richtige Team: „Wer ist im Team?"

- Sie etablieren zuerst das Team, bevor Sie Programminhalte selbst entwickeln – Programminhalte entwickeln Sie gemeinsam mit dem Team.
- Die einzelnen Teammitglieder erfüllen die aufgestellten technischen und sozialen Kriterien und der Mix des Teams ist balanciert.
- Sie haben keine Kompromisse bei der Zusammenstellung des Teams gemacht. Sie akzeptieren keine Teammitglieder, die in Ihren Augen oder jener der wichtigen Stakeholder diese Anforderungen nicht erfüllen.

Vertrauen im Team bilden: „Wie arbeitet das Team zusammen?"

- Sie haben Regeln der Zusammenarbeit etabliert.
- Die einzelnen Teammitglieder sind im Team verletzlich; es ist okay, Schwäche zu zeigen. Teammitglieder unterstützen sich gegenseitig.
- Sie haben Raum und Zeit für Erlebnisse geschaffen, wo dieses Vertrauen gebildet werden kann, beispielsweise durch Team-Events und Teamentwicklung.
- Sie haben das Vertrauen und den Rahmen geschaffen, sodass die Teammitglieder sich trauen, Konflikte an die Oberfläche zu bringen, um dann diese Konflikte konstruktiv zu lösen.

Positive Grundhaltung: „Wie sieht das Team sich selbst und die Welt?"

- Sie und das Team übernehmen die Verantwortung für die eigene Grundhaltung und gestalten sie positiv. Dabei konfrontieren Sie sich bewusst mit den Fakten.
- Das Team sieht Widerstand nicht als Böswilligkeit, sondern als wertfreie Aussage, wie das soziale System funktioniert und die Menschen durch dieses geprägt sind, und somit als Gelegenheit, zu lernen, die Realität besser zu verstehen und Handlungen abzuleiten, um das Ziel besser zu erreichen.
- Sie vermeiden insbesondere das Syndrom des „Wir gegen die anderen" und fördern stattdessen eine Kultur des „gemeinsamen Erfolges". Dies bedingt, dass das Team auch das Gute in Menschen sehen kann, die der Veränderung gegenüber nicht positiv eingestellt sind.

Resultatverantwortung übernehmen: „Wie liefert das Team Resultate?"

- Sie fällen im Team tragfähige Entscheidungen – Sie tragen Konflikte im Team in der Entscheidungsfindung aus und halten Entscheidungen gemeinsam und explizit fest.
- Teammitglieder halten sich gegenseitig verantwortlich. Um diese Kultur zu entwickeln, rotieren Sie beispielsweise Meetingverantwortlichkeiten und etablieren regelmäßige Reviews und Reflexionen.
- Das Team hält den Fokus konstant auf das kollektive Resultat, das Ziel des Veränderungsvorhabens. Sie konfrontieren es unerbittlich mit der Realität und leiten die entsprechenden Maßnahmen ab.

Die Rolle des Team-Leaders:

- Der Team-Leader ist Vorbild in seinem Verhalten.
- Er ist weniger „Boss", der inhaltliche Entscheider und erste Experte, sondern mehr der Coach, der den Prozess des Teams führt, dafür sorgt, dass durch das Team die richtigen Themen adressiert, Entscheide gefällt und implementiert werden und das abgemachte Verhalten eingehalten wird.

4 Stakeholdermanagement und Kommunikation: Menschen gewinnen

4.1 Einleitung: Beteiligen der Betroffenen

Menschen müssen für das Veränderungsvorhaben gewonnen werden. Betriebliche Transformationen sind Veränderungen sozialer Systeme, also Veränderungen, wie Menschen im Unternehmen zusammenarbeiten. Dabei genügt es nicht, eine Lösung entwickeln zu wollen und die dann der Organisation überzustülpen. Die Betroffenen – Management und Mitarbeitende – entscheiden selbst, ob sie der Veränderung folgen oder nicht, und dazu müssen sie am besten von Anfang an einbezogen und beteiligt werden. Dabei sind insbesondere Stakeholdermanagement, Kommunikation und die Berücksichtigung der Emotionen der Mitarbeitenden über den Verlauf einer Veränderung wichtig, vgl. Abb. 4.1. Diese Instrumente sind essenziell über den gesamten Verlauf des Veränderungsvorhabens. Sie sind dann in den einzelnen Phasen der Veränderung anzuwenden, wobei in Teil B des Buches zusätzlich phasenspezifische Elemente vertieft werden.

Einstiegsbeispiel – *Was schiefgehen kann*

Unter dem Druck von CEO und CFO beschließt die Geschäftsleitung ein Veränderungsprogramm mit dem Ziel, die Kosteneffizienz zu erhöhen. Ein kleines Team wird etabliert, das an der Thematik arbeitet. Aufgrund der Dringlichkeit und notwendigen Effizienz wird dieses Team klein gehalten und v. a. mit Stabsleuten besetzt. Bald werden die ersten Lösungsvorschläge vorgelegt. In der Geschäftsleitung werden diese akzeptiert, wenn auch nicht mit Begeisterung, einige wären gerne stärker bei der Entwicklung dieser Vorschläge

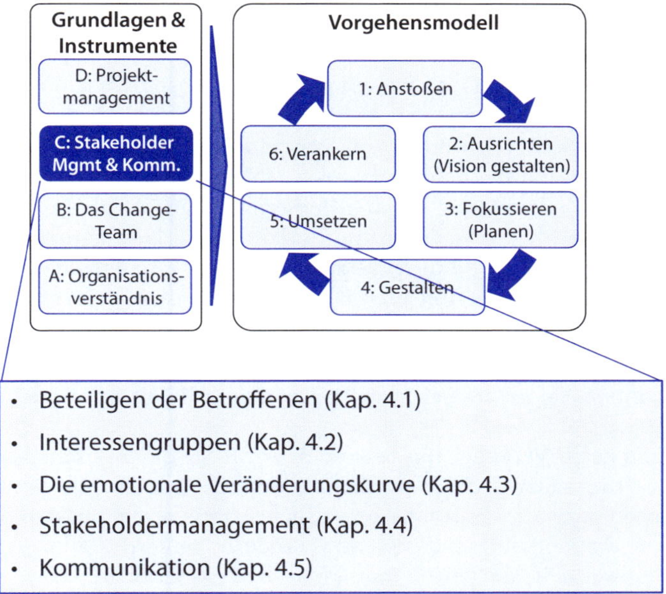

Abb. 4.1: Beteiligen der Betroffenen: Management und Mitarbeitende einbeziehen

involviert gewesen. Der Druck ist groß, die Kostensituation in den Griff zu kriegen. Es wird eine unternehmensweite Kommunikation durchgeführt, wo die Finanzsituation des Unternehmens dramatisch dargestellt wird und die Lösungsvorschläge präsentiert werden. Auch hier gibt es breite Widerstände der Organisation, anscheinend ist der Ernst der Lage noch nicht verstanden. CEO und CFO drücken die Veränderungen durch. Der Organisation bleibt nichts anderes übrig, als die präsentierten Lösungen umzusetzen. Die entsprechenden Umsetzungsreports werden ausgefüllt, welche die Implementierung bestätigen. Wenn man aber hinter die Fassade schaut, sieht man, dass die Lösungen nur halbherzig realisiert wurden und nicht wirklich funktionieren. Kunden- und Mitarbeiterzufriedenheit sinken und trotz der Maßnahmen verschlechtert sich die finanzielle Situation weiter. Es ist nicht gelungen, die Menschen für die Veränderung zu gewinnen.

Typische Fehler und Fehlannahmen

- Das mittlere Management und die Mitarbeitenden zu involvieren oder zu beteiligen ist ineffizient, das hält die Leute von der eigentlichen Arbeit ab.
- Es genügt, die Veränderung top-down vorzugeben und dann umzusetzen.
- Kommunikation ist Informationsvermittlung; erklären der Situation, wo die Reise hingeht und was zu tun ist.
- Kommuniziere, kommuniziere, kommuniziere – damit die Botschaft einsinkt.
- Widerstand in der Veränderung muss kraftvoll konfrontiert werden.
- Menschen sind professionell, sie verhalten sich rational.

Die Bedeutung des breiten und frühen Einbezugs von Management und Mitarbeitenden

Eine betriebliche Transformation ist, wie in Kapitel 2 besprochen, die Veränderung eines sozialen Systems. Veränderung eines sozialen Systems bedeutet, das operative Verhalten der Menschen in diesem System nachhaltig zu verändern. Warum ist dabei der breite und frühe Einbezug von Management und Mitarbeitenden so wichtig? Es geht wiederum um die drei Phasen von Lewin (vgl. Kap. 1.2); nämlich die Mitarbeitenden für die Veränderung „aufzutauen“, dann gemeinsam die Veränderung zu konzipieren und umzusetzen („bewegen“) und schlussendlich dafür zu sorgen, dass die Veränderung auch Bestand hat („einfrieren). Insbesondere gilt zu beachten:

- Das Management ist für diese Veränderung schon ganz am Anfang zu gewinnen, alleine können Sie nichts bewirken, selbst wenn Sie einen offiziellen Auftrag haben.
- Sie können keine Veränderung bewirken, wenn Sie die Menschen instruieren, was sie zu tun haben – dies funktioniert wohl in klar umrissenen kleinen Interventionen, aber nicht für eine betriebliche Transformation, da brauchen Sie Menschen, die motiviert sind, sich zu verändern. Und Motivation erreichen Sie am besten, wenn Sie die betroffenen Menschen einbeziehen.
- Um die Mitarbeitenden zu motivieren, reicht es aber nicht, wenn Sie diese von einer fixfertigen Lösung überzeugen wollen – sondern um effektiv zu sein, sind die Mitarbeitenden von ganz am Anfang des Veränderungsvorhabens einzubeziehen. Es gilt, zuerst mit Management und Mitarbeitenden die Bereitschaft zur Veränderung zu finden und dann die Richtung dieser Veränderung, die Vision, gemeinsam zu erarbeiten.
- Auch für die Gestaltung der Lösung brauchen Sie Mitarbeitende und das mittlere Management, damit der Inhalt realitätsnah und praktikabel wird und diese wichtigen Leute hinter der Lösung stehen, auch für die spätere Umsetzung.
- In der Umsetzung brauchen Sie Multiplikatoren – und dies ist die Rolle des mittleren Managements. Es ist dessen Aufgabe, die Mitarbeitenden für die Umsetzung der Veränderung zu gewinnen, sonst wird sich das neue operative Verhalten nicht nachhaltig in der Organisation halten können. Und dazu muss natürlich das mittlere Management zuerst selbst überzeugt sein.

Das Ziel eines Veränderungsvorhabens ist, das operative Verhalten der Mitarbeitenden im Prozess nachhaltig zu verändern. Dies soll auch einen positiven Einfluss auf die internen und schlussendlich externen Kunden haben. Eine erfolgreiche Veränderung ist aber nur möglich, wenn das mittlere Management und die Experten in diesem Bereich überzeugt sind und eine aktive Rolle übernehmen. Dazu brauchen Sie die Unterstützung der Geschäftsleitung. Change Management in diesem Verständnis betrachtet das Unternehmen „bottom-up“, nicht „top-down“, oder vom Prozess her, nicht hierarchisch. Aus diesem Grund ist der breite und frühe Einbezug von Management und Mitarbeitenden so wichtig, nur so erreichen Sie eine positive und nachhaltige Veränderung.

Aufbau des Kapitels

Dieses Kapitel fokussiert sich im Folgenden auf Instrumente, um die Beteiligung der Betroffenen in der Praxis zu realisieren, vgl. Abb. 4.1. Als Nächstes wird beschrieben, welche Gruppen von Betroffenen definiert werden können und durch welche emotionale Kurve diese in einer Veränderung gehen. Weiter wird das Stakeholdermanagement zum Engagieren der Beeinflusser besprochen, das Vorgehen, typische Stakeholderrollen und typische Aktionen. Ein letztes Unterkapitel ist der Kommunikation selbst gewidmet, insbesondere wird beleuchtet, was gute Kommunikation im Veränderungsvorhaben bedeutet.

4.2 Abbilden der Interessengruppen

Betroffene und Stakeholder definieren

Die Betroffenen sind all jene, die von einer Veränderung beeinflusst werden. Diese Menschen werden beeinflusst entweder vom Prozess der Veränderung, durch ihre Art der Arbeit, die durch das Vorhaben verändert wird, oder sie sind interner Kunde des veränderten Prozesses. Somit sind alle Betroffenen gleichzeitig auch Stakeholder der Veränderung, nämlich jene Personen oder Gruppen, die ein Interesse an der Veränderung haben und auf diese einen Einfluss nehmen möchten. Diese Gruppe macht in vielen Veränderungsvorhaben einen Großteil des Unternehmens aus. Zusätzlich möchte ich auch die externen Kunden explizit als Stakeholder definieren, selbst wenn es sich um unternehmensinterne Veränderungsvorhaben handelt, schlussendlich sollte jede Aktion eines Unternehmens auf die Kunden ausgerichtet sein. Zusätzlich müssen je nach Art der Veränderung noch weitere Stakeholder dazugenommen werden, beispielsweise Gewerkschaften und die lokale Gesellschaft bei großen Restrukturierungen, Lieferanten bei Einkaufstransformationen etc.

Die wichtigsten Interessengruppen und ihre Bedeutung

Um Management und Mitarbeitende zielgerichtet in das Veränderungsvorhaben zu involvieren, müssen folgende Interessengruppen einbezogen werden:

- **Kunden:** Berücksichtigen Sie den Kunden als Stakeholder, selbst wenn der Veränderungsbereich die Schnittstelle zum Kunden nicht direkt beeinflusst, wie beispielsweise in der Einkaufstransformation. Selbst in diesen Fällen hat der Einbezug des Kunden zwei wichtige Funktionen: Erstens zur Klärung des Ziels, was ultimativ für die Erreichung der Kundenzufriedenheit wichtig ist, und zweitens als Motivationsfaktor für die Organisation, als Ausrichtung auf Kundenzufriedenheit.
- **Geschäftsleitung:** Die Geschäftsleitung ist eine zentrale Stakeholdergruppe, einerseits hat sie durch ihr Verhalten einen großen Einfluss auf die Organisation und zweitens sind sie diejenigen, die Entscheidungen über Prioritäten und Ressourcen fällen und meist auch über inhaltliche Fragen entscheiden. Auch stellen sie meistens das Project-Steering (vgl. Kap. 5.4). (Anmerkung zum Set-up in Konzernen: Ich spreche hier von der Geschäftsleitung jener Organisationseinheit, die die Veränderung betrifft. In Konzernen gibt es damit noch eine weitere

Stakeholdergruppe, nämlich das Konzernmanagement, insbesondere mit funktionalen Führungskräften auf Konzernebene, aber auch mit Schlüsselpersonen von benachbarten Organisationseinheiten.)

- **Change-Sponsor oder Change-Champion:** Jede erfolgreiche Veränderung braucht einen aktiven Sponsor aus der Geschäftsleitung. Häufig kommt der Anstoß für die Veränderung von diesem Change-Sponsor, sonst muss er vom Initiator für die Veränderung ganz am Anfang des Prozesses gewonnen werden. Der Sponsor ist der Verbündete des Change-Teams.
- **Mittleres Management:** Das mittlere Management ist entscheidend, um Momentum und Tiefgang im Veränderungsvorhaben zu erlangen. Ohne die Überzeugung des mittleren Managements bleibt die Veränderung eine reine Idee – selbst wenn man vielleicht glaubt, die Veränderung sei realisiert.
- **Meinungsführer:** Unabhängig von der Managementhierarchie gibt es in jedem Unternehmen Meinungsführer, die aufgrund ihrer informellen sozialen Position großen Einfluss besitzen. Menschen, die Knotenpunkte in sozialen Netzwerken sind. Diese zu überzeugen ist sehr wichtig. Falls Sie Gewerkschaften und Betriebsräte nicht als separate Stakeholdergruppe definieren, können sie auch den Meinungsführern zugeordnet werden.
- **Respektierte Experten:** Experten sind ebenfalls eine Art von Meinungsführer, aber inhaltlich in jenem Bereich, wo die Veränderung stattfindet. Beispielsweise in der Weiterentwicklung von Projektmanagementpraktiken jene Projektmanager, die unternehmensweit für ihre Erfahrung und ihr Wissen in diesem Bereich geschätzt werden. Diese Personen sind auch für die inhaltliche Gestaltung der Veränderung essenziell.
- **Mitarbeitende im Prozess:** Personen, die täglich im Prozess arbeiten, der von der Veränderung betroffen ist. Diese Gruppe ist meist mit Abstand die größte Stakeholdergruppe. Es ist das operative Verhalten dieser Gruppe, das entscheidet, ob ein Veränderungsvorhaben erfolgreich ist oder nicht! Durch die Größe dieser Gruppe ist ein direkter Dialog durch das Change-Team aber nur beschränkt möglich – umso wichtiger ist das mittlere Management dafür.
- **Interne Kunden:** Mitarbeitende, die keine Rolle im adressierten Prozess haben, die aber dessen interne Kunden sind. Beispielsweise Projektmanager für die Einkaufstransformation oder die operative Organisation für Finanzprozesse. Diese Stakeholdergruppe ist äußerst wichtig – und sie wird doch häufig vergessen.

4.3 Die emotionale Veränderungskurve

Die Veränderungskurve: Wie Betroffene die Transformation emotional erleben

Jede Veränderung löst eine emotionale Reaktion bei den Betroffenen aus. Je nach Art der Veränderung kann dieser Übergang von Alt zu Neu sehr traumatisch sein. Berühmt sind dazu die Untersuchungen von Elisabeth Kübler-Ross, die den aus menschlicher Perspektive extremsten Übergang erforscht hat, nämlich den Sterbeprozess. Natürlich geht es in der betrieblichen Transformation nicht um solch gravierende Veränderungen und es geht hier auch nicht um Arbeitsplatzverlust – was wahrscheinlich die extremste Veränderung für die Betroffenen in Unternehmen darstellt –, trotzdem löst jede betriebliche Veränderung Emotionen aus. Es ist ein

Abschied von alten Gewohnheiten und ein Geborenwerden von neuen, mit einer entsprechenden emotionalen Berg-und-Tal-Fahrt. Ausgehend von der Arbeit von Kübler-Ross gibt es viele unterschiedliche Varianten dieses Modells, beispielsweise jenes von Richard Streich, die dieses emotionale Chaos während einer Veränderung auch im betrieblichen Kontext beschreiben. Alle diese Modelle gehen davon aus, dass ein einschneidendes Event eintritt, und zeigen dann einen typischen Verlauf der Emotionen auf. Es lassen sich acht typische Phasen definieren, die über eine „U"-Kurve verteilt dargestellt werden können, vgl. Abb. 4.2:

Abb. 4.2: Die emotionale Veränderungskurve

1. **Schock, Überraschung und Ablehnung:** Die Veränderung wird bekannt – und abgelehnt. „Dies muss ein Fehler sein", nicht ich, nicht wir. Es wird nach Gründen gesucht, warum dies nicht wahr ist. Die Veränderung wird verdrängt.
2. **Wut:** Andere werden für diese als negativ empfundene Veränderung verantwortlich gemacht. Typischerweise „das Management". Es wird ein Schuldiger für diese Veränderung gesucht.
3. **Selbstbeschuldigung:** Die Wut beginnt, sich nach innen zu richten. Was habe ich falsch gemacht, dass ich mich jetzt in dieser Situation befinde? Frustration.
4. **Verwirrung und Zweifel:** Das „Tal der Tränen". Das ist der emotionale Tiefpunkt, Depression, nicht wissen, was zu tun ist. Aber auch ein wichtiger Wendepunkt: Der Blickwinkel wechselt von der Vergangenheit in die Zukunft mit der Frage: „Was bedeutet diese Veränderung für meine Zukunft?"
5. **Akzeptanz:** Man lässt die Vergangenheit hinter sich; es wird akzeptiert, dass die Veränderung kommt, wenn auch noch nicht klar ist, was sie bedeutet.
6. **Ausprobieren:** Herausfinden, was die Veränderung konkret bedeutet. Aktive Umsetzung der Veränderung in den täglichen Berufsalltag.
7. **Erkennen:** Ja, es geht; die Umsetzung der Veränderung zeigt erste positive Resultate. Ein positiveres Gefühl bezüglich der Veränderung beginnt sich zu entwickeln.
8. **Integration:** Die Veränderung ist voll integriert, die neue Realität.

Fallbeispiel Organisationsgestaltung: *Emotionale Veränderungskurve*

Ich möchte gerne die Veränderungskurve am Beispiel der Restrukturierungsthematik im Fallbeispiel Organisationsgestaltung des Papiermaschinenunternehmens aufzeigen, und zwar aus der Perspektive des Leiters einer Fachabteilung (mittleres Management), nennen wir ihn Herrn Kunz. Das einschneidende Event ist die Ankündigung von strukturellen Veränderungen mit einem übergeordneten Stellenabbau. Als dies verkündet wird, ist Herr Kunz schockiert. Andererseits ist er überzeugt, dass es seine Abteilung nicht betreffen kann, da sie voll ausgelastet ist (1: Schock und Ablehnung). Dazu kommt ein Gefühl der Wut über das Management; insbesondere da in seiner Wahrnehmung das Management kostspielige falsche Entscheide gefällt hatte – und jetzt mussten, um diese Fehler zu korrigieren, Stellen abgebaut und Leute entlassen werden (2: Wut). Mit der Zeit wird Herr Kunz auch wütend auf sich selbst: „Hätte ich diese zusätzlichen Leute doch nicht eingestellt und hätte ich doch meinen Bereich besser nach außen präsentiert, dann ginge der Kelch bestimmt an mir vorbei" (3: Selbstbeschuldigung). Herr Kunz wird verwirrt und verzweifelt, er macht sich große Sorgen, was diese Veränderung für ihn und sein Team bedeutet, und hat keine Antworten darauf (4: Verwirrung und Zweifel, das „Tal der Tränen"). Langsam realisiert er, dass die Veränderung nicht abzuwenden ist, dass er die Abteilung umgestalten und eventuell Stellen abbauen muss, dass vielleicht sogar seine Aufgabe von der Veränderung beeinflusst wird (5: Akzeptanz). Herr Kunz überlegt, was die Veränderung für ihn und sein Team jetzt konkret bedeutet: „Welches sind die Prinzipien für die neue Organisationsgestaltung, wie sieht das für meine Einheit aus? Gibt es Ziele für Personalabbau? Wie könnte ich Personal abbauen und trotzdem operativ bleiben? Wie kann ich mein Team in dieser schwierigen Phase unterstützen?" (6: Ausprobieren). Er erarbeitet mit seinem Managementteam verschiedene Optionen, um die Veränderung zu realisieren. Schlussendlich finden sie eine Lösung, welche die neuen Rahmenbedingungen erfüllt und die für alle Betroffenen akzeptabel ist (7: Erkennen: Ja, es geht). Diese Lösung wird dann umgesetzt und bildet die neue Realität (8: Integration).

Jeder geht durch diese Veränderungskurve – aber nicht jeder gleichzeitig

Die Phasen der Veränderungskurve sind von Person zu Person sehr unterschiedlich ausgeprägt, auch kann man wieder in vorhergehende Phasen zurückfallen. Was aber wichtig ist: Jeder, der durch eine Veränderung geht, geht mehr oder weniger ausgeprägt durch diese Phasen: das Management, wenn die Veränderung beschlossen wird, und dann jeder, wenn er mit der Veränderung konfrontiert wird. Was die Sache nicht einfacher macht, ist, dass zu jedem Zeitpunkt jeder auf einer anderen Position in dieser Veränderungskurve ist.

Geben Sie den Betroffenen Zeit

Wenn Sie also Widerstand oder andere Gefühle von Ihren Mitmenschen erleben, überlegen Sie, wo die Person auf dieser Kurve ist und wie Sie am besten damit umgehen können: In den ersten Phasen können Sie nicht viel mehr machen als zuhören. Wenn der Tiefpunkt erreicht ist, können sie die Personen und die positiven Kräfte Richtung Integration unterstützen. Sie werden erleben, dass das eigentliche Lernen von neuem Verhalten erst sehr spät in der Veränderungskurve eintritt, nämlich erst im „Ausprobieren", der sechsten der acht Phasen. Lernen von Neuem ist erst möglich, nachdem sich das emotionale Chaos gelegt hat und man sich vom Alten verabschiedet hat. Dies stimmt auch mit dem Modell von Kurt Lewin überein (vgl. Kap. 1.2), wo zuerst „aufzutauen" ist, bevor das eigentliche „Bewegen", das Verändern erfolgt.

Involvieren Sie die Betroffenen von Anfang an

Ein weiterer wichtiger Aspekt ist: Je heftiger das Ereignis, desto heftiger die Reaktion. Wenn Sie warten und Menschen mit einschneidenden fertigen Tatsachen konfrontieren, dann ist die Reaktion heftig. Wenn Sie die Menschen aber am Anfang in den Prozess involvieren, dann ist das Ereignis noch nicht unmittelbar und konkret, sie geben den Menschen Zeit, das zu verdauen und aktiv daran mitzuarbeiten. Also auch aus der Perspektive der Veränderungskurve ist eine frühe Beteiligung der Betroffenen wichtig.

4.4 Stakeholdermanagement – oder das Engagieren von Beeinflussern

Eine wichtige Untergruppe von Betroffenen sind „Beeinflusser", also jene Stakeholdergruppen, die formelle oder informelle Macht haben, die Organisation zu beeinflussen. Die die Fähigkeit haben, Menschen zu etwas zu bewegen – oder Bewegung zu blockieren –, und somit eine große Wirkung auf das Gelingen oder Scheitern des Veränderungsvorhabens ausüben durch ihre Vorbildfunktion, zum Guten wie zum Schlechten. Von den früher definierten Stakeholdergruppen zähle ich dazu die Geschäftsleitung, das mittlere Management, Meinungsführer und respektierte Experten – inklusive der internen Kunden. Diese Beeinflusser müssen gezielt für das Veränderungsvorhaben gewonnen werden, nicht nur als passive Befürworter, sondern wenn möglich als aktive Unterstützer. Gleichzeitig gilt es, Beeinflusser, die gegen die Veränderung sind, zu verstehen – zum Beispiel wo sie auf der emotionalen Veränderungskurve sind und warum sie gegen die Veränderung sind. Wenn möglich sind sie für die Veränderung zu gewinnen, und solange dies nicht gelingt, muss ihr negativer Einfluss auf die Veränderung minimiert werden. All dies ist Stakeholdermanagement. Und deshalb ist Stakeholdermanagement eine absolute Kernaufgabe des Change-Teams.

Veränderung und Macht

Macht ist ein heikles Wort im Kontext von Unternehmen und Veränderung. Vielleicht erzeugt dieses Wort auch bei Ihnen ein unangenehmes Gefühl? Aber was ist Macht? Macht ist die Fähigkeit, Einfluss auszuüben. Ich spreche hier nicht über die extreme Form der Macht, Ziele einseitig zu definieren und rücksichtslos umzusetzen, verbunden mit Drohungen. Sondern Macht als die Fähigkeit, Menschen zu beeinflussen, auch ohne die Androhung und Implementierung drastischer Konsequenzen. Macht hat zwei wichtige Dimensionen in einem Veränderungsvorhaben; einerseits beeinflusst sie das Machtgefüge in einem Unternehmen, andererseits ist Macht selbst eine wichtige Komponente des Veränderungsprozesses, gerade im Stakeholdermanagement. Durch die Veränderung gibt es aus der Machtperspektive Gewinner und Verlierer, das Machtgefüge verändert sich. Wenn Sie beispielsweise einen zentralen Einkauf außerhalb der Geschäftseinheiten etablieren, dann verlieren diese Geschäftseinheiten an Macht. Diese reagieren dann möglicherweise damit, dass sie dem zentralen Einkauf bei Problemen den Schwarzen Peter zuschieben und somit dessen Macht untergraben, um das Machtgefüge wieder zu ihren Gunsten zu verschieben. Andererseits brauchen Sie auch selbst Macht im Veränderungsprozess, um die gewünschten Resultate zu erzielen. Um Veränderungen überhaupt bewirken zu können, ist im Veränderungsvorhaben also eine Gegenmacht zum Status quo aufzubauen. Und genau dies ist das Ziel des Stakeholdermanagements.

Macht ist weder gut noch schlecht. Die Frage stattdessen ist, wie und wozu sie eingesetzt wird; also nicht zum Erreichen eines persönlichen oder versteckten Ziels, sondern zur Stärkung des Unternehmens durch das Erreichen der Ziele des Veränderungsvorhabens. Somit ist diese Macht auch keine von „wir“ gegen die „anderen“, sondern ein gemeinsames Erreichen des Besten für das Unternehmen (vgl. Kap. 3.4). Dabei ist diese Macht ethisch anzuwenden, also so, dass man auch dazu stehen kann, wenn alle Details des Verhaltens publik würden, beispielsweise auf der Frontseite der lokalen Zeitung. Es ist also nicht die Macht, sondern die Motivation und Art der Ausübung, die entscheiden, ob sie gut oder schlecht ist.

Veränderung und Interessen

Neben Macht sind in jedem Veränderungsvorhaben weitere unterschiedliche Interessen im Spiel. Akzeptieren Sie die Interessen anderer. Geben Sie Ihren Stakeholdern Raum, ihre Interessen auszudrücken, versuchen Sie, diese zu verstehen, und versuchen Sie, einen gemeinsamen Weg zu finden. Identifizieren und fokussieren Sie sich auf einen Bereich, wo Sie gemeinsame Interessen finden können und gemeinsam an denen arbeiten. Machen Sie kleine Schritte in diesem Bereich, liefern Sie erste kleine Resultate und zeigen Sie damit, dass Sie auf die anderen Menschen eingehen. Dadurch gewinnen Sie Vertrauen. Dieser Ansatz ist wesentlich effektiver, als andere zu bekämpfen.

Stakeholdermanagement definiert

Stakeholdermanagement ist ein Prozess, um Stakeholder zu identifizieren, zu verstehen und einzubeziehen und gemeinsam ein Projekt oder ein Programm zum Erfolg zu bringen. Stakeholdermanagement ist somit ein kritischer Faktor für die erfolgreiche Durchführung von Veränderungsvorhaben. Es gibt eine Menge Literatur zum Thema bezüglich Vorgehen und Methoden der Stakeholderanalyse. Interessant ist dabei nicht nur die Literatur zum Projektmanagement (beispielsweise PMI, 2013), sondern auch jene zum Verkaufsmanagement im B2B-Umfeld, also von Geschäft zu Geschäft, wo Ansätze entwickelt werden, um die Kundenorganisation zum Kauf zu bewegen. Beispielsweise lässt sich der strategische Verkaufsansatz von Miller und Heiman (Miller, 2005), auch ihr sogenanntes „Blue Sheet“, vollumfänglich auf Stakeholdermanagement in Change-Management-Vorhaben anwenden.

Schritte des Stakeholdermanagements

Stakeholdermanagement ist eine zentrale Tätigkeit für das Change-Team und soll als ein kontinuierlicher Prozess verstanden werden. Folgende Schritte sind dabei typischerweise zu tun:

1. **Stakeholder identifizieren**: Aus den definierten Beeinflussergruppen die einzelnen Individuen benennen.
2. **Stakeholder priorisieren**: Die identifizierten Beeinflusser nach ihrer Wichtigkeit priorisieren. Ihre Wichtigkeit ist nicht primär eine hierarchische Funktion,

sondern der Umfang des Einflusses, den sie in der Organisation ausüben können und wollen, also auch als Meinungsführer. Für die Priorisierung sind zwei Dimensionen wichtig; auf der einen Seite die Einflussmacht, auch informelle (viel – wenig) – auf der anderen Seite ihr Interesse, dieses spezifische Veränderungsvorhaben zu beeinflussen (groß – gering).

3. **Stakeholder verstehen:** Jetzt geht es darum, das Interesse der Stakeholder besser zu verstehen und ihre Einstellung gegenüber der Veränderung, ob sie unterstützend oder ablehnend ist. Somit haben wir neben Einflussmacht und Interesse mit der Einstellung – dafür oder dagegen – eine dritte wichtige Dimension. Verstehen Sie auch, wie die Stakeholder untereinander verknüpft sind; wer spricht mit wem, wer hat einen guten Zugang zu wem?
4. **Aktionsplan erstellen:** Vgl. nächster Abschnitt.
5. **Aktionen ausführen und ihre Effektivität überprüfen.** Dies ist ein iterativer Prozess; lernen Sie vom erreichten Resultat, wiederholen oder ergänzen Sie die Schritte 1 bis 3 entsprechend und planen Sie neue Aktionen (Schritt 4). Somit wird Ihr Verständnis vom Stakeholdernetzwerk immer besser.

Typische Strategien im Stakeholdermanagement

Die Strategien im Stakeholdermanagement kann man definieren aufgrund der Rolle, welche die Stakeholder einnehmen, charakterisiert durch die drei soeben besprochenen wesentlichen Dimensionen Einflussmacht (viel – wenig), Interesse (groß – gering) und Einstellung (unterstützend – ablehnend), vgl. Abb. 4.3, wobei Einflussmacht und Interesse auf einer Dimension abgebildet werden. Daraus ergeben sich Unterstützende, Neutrale und Ablehnende auf der einen Seite und Mächtige und Schlüsselleute (weniger mächtige) auf der anderen Seite.

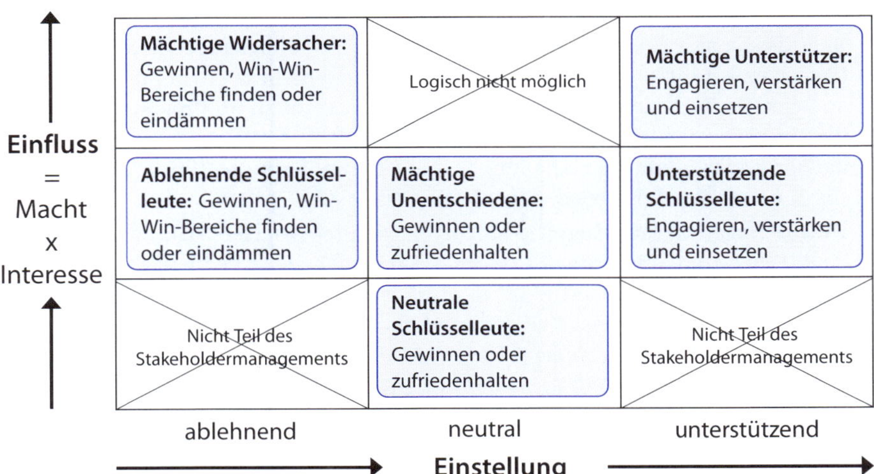

Abb. 4.3: Typische Strategien des Stakeholdermanagements als Funktion von Einfluss und Einstellung

Zum Schritt 3 „Stakeholder verstehen" unterscheiden Miller und Heiman (Miller, 2005) folgende Fälle: Unterstützende Stakeholder können im „growth mode" oder „trouble mode" sein, also entweder motiviert, mit der Veränderung zu wachsen, ein attraktives Ziel zu erreichen, oder mit der Veränderung ein bestehendes Problem zu lösen. Ablehnende Stakeholder sind entweder im „even keel mode" oder im „overconfident mode". „Even keel" beschreibt Leute, die wohl eine Lücke sehen zwischen der Situation, wie sie ist und sie sie gerne haben möchten, aber überzeugt sind, dass kontinuierlicher Fortschritt diese Lücke schließen wird. Sie erkennen eine Diskrepanz, aber keine Dringlichkeit, etwas zu verändern. Personen im „overconfident mode" dagegen sind überzeugt, dass alles in bester Ordnung ist, und sehen somit ebenfalls keinen Sinn, etwas zu ändern.

Mächtige Unterstützer und Widersacher

Die erste Gruppe ist jene mit viel Macht und großem Interesse, also jene, die tatsächlich einen großen Einfluss ausüben werden – pro oder contra. Das sind die Schlüsselleute, die es zu engagieren gilt, die Leute, deren Bedürfnisse wirklich zu verstehen und dann zu adressieren sind. Vergessen Sie auch nicht, dass Menschen mit viel Macht diese auch häufig genießen. Wie können Sie sicherstellen, dass Ihr Veränderungsvorhaben ihnen eine Möglichkeit gibt, diese Macht zu nutzen und eventuell weiter auszubauen? Oder wie können Sie verhindern, dass sie Ihr Veränderungsvorhaben als Bedrohung ihrer Macht wahrnehmen? Diese Gruppe mit viel Macht und großem Interesse kann eingeteilt werden bezüglich ihrer Einstellung zum Veränderungsvorhaben:

- **Die mächtigen Unterstützer:** Für sie ist die Frage, wie Sie sie gezielt einsetzen, wie sie eine aktive Rolle in der Veränderung wahrnehmen können. Diese Rolle kann im Vordergrund sein, z. B. bei Veranstaltungen, oder im Hintergrund, im Beeinflussen von anderen Schlüsselpersonen. Im Fallbeispiel Operational Excellence haben wir beispielsweise ein Projektmanagement-Event organisiert, wo wir auch feierlich Auszeichnungen für spezielle Leistungen im Projektmanagement überreicht haben. Wir haben bewusst solche Schlüsselleute eingeladen, Reden bei der Preisverleihung zu halten. Die allgemeine Strategie könnte als „Engagieren & einsetzen" beschrieben werden.
- **Die mächtigen Widersacher:** Die Machtvollen, Interessierten – die aber ablehnend sind. Diese sind eine kritische Gruppe. Sie dürfen sie auf keinen Fall ignorieren – sondern arbeiten Sie aktiv mit ihnen zusammen. Verstehen Sie, woher diese Ablehnung kommt. Meist ist der Grund nicht auf der rationalen, sondern auf der emotionalen Ebene zu finden. Wie funktioniert es auf der persönlichen Ebene mit diesen Personen – ist die Ablehnung rein auf das Thema bezogen oder hat sie auch eine zwischenmenschliche Komponente? Hat das Change-Team das Vertrauen dieser Person? Können Sie beispielsweise einen Bereich des Veränderungsvorhabens identifizieren, der auch für diese Person sehr wichtig ist, und können Sie in diesem Bereich ein schnelles Resultat liefern – und somit das Vertrauen dieser Person gewinnen? Ein anderer wichtiger Ansatz: Wer hat Einfluss auf diese Person? Haben Sie jemanden in der Stakeholderanalyse identifiziert, der der Veränderung gegenüber positiv eingestellt ist und das Ohr dieser Person hat? Ein solcher Stakeholder wird dann sehr wichtig für Sie. Nutzen

Sie in diesem Fall auch den CEO oder den Change-Sponsor. Umgekehrt ist der negative Einfluss dieser machtvollen Person zu mildern – zum Beispiel das Interesse dieser Person zu reduzieren, indem man das Veränderungsvorhaben am Anfang auf andere Bereiche fokussiert. Sind Sie sich auch bewusst, auf welche anderen wichtigen Stakeholder diese Person einen negativen Einfluss hat und wie Sie damit umgehen. Die allgemeine Strategie könnte beschrieben werden mit „Gewinnen oder eindämmen".

Die unentschiedenen Mächtigen

Die unentschiedenen Mächtigen, die Machtvollen, aber nicht Interessierten: Hier ist die Frage: Können Sie ein unterstützendes Interesse wecken, ohne aufdringlich zu sein? Es ist gut möglich, dass sich derjenige noch gar nicht mit dem Veränderungsvorhaben auseinandergesetzt hat und noch gar nicht realisiert hat, welche Gelegenheiten ihm das bietet. Helfen Sie ihm dabei, dies zu entdecken. Und es sind nicht mal unbedingt die offensichtlichen Themen aufgrund der Funktion dieser Person, sondern aufgrund seiner Interessen und Emotionen. Finden Sie diese heraus. Falls es Ihnen nicht gelingt, das Interesse dieser Personen zu wecken, halten Sie sie im Loop und stellen Sie sicher, dass sie zufrieden sind mit dem, was Sie tun, wenn es sie auch nicht groß interessiert. Hier könnte die allgemeine Strategie als „Gewinnen oder zufriedenhalten" formuliert werden.

Unterstützende Schlüsselleute

Die unterstützenden Schlüsselleute: die einflussreichen, aber nicht ganz so machtvollen, unterstützenden Interessierten. Dies ist eine sehr wichtige Gruppe, da sie potenziell groß ist. Dazu zähle ich typischerweise das mittlere Management und Experten. Es ist wichtig, diese Gruppe so groß wie möglich zu machen: Sie ist es, die wesentlich den Inhalt des Veränderungsvorhabens gestaltet – und nachher in der Organisation realisiert. Umgekehrt gewinnen Sie diese Gruppe genau dadurch, dass Sie sie so früh wie möglich in das Veränderungsvorhaben einbeziehen. Halten Sie diese Gruppe auch immer sehr gut informiert über das, was passiert, und sprechen Sie mit ihnen, um Feedback aus der Organisation zu erhalten. Hier könnte die allgemeine Strategie als „Engagieren & einsetzen" beschrieben werden, wobei beim „Engagieren" noch die Komponente dazukommt, so viele wie möglich zu engagieren.

Der ablehnende Vorgesetzte

Ich möchte hier noch auf eine Gruppe von Leuten vertieft zu sprechen kommen, nämlich die Vorgesetzten, die der Veränderung ablehnend gegenüberstehen und damit einen negativen Einfluss insbesondere auf ihre eigene Organisation haben. Diese Personen sind eines der größten Hindernisse in einem Veränderungsprozess überhaupt. Auch diese Menschen sind im Stakeholdermanagement zu berücksichtigen, also sie zu identifizieren, zu priorisieren und dann zu verstehen. Zu verstehen, was als Hindernis wahrgenommen wird. Häufig ist es nämlich nicht eine negative Haltung gegenüber der Veränderung, sondern ein Nicht-Verstehen der Veränderungen, weil die Person vielleicht noch gar nicht involviert war oder nicht weiß, wie sie damit – gerade auch als Führungskraft – umgehen soll. Sehr häufig wird das mittlere Management als Problem dargestellt. Ist es aber nicht häufig so, dass das Topmanagement oder das Change-Team seinen Job nicht gemacht hat, das mittlere Management ausreichend zu involvieren? Häufig hat sich das Topmanagement intensiv über längere Zeit mit einem Thema beschäftigt und erwartet dann, dass das mittlere Management ohne diesen Prozess aus dem Stand mitzieht. Wenn man Widerstand feststellt, muss man zuerst mal selbst in den Spiegel schauen. Und kommt man trotz allem zum Schluss, dass ein Vorgesetzter tatsächlich ein großes Hindernis in dieser Veränderung ist, dann ist ernsthafter Handlungsbedarf angesagt. Das Einzige, was noch problematischer ist als ein Vorgesetzter, der konstant Veränderungen boykottiert, ist das Management, das dies akzeptiert. Die Strategie hier würde ich mit „Gewinnen oder lösen“ beschreiben. Das Lösen ist natürlich dann schwierig, wenn der Betroffene selbst oder sein Vorgesetzter zur Gruppe „Mächtige Widersacher“ gehört, beispielsweise Mitglied der Geschäftsleitung ist.

Die Rolle der Geschäftsleitung

Von all den Stakeholdergruppen kommt der Geschäftsleitung die größte Bedeutung zu. Nicht nur wegen ihrer formellen Position, sondern auch, weil die Organisation die Geschäftsleitung genau beobachtet und eine ablehnende Haltung von einem Geschäftsleitungsmitglied eine sehr negative Wirkung auf das Veränderungsvorhaben hat. Innerhalb der Geschäftsleitung möchte ich folgende Rollen beleuchten:

- **Der CEO:** Er spielt naturgemäß eine sehr wichtige Rolle. Da wir hier über unternehmensübergreifende Transformationen sprechen, wir also das Gesamtunternehmen betrachten, ist es wichtig, dass der CEO voll hinter dem Veränderungsvorhaben steht. Sie müssen aufzeigen können, wie diese Transformation dem Gesamtunternehmen und der Agenda des CEO dient. Der CEO muss nicht nur für die Sache gewonnen werden, sondern ihm muss auch gezielt aufgezeigt werden, wie er der Sache helfen kann, indem er z. B. gewisse Themen auf die Agenda setzt, Themen selbst anspricht – entweder im kleinen Rahmen oder in unternehmensweiter Kommunikation. Der CEO sollte Ihr Verbündeter sein.
- **Der Changesponsor:** Der Changesponsor ist derjenige, der in der Geschäftsleitung dem Change-Team und somit dem Veränderungsvorhaben den Weg ebnet. Er sorgt dafür, dass das Thema auf die Agenda kommt, versorgt das Change-Team aber auch mit unternehmensstrategischen Informationen, die einen Einfluss auf das Veränderungsvorhaben haben. Ein Sponsor ist einflussreich in der Geschäftsleitung und in der Organisation, für ihn selbst hat dieses Veränderungsvorhaben hohe Priorität. Zu viele Transformationsvorhaben sind ruhmlos versandet und haben das Change-Team völlig frustriert, weil ein Change-Sponsor in der Geschäftsleitung wohl nominiert war, sein Herzblut aber nicht bei der Sache war, die aufgrund all seiner anderen Prioritäten unterging. Ein schwacher Sponsor kann auch nur teilweise durch ein gutes Steering-Meeting (vgl. Kap. 5) kompensiert werden.
- **Leiter von Geschäftseinheiten: Die kritischste Gruppe in der Geschäftsleitung** sind jene, die Gewinn- und Umsatzverantwortung haben. Sie sind diejenigen, die vom CEO für das Firmenresultat verantwortlich gemacht werden, und meist kontrollieren sie auch die Ressourcen. Sie werden von einer operativen Veränderung am

meisten berührt, nicht nur ihre Organisation, sondern auch sie persönlich. Im Gegensatz zum CEO kommen hier auch Themen wie Macht und Kontrolle dazu.

- **Der CFO** ist meist ein sehr guter Verbündeter – dies bedingt aber, dass Sie die Resultate hieb- und stichfest finanziell ausdrücken und messen können und dass der CFO Verständnis hat, dass es Zeit und Aufwand braucht, die Organisation breit zu involvieren.

4.5 Kommunikation – der Austausch mit der ganzen Organisation

Definition Kommunikation

Kommunikation ist nicht nur einseitige Informationsvermittlung, sondern gegenseitiger Austausch von Informationen. Ich verwende hier den Begriff Kommunikation im Sinne der internen Kommunikation in Unternehmen, also nicht so sehr die Kommunikation zwischen einzelnen Individuen (dieser Aspekt ist teilweise im Abschnitt Stakeholdermanagement beschrieben), sondern als Kommunikation zwischen Angehörigen bestimmter Gruppen, also beispielsweise zwischen dem Change-Team und einzelnen Bereichen des Unternehmens. Diese Art von Kommunikation sollte immer zielgerichtet sein, in diesem Fall das Veränderungsvorhaben unterstützen. Es ist auch wichtig, andere Aktivitäten, die ein starkes Kommunikationselement haben, wie internes Training, unter diesem Blickwinkel zu sehen.

Kommunikation: Mehr ist nicht besser

Die Bedeutung von Kommunikation wird konstant betont. Das Resultat davon ist, dass die Mitarbeitenden von Informationen überschwemmt werden und diese vielfach gar nicht mehr wahrnehmen. Wie können Sie in einem solchen Umfeld dafür sorgen, dass Ihre Informationen wahrgenommen werden und Ihre Einladung zur interaktiven Kommunikation akzeptiert wird? Die Informationen müssen für die Empfänger interessant sein – und interessant ist etwas, das Menschen emotional anspricht und sie als relevante Informationen wahrnehmen. Diese Aufmerksamkeit der Organisation zu gewinnen ist ein sehr kostbares Gut, welches gezielt zu pflegen und einzusetzen ist. Somit ist auch ein wichtiges Ziel von Kommunikation, Vertrauen zu erzeugen. Denn Kommunikation ist nicht Selbstzweck, sondern ein Mittel, um das Veränderungsvorhaben erfolgreich zu realisieren. Setzen Sie Information und Kommunikation gezielt ein – und tragen Sie somit nicht zur Informationslawine bei. Interessanterweise haben auch die in „Good to Great“ (Collins, 2001) interviewten Personen der erfolgreichen Firmen Kommunikation nicht als Erfolgsfaktor identifiziert, sondern offensichtlich Kommunikation als natürliches Mittel zum Erreichen der Veränderungen eingesetzt.

Was charakterisiert gute Kommunikation?

Wie erkennt man gute Kommunikation im Kontext eines Veränderungsvorhabens? Im Folgenden einige Kriterien, die zu berücksichtigen sind:

- **Ein Dialog:** Gute Kommunikation ist mehr als einseitige Information, sie ist gegenseitiger Austausch. Dazu gehört auch das Zuhören.

- **Zielgerichtet:** Sie ist auf ein klar definiertes Ziel ausgerichtet. Dieses Ziel variiert je nach Phase des Veränderungsvorhabens.
- **Schlüsselbotschaften:** Sie hat wenige, klare Schlüsselbotschaften. Die dann immer wieder – in unterschiedlicher Form – in der Kommunikation wiederholt werden.
- **Zielgruppennutzen:** Die Schlüsselbotschaften müssen die Interessen der Zielgruppe ansprechen und den Nutzen für den Einzelnen der Zielgruppe formulieren, sie haben das „What's in it for me" zu beantworten.
- **Zielgruppengerechte Form:** Die Kommunikation hat die Bedürfnisse dieser Gruppe von Menschen nicht nur inhaltlich anzusprechen – emotional und rational –, sondern auch zielgruppengerecht in der Art der Kommunikationsweise zu sein.
- **Eine einfache Story erzählen:** Jede gute Kommunikation hat eine einfache, überzeugende Story, beispielsweise warum wir uns verändern müssen. Die Story muss die Schlüsselbotschaften klar senden. Aber Achtung mit Storys die auf Angst aufbauen, vgl. Burning Platform in Kap. 6.
- **Gefühle ansprechen:** Kommunikation muss Gefühle ansprechen (vgl. Kap. 2.4). Nicht nur die Gefühle für den Inhalt der Veränderung, also beispielsweise die emotionale Attraktivität der Vision, sondern auch die Gefühle im Veränderungsprozess, inklusive Angst, Unsicherheit, Wut, Misstrauen. Sprechen Sie diese Gefühle direkt an. Können Sie auch mit spontan aufkommenden negativen Gefühlen konstruktiv umgehen? Eine gute Story (vgl. oben) und Visualisierung sprechen Gefühle an. Setzen Sie Video oder Gegenstände ein, um Gefühle anzusprechen.
- **Konsistent:** Gute Kommunikation ist konsistent – und zwar über die Zeit, über die einzelnen Zielgruppen hinweg (zugeschnitten auf die Zielgruppen: ja. Widersprüchlich zwischen den Zielgruppen: nein) und auch konsistent zwischen den Akteuren, damit nicht der eine des Change-Teams das eine sagt und ein anderer was anderes. Diese Konsistenz der Botschaft gerade durch die Geschäftsleitung ist eine der großen Herausforderungen im Veränderungsprozess, deshalb das Stakeholdermanagement – und auch entsprechende Praktiken im Steering-Team (vgl. Kap. 5.4).
- **Ehrlich:** Gute Kommunikation ist ehrlich, sie spielt keine Tatsachen vor, zum Beispiel Dramatisierung der Situation, Beschönigung des Fortschrittes des Veränderungsvorhabens oder Versprechen, die nicht eingehalten werden können. Neben moralischen Überlegungen zahlt es sich schlicht nicht aus – das Risiko ist zu groß, dass Unehrlichkeiten ans Tageslicht kommen und die Glaubwürdigkeit der Kommunikation zerstört wird. Ehrlichkeit ist ein Ausdruck von Wertschätzung, die Vertrauen erzeugt, und ohne Vertrauen keine wirkliche Veränderung.
- **Unterstützt durch nonverbale Signale:** Gute Kommunikation wird durch nonverbale Signale unterstützt. Wird eine inspirierende Vision auch inspirierend präsentiert? Treten Sie selbstsicher und gleichzeitig bescheiden auf, d.h., sind Sie sichtbar von der Sache überzeugt, aber auch bereit, wirklich zuzuhören und die Veränderung als eine gemeinsame Sache zu sehen und, wo nötig, anzupassen?
- **Glaubwürdiger Kommunikator:** Nur wenn die Person glaubwürdig ist, ist es auch die Kommunikation. Vertraut der Zuhörer dem Change-Team? Vertrauen bezüglich Absicht, Integrität und Fähigkeit? Die Glaubwürdigkeit bezieht sich nicht nur auf die momentane Situation – deshalb ist die nonverbale Kommunikation so wichtig –, sondern auch darauf, wie diese Person generell wahrgenommen wird.

- **Vorbereitet:** Gute Kommunikation ist vorbereitet. Sie sieht zwar einfach aus, dahinter steht aber großer Aufwand.

Zielgerichtete Kommunikation in jeder Phase der Veränderung

Kommunikation ist ein Mittel, um das Veränderungsvorhaben erfolgreich zu realisieren. Sie hilft insbesondere dem Elefanten, den beschwerlichen Weg der Veränderung zu gehen. Die Kommunikationsbedürfnisse sind aber sehr unterschiedlich über den Verlauf der Veränderung. Unter Verwendung der in Kapitel 1 eingeführten (und in Teil B des Buchs vertieften) Phasen des Vorgehensmodells der Veränderung lässt sich die Zielsetzung der Kommunikation pro Phase folgendermaßen formulieren, vgl. Abb. 4.4:

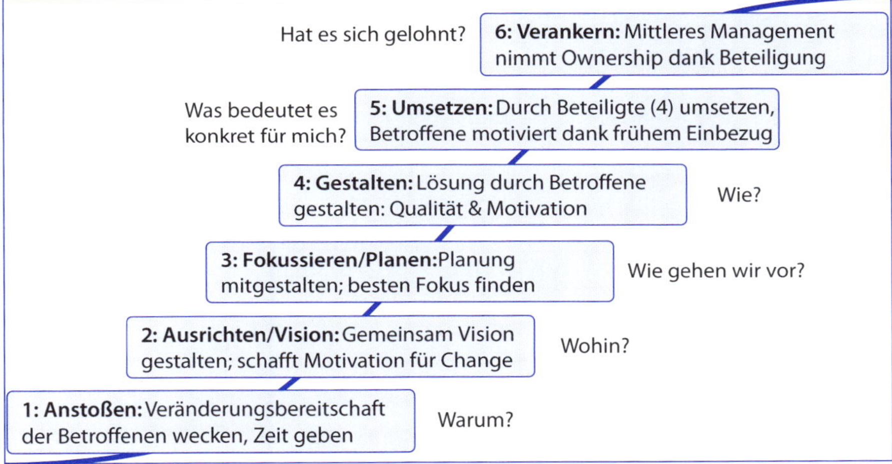

Abb. 4.4: Kommunikationsschwerpunkte über die Phasen des Veränderungsvorhabens

1. **Anstoßen:** Wecken der Veränderungsbereitschaft. Das „Warum?". Die Notwendigkeit für die Veränderung emotional und rational erfahrbar machen. Dieser Teil der Kommunikation wird häufig vergessen.
2. **Ausrichten:** Eine gemeinsame Vision entwickeln. Das „Wohin?". Hier wird häufig über eine fixfertige Vision informiert, ohne eine wechselseitige Kommunikation, einen echten Austausch zur Gestaltung der Vision zu haben. Dieser Austausch ist aber wichtig, um ein Buy-in zu erzeugen.
3. **Fokussieren:** In dieser Phase geht es um die Planung der Aktivitäten, um schnelle Resultate zu erzeugen. Bei der Kommunikation ist es wichtig, der Organisation zu vermitteln, dass nicht nur schöne Visionen kreiert werden, sondern dass auch konkrete Aktionen geplant und realisiert werden. Also das „Was?" und „Wie gehen wir vor?". Es ist hier wichtig, konkrete Aktionen aufzuzeigen und damit ein Vertrauen zu erzeugen, dass die Vision auch erreicht wird.
4. **Gestalten:** Hier werden die Lösungen gemeinsam mit den Beteiligten gestaltet. Durch Kommunikation können Sie die gesamte relevante Organisation – über die direkt Beteiligten hinweg – an der Gestaltung und insbesondere an den ersten Erfolgen teilnehmen lassen. Das „Wie?".

5. **Umsetzen:** Die Umsetzung ist die intensivste Phase bezüglich Kommunikation, da die Kommunikation die unternehmensweiten Umsetzungsaktivitäten begleitet. Auch die Trainingsveranstaltungen beinhalten eine wichtige Kommunikationskomponente: „Was bedeutet es konkret für mich?" Kommunizieren Sie hier auch, wie Momentum gewonnen wird, lassen Sie die Organisation an der Umsetzung teilhaben.
6. **Verankern:** Hier geht es darum, auch durch Kommunikation das neue operative Verhalten zu verankern, also unter anderem Erfolgsstorys, wie das Verhalten angewendet wird und welche Resultate man damit erreicht – beispielsweise auf der Kundenseite. Das „Hat es sich auch gelohnt?" positiv beantworten.

Widerstand als Geschenk

Wenn Sie Widerstand erfahren, ist das ein wichtiges Feedback, was Sie im Veränderungsvorhaben und insbesondere in der Kommunikation verbessern sollten. Widerstand zeigt, dass Sie in einer vorgelagerten Phase die entsprechenden Leute nicht erreicht haben. Fehlt die Überzeugung des „Warum" der Veränderung? Oder des „Wohin" oder „Wie gehen wir vor"? Werden die Gefühle dieser Personen verstanden und dann in der Kommunikation adressiert, beispielsweise Angst? Viele Personen fürchten Veränderungen; meist nicht so sehr das Neue, sondern das Loslassen des Bestehenden, der eigenen beruflichen Identität, des sozialen Umfeldes, Verlust von Macht und Kontrolle oder Angst vor Überforderung. Oder es berührt andere ihrer Interessen. Analysieren Sie den Widerstand, passen Sie Ihre Kommunikation und, wo nötig, Ihr Veränderungsvorhaben an und analysieren Sie den Effekt. Durch diese Iteration wird Ihr Verständnis der Organisation – und Ihre Kommunikation – kontinuierlich besser.

Praxistipp Dialog in Großveranstaltungen: *World Café*

In Kleingruppen ist es relativ einfach, einen Dialog zu entwickeln. Wie machen Sie das aber in Großveranstaltungen? Ein gutes Instrument dazu ist das World Café, oder auch Marktplatz genannt. Haben Sie beispielsweise gut 100 Personen, können Sie diese in 7 Gruppen à 15 Personen unterteilen. Gleichzeitig haben Sie 7 Stände mit je einem Moderator und unterschiedlichen Themen etabliert. Jede Gruppe geht nun zu einem Stand und arbeitet an einer Aufgabenstellung, beispielsweise ein Brainstorming, wie die Kooperation zwischen zwei Organisationseinheiten verbessert werden könnte; die Beurteilung eines Vorschlags, den eine Arbeitsgruppe erarbeitet hat, oder Kennenlernen eines neuen Themas. Nach einer bestimmten Zeit rotiert jede Gruppe zum nächsten Stand und führt dann die Aufgabe dort aus, womöglich entwickelt sie auch weiter, was die Gruppe vorher schon gemacht hat. Und so geht's weiter, bis jede Gruppe an jedem Stand war. Am Schluss, falls vom Thema her nötig, gibt der Moderator eines jeden Standes Feedback über das dort Erreichte.

Weitere Instrumente, um in Großveranstaltungen Dialog zu entwickeln, sind beispielsweise Kurzpräsentationen, die dann vom Präsentator in einer Schlussfolgerung zusammengefasst werden. Es gibt unzählige weitere Instrumente, die auch in der einschlägigen Literatur (beispielsweise Doppler, 2014, Heitger, 2014, Höfler, 2014, Koska, 2016, Königswieser, 1999, Senge, 1999) oder im Internet beschrieben sind. Wichtig ist, dass Sie den Dialog in Großveranstaltungen bewusst gestalten und nicht nur die Teilnehmer mit Präsentationen eindecken.

Taten sprechen mehr als tausend Worte

Noch wichtiger, als was Sie sagen, ist, was Sie tun oder nicht tun. Sie können beispielsweise lange über Diversität sprechen. Wenn Ihr eigenes Team aber überhaupt nicht divers ist, sind die Botschaft und der Überbringer der Botschaft nicht glaubwürdig. Einige Überlegungen zum Thema:

- **„Walk the talk"**: Stellen Sie sicher, dass das, was Sie sagen, übereinstimmt mit dem, was Sie tun. Und ich würde dazufügen: dass das, was Sie sagen und tun, auch übereinstimmt mit dem, was Sie denken.
- **„Nicht Wasser predigen und Wein trinken"**: Nicht von anderen etwas verlangen, das man nicht selbst bereit ist zu tun. Beispielsweise ist es in egalitären Kulturen für die Glaubwürdigkeit problematisch, wenn aus Kosteneinsparungsgründen Business-Class-Flüge für die Mitarbeitenden abgeschafft werden – das Management aber nach wie vor Business fliegt.
- **Zeichen und Symbole**: Setzten Sie emotionale Zeichen und Symbole. Beispielsweise hat ein Unternehmen aus Kosteneinsparungsgründen eine Restrukturierung durchzuführen und hat gleichzeitig eine sehr luxuriöse und großzügige Vorstandsetage. Selbst wenn es sich finanziell nicht lohnt, macht es trotzdem Sinn, die Vorstandsetage zu verkleinern und zu vereinfachen – es sendet ein wichtiges Zeichen, es ist ein wichtiges Symbol. Büro-Layout, Firmenwagen, Parkplätze, Reise-Policy, Kaffeeautomaten etc. sind klassische Beispiele, wo Sie Zeichen setzen können.
- **Rituale**: Gibt es Rituale, die falsche Zeichen setzen? Oder können Sie neue Rituale einführen? Beispielsweise bezüglich „Die da oben leben sowieso in ihrer eigenen Welt". Isst der Vorstand nach seinen Meetings separat oder geht er beispielsweise für das Mittagessen in die Kantine?
- **Gewohnheiten**: Reflektieren Sie Gewohnheiten bezüglich der Botschaft, die Sie senden. Beispielsweise haben Sie ein Review-Meeting für das Veränderungsvorhaben – aber alle sind mit ihrem Smartphone oder Laptop beschäftigt und folgen der Präsentation nur halbherzig, beteuern aber, wie wichtig das Vorhaben ist. Welche Botschaft kommt wohl wirklich an?
- **Personalentscheide**: Personalentscheide haben größte Symbolwirkung, insbesondere im negativen Fall, wenn jemand befördert wird, der strategische Veränderungen im Unternehmen nicht unterstützt oder seine Resultate durch eine skrupellose Art erreicht hat – und explizit unerwünschtes Verhalten in diesem Bereich ohne Konsequenzen bleibt. Wenn Sie eine solche Person in Ihr Change-Team aufnehmen, setzen Sie ein falsches Zeichen und haben ein Glaubwürdigkeitsproblem.

Etablieren Sie mit Ihrem Change-Team eine Praxis, um gezielt zu reflektieren, ob Handlungen und Worte übereinstimmen.

Praxistipp: *Erstellen Sie einen Kommunikationsplan*

Erstellen Sie einen Kommunikationsplan für Ihr Veränderungsvorhaben – für jede einzelne Phase. Ein Plan, der beschreibt, für welches Ziel und welche Zielgruppe welche Kommunikationsaktion in welcher Phase durchgeführt wird. Und wer dafür verantwortlich ist. Organisieren Sie beispielsweise in der Einkaufstransformation einen Workshop mit dem Projektmanagement (Zielgruppe), um als Teil der Umsetzung (Projektphase) die Vorteile eines strategischen Einkaufs zu erfahren oder Gefühle wie Angst vor Kontrollverlust zu adressieren (Ziel). Dazu wird im Februar (Wann) ein Workshop durchgeführt, wo Projektmanager X seine Erfahrung aus dem Pilotprojekt aufzeigt und gemeinsam die einzelnen Praktiken besprochen werden (Wie). Verantwortlich für diesen Workshop ist Change-Team-Mitglied Z (Wer).

4.6 Zusammenfassung: Menschen durch Stakeholdermanagement und Kommunikation gewinnen

Durch frühe Beteiligung von Management und Mitarbeitenden wird die Organisation von Anfang an miteinbezogen, um Momentum im Veränderungsvorhaben zu erzeugen. Die Betroffenen, die gleichzeitig auch Stakeholder sind, machen bei einer unternehmensübergreifenden Transformation einen Großteil des Unternehmens aus, von den Mitarbeitenden im Prozess bis zur Geschäftsleitung. Wenn Menschen von einer Veränderung betroffen sind, durchlaufen sie eine typische emotionale Veränderungskurve. Diese Gefühle sind zu verstehen und zu berücksichtigen. Insbesondere die „Beeinflusser" müssen gezielt für die Veränderung gewonnen und eingesetzt werden. Dies ist die Aufgabe des Stakeholdermanagements. Dabei sind auch jene Beeinflusser zu adressieren, die gegen die Veränderung sind. Weiter ist die Kommunikation sehr wichtig. Entscheidend ist hingegen nicht primär die Menge der Kommunikation, sondern dass diese zielgerichtet ist, eine einfache Story mit einer klaren Schlüsselbotschaft erzählt und die Gefühle anspricht. Neben der verbalen Kommunikation spielen Taten und Symbole eine noch wichtigere Rolle – hinterfragen Sie all diese auf ihren Kommunikationsgehalt. Kommunikation und Stakeholdermanagement sind wichtige Mittel, um die Menschen im Unternehmen für die Veränderung zu gewinnen.

Checkliste: *Beteiligen der Betroffenen, Veränderungskurve, Stakeholdermanagement und Kommunikation*

Beteiligung der Betroffenen

- Sie betrachten alle Betroffenen der Veränderung – und die externen Kunden – als Stakeholder der Veränderung.
- Sie beteiligen die Betroffenen von Anfang an im Veränderungsvorhaben.

Die emotionale Veränderungskurve

- Sie berücksichtigen in Ihrer Kommunikation, dass alle Menschen, die mit einer einschneidenden Veränderung konfrontiert sind, eine emotionale Veränderungskurve mit unterschiedlichen Phasen durchlaufen. Sie gehen auf die Menschen entsprechend ein.
- Auch berücksichtigen Sie diese emotionale Kurve in der Zeitplanung für Ihr Vorhaben, dass nämlich Menschen Zeit brauchen, um durch diese Kurve zu gehen, und erst gegen Ende sich auf das Neue einlassen können.

Stakeholdermanagement

- Sie etablieren ein Stakeholdermanagement für alle Beeinflusser – Betroffene mit Einflussmacht, auch jene mit informeller. Dabei segmentieren Sie die Stakeholder nach den Dimensionen Macht, Interesse und Einstellung und leiten entsprechende Aktionen ab.
- Sie berücksichtigen für die Aktionen in Ihrem Stakeholdermanagement, wie die Veränderung Macht und Interessen dieser Schlüsselleute beeinflusst, und suchen nach Win-Win-Lösungen.
- In ihrem Stakeholdermanagement adressieren Sie insbesondere die Geschäftsleitung, da sie einen sehr großen Einfluss hat, auch durch die symbolische Wirkung ihrer Handlungen. Eine zweite sehr wichtige Stakeholdergruppe ist das mittlere Management und die anerkannten Experten, die entscheidend sind, um Momentum in der Veränderung zu erreichen, nämlich durch die Gestaltung des Inhalts und der Umsetzung der Veränderung.
- Sie adressieren Vorgesetzte, welche die Veränderung blockieren. Sie sind sich bewusst, dass das Tolerieren von Verhalten, das sich gegen die Unternehmenskultur und -strategie richtet, eine sehr negative Signalwirkung im Unternehmen hat.

Kommunikation

- Sie setzen Kommunikation als Dialog, als Austausch ein, nicht als einseitige Informationsvermittlung. Sie setzen Kommunikation ein, um ein klar definiertes und phasenspezifisches Ziel zu erreichen.
- Ihre Kommunikation ist klar, einfach, erzählt eine Story, hat eine Schlüsselbotschaft, spricht die Gefühle an und sie ist konsistent und ehrlich.
- Ihr Change-Team und andere Kommunikatoren sind glaubwürdig, senden unterstützende nonverbale Signale aus – und sind hervorragend vorbereitet.
- Widerstand sehen Sie als Geschenk, um zu lernen, was Sie verbessern können.
- Sie setzen Handlungen, Symbole und Rituale – eigene und der Organisation als Ganzes – gezielt ein, da Sie wissen, dass Taten mehr als tausend Worte sagen.

5 Projektmanagement und Governance: Die Veränderung auf Kurs halten

5.1 Einleitung: Projektmanagement für Veränderungsvorhaben

Veränderungsvorhaben sind Projekte, sie sind einzigartig und haben einen Anfang und ein Ende. Projektmanagement ist damit ein wichtiges Instrument in Veränderungsvorhaben. Es stellt Methoden zur Verfügung, um sicherzustellen, dass das angestrebte Ziel der Veränderung innerhalb der gegebenen Rahmenbedingungen erreicht wird und dass man sich beispielsweise nicht in der Analyse oder in einem Nebenbereich verliert. Was Veränderungsprojekte anders macht als viele andere Projekte, ist der Gestaltungsgegenstand, der kein technisches System ist, beispielsweise eine Maschine oder Anlage, sondern ein soziales System, nämlich das operative Verhalten der Mitarbeitenden eines Unternehmens. Da solche Projekte sehr komplex und sehr schwer planbar sind, ist für Veränderungsvorhaben die Klärung des Auftrags und die Governance durch die Unternehmensleitung noch wichtiger als in anderen Projekten. Mit Projektmanagement und Governance kann die Veränderung auf Kurs gehalten werden, vgl. Abb. 5.1.

Einstiegsbeispiel – *was schiefgehen kann*

Es werden zwei Veränderungsprojekte in unterschiedlichen Bereichen des Unternehmens gestartet. Projekt Alpha geht nach dem Projektmanagement-Lehrbuch vor: Es wird ein detaillierter Projektauftrag ausformuliert, der genau die Verantwortlichkeiten des Change-Teams und der Geschäftsleitungsmitglieder formuliert und auch ein Eskalationsprozedere beinhaltet. Dieser wird in der Geschäftsleitung verabschiedet, die auch weiterhin als

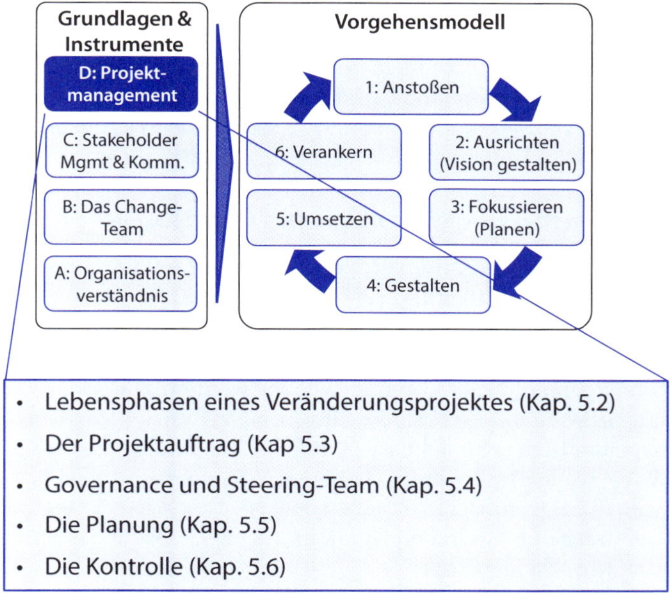

Abb. 5.1: Projektmanagement und Governance

das Steering-Team für dieses Projekt dient. Das Projektteam investiert dann viel Zeit und Energie, einen detaillierten Vorgehensplan für das gesamte Projekt auszuarbeiten und die entsprechenden Kontrollmechanismen zu etablieren. Team Beta wählt einen anderen Ansatz und fokussiert sich auf das Beteiligen der Mitarbeitenden. Es werden mit sehr vielen Leuten Interviews durchgeführt, um zu verstehen, wie sie die Situation sehen, welches ihre Bedürfnisse sind, und um Lösungsideen zu generieren. Dann werden in einzelnen Bereichen gemeinsam Lösungen definiert und implementiert. Das Vorgehen wird sehr flexibel gehalten, eine Planung wird nicht erstellt, auch keine Governance. So unterschiedlich die Ansätze von beiden Projekten sind, beide führen so nicht zum Erfolg. Alpha bringt nie echte Bewegung in die Veränderung und Beta bringt wohl Bewegung, aber keine relevanten Resultate. Es ist die Kombination von beiden Ansätzen, Projektmanagement angepasst auf ein soziales System, das zum Erfolg führt.

Typische Fehler:

- Ein Veränderungsvorhaben ist ein Projekt wie jedes andere, es wird entsprechend geplant und geführt; es wird festgelegt, was zu tun ist, und dann wird dies implementiert.
- Bei einem Veränderungsvorhaben handelt es sich um die Beeinflussung von Menschen und ihrem Verhalten, das sehr komplex und nicht vorhersehbar ist, deshalb sind Projektmanagement-Methoden nicht anwendbar.
- Ein Projektauftrag wird nicht formuliert, ist nicht autorisiert oder wird von den entscheidenden Stakeholdern nicht unterstützt.
- Verantwortlichkeiten innerhalb des Veränderungsvorhabens sind nicht definiert.

- Ein Steering-Team wird nicht etabliert, tagt nur unregelmäßig, kann keine unternehmensweit gültigen Entscheide fällen, hat eine einseitige Interessenlage oder unterstützt das Change-Team nicht wirklich.
- Es wird Projektmanagement und Governance-Bürokratie aufgebaut. Man flüchtet sich in exzessives Projektmanagement, anstatt sich den Herausforderungen des Austausches mit Menschen im Veränderungsvorhaben zu stellen.

Change Management als Projektmanagement für ein soziales System

Ein Veränderungsvorhaben ist ein Projekt, das heißt, es ist temporär, einmalig und progressiv in der Ausarbeitung (PMI 2013, S. 5). Letzter Punkt bedeutet, dass nicht alle Details von Anfang an bekannt sind – was natürlich insbesondere für Veränderungsvorhaben der Fall ist. Da Veränderungen Projekte sind, kann auch die Projektmanagement-Methodik angewendet werden, wie sie in den entsprechenden Standardwerken beschrieben wird (beispielsweise PMI 2013). Die meiste Projektmanagement-Literatur fokussiert auf die Gestaltung technischer Systeme – insbesondere Anlagen jeglicher Art. In einem Veränderungsprojekt ist das Gestaltungsobjekt aber kein technisches System, sondern ein soziales System, nämlich das Unternehmen und seine Menschen (vgl. Kap. 2.2). Dies macht das Vorhaben umso komplexer und unvorhersehbarer.

Schlank, aber effektiv

Man kann zu wenig Projektmanagement betreiben, aber auch zu viel, wie die Projekte Alpha und Beta im Einstiegsbeispiel gezeigt haben. Projektmanagement ist nie Selbstzweck, sondern immer Mittel zum Zweck. Häufig passiert es in Projekten – und gerade in Veränderungsprojekten –, dass sich Menschen in ein extensives Projektmanagement flüchten. Es ist für viele einfacher, sich in den eigenen vier Wänden mit Planung, Analyse und Strukturen zu beschäftigen als mit der realen, chaotischen Welt und insbesondere mit den Menschen. Auch erliegt man einfach der Versuchung, fehlende Zustimmung und Engagement der Organisation durch Strukturen und Bürokratie zu kompensieren mit komplexen Programmsteuerungs-, Überwachungs- und Managementstrukturen. Finden Sie hier also die richtige Balance für den Aufwand im Projektmanagement; machen Sie es schlank und effektiv.

Aufbau des Kapitels

Zuerst wird ein Überblick über den Projektverlauf mit den drei Hauptphasen Initialisierung, Durchführung und Abschluss gegeben. Anschließend werden deren wichtigste Elemente vertieft analysiert, nämlich Projektauftrag, Governance, Planung und Kontrolle, vgl. Abb 5.1.

5.2 Die Lebensphasen eines Veränderungsprojektes

Ein Veränderungsprojekt kann in Anlehnung an PMI (PMI 2013) in drei Lebensphasen strukturiert werden; Initialisierung, Durchführung und Abschluss. Die Durchführung, die den Großteil des Projektes ausmacht, kann wiederum in Planung, Umsetzung und Kontrolle unterteilt werden, wobei diese drei iterativ durchlaufen werden, vgl. Abb 5.2.

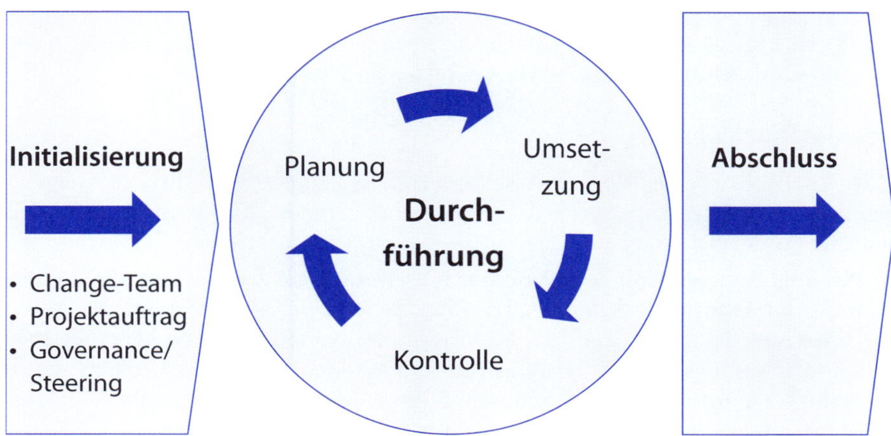

Soziales System ≠ Technisches System

Abb. 5.2: Die Phasen des Projektmanagements (in Anlehnung an PMI 2013)

Phase 1: Initialisierung

Jedes Veränderungsvorhaben beginnt mit einer Person oder einer Gruppe von Leuten, die eine Veränderungsidee haben und dafür die Unterstützung des Managements und die entsprechenden Ressourcen suchen. Die Initialisierung definiert und autorisiert das Veränderungsprojekt, wobei folgende Kernelemente definiert werden können:

- Der Projektauftrag, auch „Project Charter" genannt: Ein „Vertrag" zwischen dem Management und dem Change-Team, für die ganze Organisation verbindlich, der neben dem Veränderungsumfang und -ziel auch definiert, wie dieses Ziel realisiert werden soll, insbesondere in welcher Zeit und mit welchen Ressourcen. Der Projektauftrag wird in Kap. 5.3 vertieft.
- Das Etablieren des Change-Teams (vgl. dazu Kap. 3.2)
- Das Etablieren der Governance-Struktur und insbesondere des Steering-Meetings, um sicherzustellen, dass das Veränderungsvorhaben auch die angestrebten Resultate liefert. Kap. 5.4 behandelt dieses Thema im Detail.

Im vorgestellten Veränderungsmodell in Teil B dieses Buches findet die Initialisierung in Phase 1 „Anstoßen" statt, vgl. Kap. 6.

Fallbeispiel Einkaufstransformation: *Initialisierung*

In der Einkaufstransformation des Herstellers von Stromerzeugungsanlagen hatte der CEO selbst das Veränderungsvorhaben angestoßen, indem er den Einkauf neu als globale und in der Geschäftsleitung vertretene Funktion definierte und einen Einkaufsleiter als Change-Leader rekrutierte. Dieser hat dann das Change-Team etabliert, das zugleich auch das Führungsteam des Einkaufs wurde. Parallel dazu hat das Change-Team – zumindest mit den Mitgliedern, die schon identifiziert waren – den Projektauftrag entworfen. Als Teil des Geschäftsleitungsmeetings wurde ein monatliches Steering als Steuerungsplattform für die Einkaufstransformation eingeführt. Erste Aktionen dieses Steerings: die Teammitglieder bestätigen und den Projektauftrag besprechen und verabschieden. Die Hauptdiskussion in der Geschäftsleitung war, das „richtige" Ambitionsniveau für das Vorhaben zu finden und sicherzustellen, dass geeignete Personen für das Team nominiert wurden.

Phase 2: Durchführung

Zur Durchführung des Veränderungsvorhabens – Hauptteil des Projektes – gehören folgende drei Unterprozesse des Projektmanagements, die iterativ durchlaufen werden:

- **Planung:** Basierend auf dem Projektauftrag werden die Zielsetzung und die Planung der Aktivitäten verfeinert. Die Planung wird in Kap. 5.5 vertieft.
- **Umsetzung:** Unter Einbezug der Mitarbeitenden, von Externen und anderen Ressourcen werden der Veränderungsplan und die entsprechenden Aktivitäten umgesetzt. Dazu gehören unter anderem Führen der Umsetzung des Projektplans, Mitarbeitende mit den geeigneten Kompetenzen für die Umsetzung sicherstellen, Workshops etc organisieren und Informations- und Kommunikationsmanagement etablieren. Auf diese Elemente wird in Teil B des Buchs eingegangen.
- **Kontrolle:** Regelmäßiges Überprüfen und Kontrollieren, ob die Umsetzung mit der Planung übereinstimmt, und wenn nicht, Einleiten der entsprechenden Maßnahmen. Innerhalb des Projekts und im Steering-Team. Auf das Thema Kontrolle wird in Kap. 5.6 eingegangen.

Iteratives Vorgehen und Plan-Do-Check-Act

Die Durchführung von Veränderungsvorhaben ist kein linearer Prozess, sondern sie durchläuft viele Iterationen; die drei oben erwähnten Unterprozesse bilden zusammen einen iterativen Prozess; sie stellen einen „Plan-Do-Check-Act"-Kreis dar, wobei das „Act" bereits das nächste „Plan-Do" ist und somit in die nächste Iteration geht. Dieses iterative „Plan-Do-Check(-Act)" gilt nicht nur auf der Ebene des Veränderungsprojektes, sondern auch für jede einzelne Aktion: Sie bilden eine Annahme, planen eine Aktion, setzen sie um und dann beobachten und analysieren Sie, was diese Aktion bewirkt hat. Damit haben Sie eine Lernschleife durchlaufen und mit dieser Erfahrung gehen Sie in die Planung der nächsten Aktion.

Fallbeispiel Operational Excellence: *Durchführung*

Das Veränderungsvorhaben Operational Excellence im Fallbeispiel des Technologieunternehmens für die Metallgewinnung war in drei Phasen strukturiert: Analyse und Priorisierung, Durchführung der priorisierten Verbesserungsprojekte und drittens kontinuierliche Verbesserung. Wir starteten mit einer umfangreichen Analyse, um zu verstehen, wo, wann und warum wir Margenverschlechterungen hatten, dann priorisierten wir sechs Bereiche, für welche wir einzelne Verbesserungsprojekte durchführten. Und anschließend gingen wir in einen Prozess über, wo wir kontinuierlich weitere Bereiche identifizierten und Verbesserungsprojekte realisierten. Aber auch auf der tieferen Ebene der einzelnen Verbesserungsprojekte haben wir die drei Elemente Planung, Umsetzung und Kontrolle verwendet: die Planung mit der Definition des Teams und der Zielsetzung für dieses einzelne Verbesserungsprojekt, die Umsetzung mit Analyse der Situation, Konzeption der Lösung sowie Umsetzung der Lösung in der Organisation; letztendlich die Kontrolle, ob wir im Projektfahrplan sind und ob die Lösung implementiert wurde und effektiv ist.

Phase 3: Abschluss

Bei technischen Projekten – beispielsweise beim Bau eines Kraftwerks – besteht der Abschluss wesentlich aus der Übergabe des Projektes entweder an den Kunden und die Serviceorganisation oder, falls es sich um ein internes Investitionsprojekt handelt, an die operative Organisation. Ein Veränderungsprojekt hingegen mit dem Gestalten eines sozialen Systems kann nicht durchgeführt und am Schluss „einfach" übergeben werden. Das Ziel eines Veränderungsprojekts ist eine Transformation von einem stabilen Zustand der Organisation zu einem neuen, vgl. Lewin, Kap. 1.2. Dieser neue Zustand, der die gewünschte Veränderung beinhaltet, muss auch nach Abschluss des Veränderungsprojektes stabil sein, damit die Veränderung von Dauer ist. Dies bedeutet, dass er voll in die operativen Prozesse und in die Verantwortung der Linienorganisation übergegangen ist. Somit ist die Übergabe in einem Veränderungsprojekt – im Gegensatz zu den meisten technischen oder kommerziellen Projekten – nicht eine klar separierte Phase, sondern mehr graduell. Zum Schluss wird sichergestellt, dass die Veränderung mit Phase 6 „Verankern" im vorgestellten Veränderungsmodell (vgl. Kap. 11) nachhaltig implementiert ist, somit kann das Projekt erfolgreich abgeschlossen werden.

Fallbeispiel Operational Excellence: *Abschluss*

Der Fokus im Fallbeispiel Operational Excellence lag auf der Entwicklung und Implementierung von neuen Praktiken. Dabei wurde jede Praktik als einzelnes Teilprojekt behandelt. Ein erfolgreicher Abschluss bedeutet also eine nachhaltige Anwendung dieser Praktiken in der Organisation auch nach Abschluss des Veränderungsprojektes. Um dies sicherzustellen, haben wir von Anfang an die Betroffenen in Konzeption und Umsetzung miteinbezogen und dann durch Monitoring sichergestellt, dass die Praktiken auch angewendet wurden und die erwarteten Resultate brachten. Diese Resultate wurden jeweils im Projekt-Steering der Geschäftsleitung präsentiert, und wenn diese stimmten, wurde das entsprechende Teilprojekt geschlossen – und somit Platz geschaffen, ein neues Teilprojekt zu starten. Auf der Ebene des gesamten Programms von Operational Excellence sind wir in dieser Phase in die kontinuierliche Verbesserung übergegangen – also von einem Projekt in einen permanenten Prozess, einen „Abschluss" gab es also nicht, auch weil mit dem gleichen Team und der gleichen Governance-Struktur weitergearbeitet wurde.

Nach diesem Überblick über Initialisierung, Durchführung und Abschluss werden die wichtigsten Elemente vertieft analysiert, nämlich Projektauftrag, Governance und Steering-Team, Planung und zuletzt Kontrolle.

5.3 Der Projektauftrag: Klarheit über das „Was" und „Wie" schaffen

Der Projektauftrag – oder die Project Charter – definiert und autorisiert das Veränderungsprojekt. Er kann sich dabei auf das gesamte Projekt beziehen oder nur einzelne Phasen des Projektes definieren und freigeben. Der Projektauftrag wird häufig vom Change-Sponsor, dem Promotor der Veränderung in der Geschäftsleitung – beispielsweise dem CEO im Fall der Einkaufstransformation – und dem Change-Leader als Projektleiter gemeinsam erstellt, am besten unter Zuhilfenahme wichtiger Stakeholder und der Teammitglieder. Der Projektauftrag muss durch die entsprechende Governance-Struktur (vgl. nächster Abschnitt) genehmigt werden.

Ein Projektauftrag beinhaltet typischerweise folgende Elemente:

- **Ziel, angestrebtes Resultat:** Was soll erreicht werden? Welche Veränderungen sollen durchgeführt werden, welche messbaren Resultate sind mit dieser Veränderung zu erreichen? Es ist auch klar zu definieren, wie diese Zielerreichung gemessen wird. Gerade wegen der Komplexität von Veränderungsvorhaben ist es wichtig, klare Ziele zu definieren, selbst wenn die Art der Veränderungen noch nicht klar ist. Die Ziele geben die Richtung für die Organisation vor, an den Zielen ist der Erfolg zu messen. Beantworten Sie in der Zielsetzung auch, welches der Einfluss der Veränderung auf den externen Kunden sein soll.
- **Veränderungsumfang und -rahmen:** Welche Organisationseinheiten und Regionen sind von der Veränderung betroffen und welche nicht – oder in welcher Reihenfolge? Falls Einheiten ausgeschlossen werden sollen, ist es vorteilhaft, dies schon von Anfang an klarzustellen, um Unruhe zu vermeiden.
- **Bezug zu anderen Veränderungsvorhaben:** Wie hängt das Veränderungsvorhaben mit anderen Themenbereichen und unternehmensweiten Vorhaben wie Strategieveränderung, Reorganisation, Prozessentwicklung, kontinuierliche Verbesserung etc. zusammen? Das Klären dieser Schnittstellen ist nicht nur wichtig aus der Perspektive des Projektmanagements, sondern auch für die interne Kommunikation; zu häufig entsteht Verwirrung in der Organisation, wie all diese Vorhaben zueinander passen.
- **Grober Projektplan mit Meilensteinen, den erwarteten Ergebnissen und übergeordnetem Zeitplan:** Unter den erwarteten Ergebnissen sind konkrete Resultate zu verstehen, also beispielsweise ein Analysebericht, Trainingsmaterial oder der durchgehende und reibungsfreie Einsatz einer neuen Software durch die Anwender. Hier macht es wiederum Sinn, in Phasen zu arbeiten – also sehr spezifisch sein für die erste Phase und dann die nächste Phase konkretisieren, basierend auf den Resultaten der ersten Phase.
- **Nominierung des Change-Teams** (vgl. dazu Kap. 3.2)
- **Abschätzung der Ressourcen, die Betroffenen und Beteiligten in der Organisation, die durch die Veränderung beansprucht werden:** Dies ist am besten separat für die Phasen Entwicklung und Umsetzung zu identifizieren. Ressourcen sind ein entscheidender Punkt für ein Veränderungsprojekt, da der Gegenstand der Veränderung die Organisation selbst ist. Und die Veränderung der Ressourcen wirkt sich nicht nur in der Entwicklung, sondern insbesondere auch in der Umsetzung aus. In den meisten Veränderungsvorhaben sind diese Ressourcen die größte Kostenposition, sie sind also entsprechend zu planen. Es ist aber nicht nur eine Frage der Kosten, sondern auch der Knappheit dieser Ressourcen und ein

typischer Konfliktbereich, in dem eine fehlende Zustimmung von Führungskräften an die Oberfläche kommt.

- **Weitere Kosten für externe Dienstleistungen (z. B. Beratung, Programmierung etc.) und Güter (z. B. Infrastruktur, Maschinen, IT-Systeme):** Je nach Unternehmen kann es sinnvoll sein, hier zu identifizieren, welche Kosten kapitalisiert werden können.
- **Definition des Governance-Modells, inklusive Steering-Team und Autorität des Change-Teams** (vgl. nächster Abschnitt)
- **Expliziter Beschluss der Geschäftsleitung** oder einer anderen dafür autorisierten Stelle, die den Projektauftrag in Kraft setzt.

5.4 Governance und Steering-Team: Die übergeordnete Steuerung

Die Projekt-Governance legt Verantwortlichkeiten und den Rahmen für Entscheidungen innerhalb des Veränderungsvorhabens fest. Gerade für Veränderungsprojekte ist die Governance entscheidend, sind diese doch meistens nicht auf eine Funktion oder Organisationseinheit beschränkt, sondern beeinflussen viele Bereiche des Unternehmens und bewegen sich zu einem großen Teil außerhalb der etablierten Governance für das operative Geschäft. Eine wichtige Rolle in der Governance nimmt das Project-Steering ein.

Elemente der Governance-Struktur für Veränderungsvorhaben

1. Ein nominierter Change-Leader, der die volle Verantwortung für das Veränderungsvorhaben hat. Wichtig in diesem Punkt ist, dass eine – und am einfachsten nur eine – definierte Person die übergeordnete Verantwortung hat, und dies ist der Change-Leader oder Leiter des Change-Teams als Projektleiter. Diese Verantwortung darf davon nicht beeinflusst werden, aus welcher Organisation der Change-Leader ursprünglich kommt.
2. Ein regelmäßig tagendes Steering-Team oder Steering-Meeting (oder Steuerungsausschuss), das sämtliche übergeordneten Entscheide in Bezug auf das Veränderungsvorhaben mit unternehmensweiter Verbindlichkeit fällt, den Change-Leader und sein Team unterstützt und ihn verantwortlich hält.
3. Klare Definition der Rollen und Verantwortlichkeiten innerhalb des Veränderungsvorhabens und der davon betroffenen Bereiche durch das Change-Team, das Steering und andere Gremien. Also insbesondere die Regelung, wer welche Entscheide fällt. Dies beinhaltet auch die Klärung, wer für welche Kosten verantwortlich ist und wie in die Organisation kommuniziert wird.

Wer entscheidet was in einem Veränderungsprojekt?

Es gilt klar zu definieren, welche Entscheidungen durch das Projektteam getroffen werden können und welche durch das Steering-Team, aber auch, welche durch die Linienorganisation oder durch andere Entscheidungsgremien. Dies beinhaltet sowohl Entscheidungen bezüglich der Durchführung des Projektes als auch bezüglich der Gestaltung von Lösungen innerhalb des Projektes. Für Entscheidungen bezüglich der Durchführung des Projektes spielen das Steering-Team und der Projektauftrag die entscheidende Rolle. Jenes legt den Rahmen fest, welche Entscheide durch das Change-Team gefällt werden können und welche zurück ins Steering-Team müssen. Wenn man sich beispielsweise im Steering auf die Einführung von definierten 6 neuen Praktiken in einem gewissen Zeitrahmen geeinigt hat, steht es dem Team frei, in welcher Sequenz es diese umsetzt – wenn es aber die Praktiken ändern will, muss es zurück zum Steering. Was inhaltliche Entscheidungen angeht, also wie eine bestimmte Lösung zu gestalten ist, ist die Situation meist komplizierter. Welches ist die richtige Plattform für diese Entscheidungen? Ich empfehle hier zwei Prinzipien zur Anwendung: Erstens diese Entscheidungen so weit wie möglich in die Organisation zu delegieren, zu den Menschen, welche die Arbeit auch ausführen. Zweitens so weit wie möglich bestehende Governance- und Steering-Plattformen zu benutzen – einerseits die Linienorganisation mit Funktionen und Organisationseinheiten, wo der Einfluss der Entscheide auf diese Einheiten beschränkt ist, oder, wo nötig, unternehmensübergreifende Plattformen, die es beispielsweise im Bereich Qualität, Managementsystem und Prozesse meist schon gibt und die notwendig sind, um die übergeordnete Architektur und Kompatibilität der Lösungen sicherzustellen.

Fallbeispiel Operational Excellence: *Kostenverantwortung*

Eine typische Frage, die in der Governance entschieden werden muss, ist, wer welche Kosten zu budgetieren und zu tragen hat – das Projektteam, die operativen Einheiten oder eine zentrale Stelle/Funktion. Beispielsweise im Fall Operational Excellence des Anlagenbauers für die Metallgewinnung hatten wir folgende Kostenverantwortlichkeiten definiert: A) Personen aus der operativen Organisation, die an der Entwicklung von neuen Lösungen arbeiten: Deren Kosten – Stunden sowie allfällige Reisekosten – werden durch das Veränderungsprojekt übernommen. B) IT-Kosten werden durch die zentrale IT-Stelle übernommen. C) Stundenaufwendungen durch die operative Organisation in der Umsetzung der Veränderung werden durch die operative Organisation übernommen. Die betroffenen Bereiche, also die zentrale IT und die entsprechenden operativen Organisationen, waren auch im Steering vertreten. Wichtig in diesem Fall war, dass diese Kosten auch budgetiert wurden – insbesondere jene für die operative Organisation – und im Projekt-Steering beschlossen wurden.

Nutzung der übergeordneten und bestehenden Governance-Strukturen

Ein Veränderungsvorhaben hat sämtlichen Regeln und Vorschriften des Unternehmens Folge zu leisten, wo diese auf das Veränderungsvorhaben anwendbar sind, also beispielsweise in Reporting und Auditing, im Einkauf von Gütern und Dienstleistungen und bezüglich HR-Themen. Es ist auch vorteilhaft, die bestehenden Governance-Strukturen gezielt für Ihr Veränderungsvorhaben zu nutzen. Beispielsweise im Fall der Einkaufstransformation: Ein wichtiges Ziel, formuliert im Projektauftrag, waren Einkaufseinsparungen. Bei Einkaufseinsparungen besteht aber immer das Problem der Glaubwürdigkeit, der Verdacht, dass die Zahlen zu positiv dargestellt werden. In diesem Fall haben wir uns für dieses Reporting auf die Finanz & Controlling-Funktion abgestützt als Garant für Neutralität und Glaubwürdigkeit dieser Zahlen.

Das Project-Steering – Verantwortung und Struktur

Im Gegensatz zu den meisten technischen und kommerziellen Projekten kommt dem Project-Steering hauptsächlich eine Prozessverantwortung für das Veränderungsvorhaben zu – sicherzustellen, dass das Veränderungsprojekt auf Kurs ist –, aber weniger, inhaltliche Entscheide zu fällen. Für inhaltliche Entscheide ist die Rolle des Project-Steerings, sicherzustellen, dass der Prozess, der zu den inhaltlichen Entscheiden führt, korrekt durchgeführt wird; nicht nur formell, sondern auch, dass die richtigen Personen involviert sind und die inhaltlichen Entscheidungen durch adäquate Gremien gefällt werden.

Eine wichtige Frage, die Sie zu beantworten haben, ist, ob Sie für jedes Veränderungsvorhaben eine individuelle Governance und ein individuelles Steering etablieren wollen, oder, was ich empfehlen würde, eine gemeinsame Struktur und ein gemeinsames Steering für alle unternehmenskritischen Veränderungsvorhaben einsetzen. Wenn Sie den Ansatz von individuellen Steerings wählen, müssen Sie zusätzlich definieren, wie Sie die unternehmensweite Autorität des Steerings sicherstellen und Konflikte zwischen einzelnen Steerings lösen.

Die Zusammensetzung des Steering-Teams

Nachdem die Verantwortung des Steering-Teams und die übergeordnete Struktur der Governance definiert ist, müssen die Zusammensetzung des Steering-Teams und im nächsten Abschnitt dessen Aufgaben definiert werden.

Die Zusammensetzung des Steerings hat dabei die Balance zu finden, möglichst alle Interessen abzudecken und dabei gleichzeitig klein und schlagkräftig zu bleiben. Obwohl die Interessen von vielen Bereichen berücksichtigt werden müssen, kann nicht jeder Teilbereich im Steering vertreten sein. Ein zu großes Steering-Team verliert sich in Einzelinteressen und ist nicht schlagkräftig. Das Steering-Team ist kein Stakeholdermanagement- oder Informationsmeeting. Ein aus meiner Sicht geeigneter Ansatz, dieses Dilemma zu lösen, ist, das Steering-Team auf Geschäftsleitungsebene der von der Veränderung betroffenen Unternehmung oder Geschäftseinheit anzusetzen. Damit sind auch alle Interessen vertreten, und wenn gleichzeitig alle unternehmensübergreifenden Veränderungsvorhaben in einem Unternehmen durch dieses gleiche Team gesteuert werden, ist die Geschäftsleitung genügend involviert und kann auch zwischen einzelnen Vorhaben priorisieren. Nachteilig ist hingegen der erhöhte Zeitaufwand für die Geschäftsleitung. Dies ist aber aus meiner Sicht gerechtfertigt, ist diese strategische Entwicklung des Unternehmens doch eine ihrer Kernaufgaben.

Aufgaben des Steering-Teams: Autorisierung, Kontrolle und Unterstützung

Die Aufgabe des Steerings kann man zusammenfassen in Autorisierung, Kontrolle und Unterstützung. Die Autorisierung ist nicht nur am Anfang des Projektes mit dem Projektauftrag wichtig, sondern auch über den Verlauf des Projektes mit entsprechenden Freigaben. Auch möchte ich die Unterstützung bewusst betonen: Das Ziel des Steerings ist, zu ermöglichen, dass das Veränderungsvorhaben zum Erfolg führt – und das braucht beides, Kontrolle und Unterstützung über den gesamten Projektverlauf. Und zur Unterstützung gehört auch die

Kommunikation in die Organisation. Im Spezifischen gehören folgende Aufgaben dazu:

- **Autorisierung des Veränderungsvorhabens und -budgets:** Dies ist nicht nur die einmalige Verabschiedung des Projektauftrages und des dazugehörenden Budgets, sondern der Rahmen für jede Phase eines Veränderungsvorhabens ist vom Project-Steering zu beurteilen und freizugeben.
- **Kontrolle des Projektfortschrittes:** Sind Arbeitsfortschritt, Arbeitsresultate, Kosten und Zeit im Plan?
- **Kontrolle des Projektprozesses:** Werden beispielsweise die nötigen Personen involviert, werden inhaltliche Entscheidungen adäquat gefällt, werden die Governance-Prozesse eingehalten?
- **Kontrolle der Zielerreichung des Veränderungsvorhabens:** Sind wir zuversichtlich, das Ziel des Veränderungsvorhabens zu erreichen? Sehr häufig kommt es vor, dass wohl das Projekt nach Plan verläuft, man aber feststellt, dass man damit das gestellte Ziel nicht erreicht.
- **Reflexion bezüglich Veränderungen im Unternehmen oder im Umfeld des Unternehmens**, die einen Einfluss auf das Veränderungsvorhaben haben oder haben könnten; neue Situationen, Risiken und Chancen.
- **Fällen von Entscheiden, die außerhalb der Autorität des Change-Teams sind** – und die auch nicht durch andere Entscheidungsgremien abgedeckt werden.
- **Beschließen von Maßnahmen** aufgrund der Kontrolle und Reflexion des Umfeldes.
- **Konflikte lösen**, beispielsweise Ressourcenkonflikte zwischen dem Veränderungsvorhaben und den operativen Bedürfnissen, aber auch zwischen einzelnen strategischen Vorhaben.
- **Dem Projekt-Leader und seinem Team Unterstützung anbieten.** Dies ist ein wichtiger Punkt: Es ist die Aufgabe des Steering-Teams, das Projekt zu beurteilen und zu kontrollieren und das Team auch aktiv zu unterstützen. Das Steering-Team ist eine Ressource, um das Change-Team erfolgreich zu machen.
- **Kommunikation der Resultate und Entscheidungen.** Die Kommunikation dieser Informationen – sofern sie nicht vertraulich sind – ist sehr wichtig aus zwei Gründen: Erstens ist die Organisation neugierig, wie es um die Veränderung steht, zweitens muss dieses Informieren bewusst gestaltet werden. Verlässt man sich darauf, dass jedes einzelne Steering-Mitglied seine Version des Meetings weitergibt, kommen ganz unterschiedliche Geschichten dabei heraus (vgl. konstruierte Realität, Kap. 2.3), die nicht hilfreich sind. Eine gute Praxis ist, am Ende des Steering-Meetings ein kurzes Kommunikationsstatement gemeinsam zu erstellen.

Fallbeispiel Einkaufstransformation: *Steering-Team*

Im Falle der Einkaufstransformation des Stromerzeugungsanlagenbauers war das Steering-Team identisch mit der Geschäftsleitung. Anfangs war es ein eigenständiges Meeting, nachher haben wir einen Block gebildet für alle strategischen Veränderungsvorhaben, aber jedes mit seinem eigenen Zeitslot. Dadurch haben wir die Steering-Praxis über diese Projekte harmonisiert und entsprechend angehoben. Am Anfang war das Steering monatlich, nachher haben wir auf einen 2-Monats-Rhythmus gewechselt. Der Change-Leader hat jeweils durch das Steering-Meeting geführt, der CEO nahm die Rolle des Chairman ein. Auch wurde das Change-Team, teilweise über Video, so weit wie möglich im Meeting beteiligt.

Die größte Herausforderung, die wir in diesen Steering-Meetings in der Einkaufstransformation hatten, waren Bedenken gegenüber der Veränderung und vorhandene Konflikte wirklich an die Oberfläche zu bringen und zu behandeln und nicht einfach Entscheidungen durchzuboxen oder zuzulassen, dass sie einfach durchgewinkt werden.

5.5 Die Planung: Zielgerichtet, flexibel und beteiligend

Nachdem der Projektauftrag, das Projekt-Team und die Governance initialisiert wurden, geht es jetzt in die Durchführung. Diese startet mit der Planung, um nachher in die Umsetzung und Kontrolle und dann in die Iteration über diese drei Phasen zu gehen.

Die spezielle Charakteristik von Veränderungsvorhaben als Basis der Planung

Was ist bei der Planung von Veränderungsvorhaben wichtig? Um dies zu beantworten, ist zuerst die besondere Charakteristik von Veränderungsvorhaben herauszuschälen:

- Im Gegensatz zu den meisten Projekten, welche die Gestaltung eines technischen Systems beinhalten, handelt es sich bei einem Veränderungsvorhaben um die Gestaltung eines sozialen Systems, nämlich des Unternehmens und des Verhaltens seiner Menschen. Diese Systeme sind gekennzeichnet durch hohe Komplexität und schlechte Vorhersehbarkeit.
- In einem Veränderungsprojekt können Sie die Reaktion der Organisation auf die Durchführung von einzelnen Aktionen schwer abschätzen, also lässt sich der Projektablauf schwer voraussehen und schwer planen.
- Ein Veränderungsvorhaben ist kein Projekt auf der grünen Wiese, etwas, das man von Grund auf neu macht – es geht ja meist um die Transformation einer bestehenden Organisation in einen neuen Zustand. Somit ist für ein Veränderungsprojekt die Ausgangslage, also der heutige Zustand der Organisation, sehr wichtig. Gleichzeitig ist diese Ausgangslage meist aber sehr diffus und am Anfang des Projektes kaum bekannt.
- Ein Veränderungsprojekt ist wie die Operation am Bein eines Langstreckenläufers – während er rennt. Die operativen Verpflichtungen des Unternehmens laufen während des Veränderungsvorhabens weiter und sollten von diesem so wenig wie möglich beeinträchtigt werden.

Planung von Veränderungsvorhaben

Aufgrund der speziellen Charakteristik von Veränderungsvorhaben sozialer Systeme können spezifische Anforderungen für die Planung abgeleitet werden. Ich strukturiere diese nach dem im Kapitel 1 vorgestellten Change-Management-Modell dieses Buches mit den 4 Grundlagen und Instrumenten und den 6 Phasen des Veränderungsprozesses, vgl. auch Abb. 5.1. In Teil B des Buches werden dann diese Elemente für jede Phase des Vorgehensmodells vertieft.

Grundlagen und Instrumente:

1. **Organisationsverständnis:** Ein Veränderungsprojekt ist die Veränderung eines sozialen Systems. Die Basis für die Planung sind somit die Menschen in der

Organisation, insbesondere ihre Gefühle und ihr Verhalten. Dies ist die Basis für alle folgenden Elemente.

2. **Das Change-Team:** Wichtig für die Planung ist, zuerst das Change-Team zusammenstellen und dann das Vorgehen zusammen mit dem Change-Team zu planen. Dies erhöht die Qualität der Planung wesentlich und kreiert Ownership durch das Change-Team. Einplanung von ausreichend Zeit, um das Change-Team zu nominieren, und dann von ausreichend Aktivitäten, um es zu entwickeln.
3. **Stakeholdermanagement und Kommunikation:** Um die Menschen zu gewinnen, ist die Organisation von Anfang an zu involvieren. Einplanung von genug Zeit und Aufwand, insbesondere am Anfang des Projektes (vgl. Phasen 1 und 2), um die Menschen für diese Veränderung rational und emotional zu gewinnen, gemeinsam die Situation zu verstehen und die Vision zu entwickeln. Von Anfang an ist es wichtig, ein Stakeholdermanagement aufzubauen und zielgerichtet zu kommunizieren.
4. **Projektmanagement:** ein klares Ziel, aber ein flexibles und iteratives Vorgehen:
   a) Ein klares Ziel definieren, auch wenn die Vision erst als Teil des Projektes entwickelt wird.
   b) Planen für Flexibilität im Vorgehen, beispielsweise durch entsprechende Phasen, um mit Überraschungen und Unsicherheiten umgehen zu können, aber auch um die Arbeitslast für das Change-Team und die Organisation handhaben zu können.
   c) Iteratives Vorgehen: im Großen wie im Kleinen ein iteratives Vorgehen wählen. Sich seiner konstruierten Realität (vgl. Kap. 2.3) bewusst sein, darauf basierend die nächsten Aktionen planen, sie durchführen, die Resultate überprüfen und sie allenfalls anpassen an die konstruierte Realität, womit in den nächsten Iterationsloop gegangen wird. Verstehen, planen, umsetzen, überprüfen wie im „Plan-Do-Check-Act“-Kreislauf.

Die einzelnen Phasen des Vorgehensmodells:

1. **Anstoßen:** Bewusstes Einplanen einer ersten Phase, um die Organisation auf die Veränderung vorzubereiten. Auch fällt in diese Phase die Initialisierung des Projektes mit der Formierung des Projektteams, des Steering-Teams, und der Formulierung und Genehmigung des Projetauftrags.
2. **Ausrichten:** Die Vision im Dialog mit der Organisation entwickeln. Entsprechend Zeit einplanen.
3. **Fokussieren:** Planen für schnelle Resultate, Quick Wins: Menschen sind ungeduldig und verlieren schnell den Glauben in das Veränderungsvorhaben. Um dem zu begegnen und ein positives Momentum in der Veränderung zu erzeugen, braucht es schnelle Resultate, sogenannte Quick Wins, die für die Menschen der Organisation relevant sind.
4. **Gestalten:** Gemeinsames Entwickeln der Lösungen und Testen in Pilots:
   a) Entwickeln der Lösung gemeinsam mit der Organisation: Der Inhalt der Veränderung kann nicht top-down vorgegeben werden, sondern soll durch die Organisation selbst erarbeitet werden, da erstens nicht das relevante Wissen von Management oder Beratern erfasst werden kann, zweitens eine Lösung, die ohne Einbezug der Organisation entwickelt wird, von dieser boykottiert wird, und drittens die Personen, die in der Entwicklung beteiligt sind, für die Umsetzung gebraucht werden.

b) Planen von Pilots – also zuerst nur eine limitierte Implementierung der erarbeiteten Lösung, um Risiken und Aufwand zu minimieren und um nicht nur die Lösung zu verbessern, sondern auch die Umsetzung der Lösung in der Organisation. Dies ist auch eine Anwendung des Prinzips Iteration. Gezielte Auswahl der Pilotprojekte, beispielsweise aufgrund von Diversität, um möglichst reiches Feedback zu erhalten. Gezieltes Lernen von den Pilots, beispielsweise bezüglich Geschäftsresultaten, Praktikabilität der Lösung, Einführungsprozess, Akzeptanz der Beteiligten und des Umfeldes, Reflexion bezüglich Kultur des Unternehmens etc.

5. **Umsetzen**: Umsetzung in der Organisation durch die Organisation. Genug Zeit einplanen, da es um das Lernen von neuem Verhalten geht. Schaffen von Möglichkeiten, dass Teile der Organisation von anderen lernen können. Insbesondere „Train the Trainer" im Rahmen der Gestaltung sicherstellen, damit kompetente und akzeptierte Leute für die Umsetzung vorhanden sind.
6. **Verankern**: Überwachung und begleitende Maßnahmen planen, um sicherzustellen, dass die realisierte Lösung nachhaltig lebt, dass das neue Verhalten in Gewohnheit übergeht. Es braucht deshalb eine lange „Nachlaufphase", bevor das Veränderungsprojekt abgeschlossen werden kann.

Diese Prinzipien zeigen, dass ein Veränderungsvorhaben in einem sozialen System sehr unterschiedliche Geschwindigkeiten hat, einen sehr unterschiedlichen Rhythmus. Es gibt Bereiche, die langsam sein sollen, um beispielsweise die Mitarbeitenden für die Veränderung oder den nächsten Schritt zu gewinnen, und andere, wo Schnelligkeit wichtig ist, wie bei der Erzeugung der ersten sichtbaren Resultate.

Fallbeispiel Operational Excellence: *Umsetzung der Prinzipien*

Im Folgenden möchte ich am Fallbeispiel von Operational Excellence des Anlagenbauers für die Metallgewinnung aufzeigen, wie wir diese Prinzipien realisiert und das Vorhaben konsequent auf die Gestaltung eines sozialen Systems ausgerichtet haben. (A): Das Projektteam war identisch mit dem etablierten Leadership-Team, also von Anfang an dabei. (B): In der ersten Phase des Projektes haben wir mit der Organisation in Workshops detaillierte Analysen durchgeführt, um Verbesserungspotenzial auf der operativen Ebene wirklich zu verstehen, eine Vision für Operational Excellence zu entwickeln und somit gleichzeitig die Unterstützung für das Vorhaben durch die Organisation zu gewinnen (C, 1, 2). Basierend darauf, haben wir das Ziel, in diesem Fall eine verbesserte Marge über unser Projektportfolio, definiert (Prinzip D.a) und priorisiert, welche Praktiken wir zuerst adressieren, um dann nachher flexibel für weitere zu sein (D.b/c). Unter den ersten Praktiken haben wir bewusst auch einfachere und schnell implementierbare gewählt, um schnelle Erfolge zu erzielen (3). Für die definierten Praktiken, beispielsweise Risikomanagement, Project-Steering oder Projekteinkauf, haben wir für die Weiter- oder Neuentwicklung dieser Praktiken Projektteams mit den Experten und dem operativen Management aus der Organisation gebildet (4.a). Um schnell zu sein und eine positive Motivation zu erzeugen, haben wir diese Entwicklung in „Sprints" in mehrtägigen Workshops durchgeführt und direkt im Anschluss über die Implementierung entschieden. Falls positiv, gingen wir mit diesen Praktiken in die Pilotphase, d. h., diese Praktiken wurden in einigen wenigen Kundenprojekten eingesetzt – um von ihnen so viel wie möglich zu lernen (4.b). Die Pilotprojekte und nachher die Umsetzung in der ganzen Organisation wurden von den Leuten, die bereits in der Entwicklung dabei waren, betreut (5). Wir haben Messgrößen gebildet und erfasst, um zu sehen, ob diese Praktiken auch angewendet wurden und ob wir dabei wirklich unser Ziel, die Projektmarge zu verbessern, erfüllen, und weitere Maßnahmen getroffen, um die neuen Praktiken in der Organisation nachhaltig zu verankern (6).

***Praxistipp:** Elemente der Projektplanung*

Hier eine Übersicht über die klassischen Elemente der Projektplanung (vgl. auch PMI 2013), angewendet auf ein Veränderungsvorhaben:

- Übergeordneter Projektplan, der alle Aktivitäten integriert und koordiniert.
- Detaillierte Definition des Umfangs des Projektes und seiner Teilprojekte.
- Struktur von Teilprojekten und Arbeitspaketen; Runterbrechen des Projektes und seiner Ziele in einzelne Teilprojekte und Arbeitspakte, um das Projekt handhabbar zu machen. Neben den einzelnen Teilprojekten kann die Struktur auch andere Aufgabenbereiche beinhalten, die den unterschiedlichen Teilprojekten gemeinsam sind, wie Stakeholdermanagement, Kommunikation, Trainingsmaterial erstellen, Organisieren der Umsetzung etc.
- Aktivitäten der Teilprojekte und Arbeitspakte definieren inklusive ihrer Arbeitsergebnisse, um die definierten Ziele zu erreichen.
- Planung der Sequenz und Dauer von Aktivitäten.
- Planung der Ressourcen und Kosten zur Durchführung dieser Aktivitäten. Kritisch sind hier insbesondere die Ressourcen, die Sie in der Organisation binden, gerade in der Umsetzungsphase.
- Kommunikationsplan und Stakeholdermanagement (vgl. auch Kap. 4).
- Risiko/Chancen-Management: Die wesentlichen Risiken – aber auch Chancen – im Veränderungsvorhaben identifizieren und Maßnahmen planen, um das Eintreten und/oder die Auswirkung von diesen Risiken zu minimieren und um Chancen zu nutzen.
- Planung der Beschaffung von Dienstleistungen und Gütern, inklusive Freigabe für diese Ausgaben.

5.6 Die Kontrolle: Resultate sicherstellen

Durch die Kontrolle wird sichergestellt, dass das Projekt gemäß Plan verläuft und die gewünschten Resultate liefert. Kontrolle findet auf verschiedenen Ebenen statt, am umfangreichsten im Change-Team selbst, dann aber auch, wie in Kapitel 5.4 besprochen, im Steering-Team und durch spezielle Funktionen wie Finanzen & Kontrolle oder das Audit-Team. Zusätzlich empfehle ich, Review-Meetings mit dem Management der operativen Geschäftseinheiten durchzuführen, also den eigentlichen internen Kunden für die Veränderung, auch aus der Perspektive des Stakeholdermanagements.

Bestandteile eines umfassenden Projekt-Review durch das Change-Team:

Das kontinuierliche Kontrollieren des Projektfortschrittes ist eine der wichtigsten Aufgaben des Projektteams. Wie in Kapitel 3.5 beschrieben, zeichnet sich ein wirklich leistungsfähiges Team dadurch aus, dass jedes Teammitglied Verantwortung für das kollektive Resultat übernimmt. Der Review folgt dabei den Elementen der Planung:

- **Status Gesamtprojekt:** Überprüfen, ob das Gesamtprojekt bezüglich Arbeitseinsatz, Arbeitsresultat, Kosten und Timing im Projektplan ist.
- **Status einzelner Arbeitspakete:** Überprüfen, ob die Qualität des Erreichten, die aufgelaufenen Kosten und das Timing dieser Elemente in Übereinstimmung

mit dem Projektplan sind. Beispielsweise bei der Einführung neuer Einkaufspraktiken: Wie viel Prozent der Organisation wurden geschult, wie viel Prozent der Organisation wenden die neuen Praktiken auch täglich an? Sind Sie mit der Einführung dieser Praktiken im Kostenbudget und Zeitplan?

- **Projektvorausschau:** Schätzen Sie die zukünftige Entwicklung von Qualität, Kosten und Zeit versus Projektplan realistisch ab. Häufig verfallen Leute dem sogenannten „hockey stick", nämlich zu glauben, dass trotz negativer Abweichungen im Status am Projektende wieder alles im Plan ist.
- **Ziel/Resultat-Erreichung:** Überprüfen, ob mit den Projektaktivitäten auch die formulierten Ziele erreicht werden. Beispiel Einführung neuer Einkaufspraktiken: Werden tatsächlich mit diesen Praktiken die Projekteinsparungen erzielt, das On-Time-Delivery der Lieferanten verbessert, hält sich die Organisation an die Prozesse oder haben wir unkontrollierte Einkäufe? All diese Ziele müssen messbar im Projektauftrag definiert sein und hier überwacht werden.
- **Projektprozess:** Folgt die Arbeit im Projekt den unternehmensweit definierten und den zusätzlich im Projekt abgemachten Prinzipien und Regeln? Werden beispielsweise die Vorgaben des Project-Steering eingehalten, die nötigen Personen involviert, werden inhaltliche Entscheidungen adäquat gefällt und werden Beschaffungsprozesse eingehalten?
- **Risikomanagement:** Haben Sie die größten Risiken für Ihr Veränderungsvorhaben identifiziert und entsprechende Gegenmaßnahmen definiert? Überprüfen Sie, wie sich diese und andere Risiken entwickeln und ob die Gegenmaßnahmen implementiert wurden und effektiv sind. Denken Sie insbesondere auch an Risiken, die aus dem Verhalten wichtiger Stakeholder resultieren. Und machen Sie das Gleiche für die Chancen.
- **Feedback aus der Organisation:** Jedes Teammitglied sollte sich bemühen, regelmäßig Feedback über den aktuellen Zustand, insbesondere die Gemütslage der Organisation, zu erhalten, mit den Menschen im Arbeitsprozess zu sprechen und zuzuhören. Anschließend ist es wichtig, dieses Feedback ins Team zu bringen und hier gemeinsam zu reflektieren und, wenn nötig, Maßnahmen einzuleiten, auch im Bereich der Kommunikation (vgl. Kap. 4.5).
- **Stakeholdermanagement:** Review der Beziehung zu den wichtigsten Stakeholdern und Status diesbezüglicher Aktionen. Vgl. Kap. 4.4.
- **Reporting:** Besprechen und Verabschieden des Reportings für das Steering-Team und andere Adressaten. Die Arbeit am Reportingmaterial hilft, eine gemeinsame Sicht der Dinge zu entwickeln.
- **Entscheide fällen und Aktionen und Maßnahmen definieren**, insbesondere um Abweichungen gegenüber dem Plan zu adressieren. Diese Entscheide und Aktionen im Meeting dokumentieren und verabschieden, um eine gemeinsame Sicht der Dinge und Zustimmung zu den Entscheidungen und Aktionen zu fördern.
- **Reflexion** über das Review-Meeting und über das Verhalten des Change-Teams während des Meetings.

Fallbeispiel Operational Excellence: *Kontrolle nach Lean-Prinzipien*

Die vorausgehende Liste kann schnell den Eindruck einer Bürokratie entstehen lassen. Ich möchte am Fallbeispiel Operational Excellence aber zeigen, dass dem nicht so sein muss. Wir haben zu diesem Zweck Lean-Prinzipien (vgl. beispielsweise Liker, 2004, Womack,

2010) angewendet, insbesondere mit Visualisierung gearbeitet. Einerseits haben wir auf Ebene des Gesamtprogramms eine zwei Quadratmeter große Tafel montiert, wo wir die übergeordnete Unternehmenszielsetzung und die einzelnen Veränderungsprogramme dargestellt haben. Jedes Veränderungsprogramm wurde abgebildet mit einem Symbol, kurzer Beschreibung und Programmzielsetzung, einem groben Projektplan und in Rot-Gelb-Grün der Status der einzelnen Teilprojekte sowie die Business-Resultate dieser Programme, die ihrerseits wieder Teil des Unternehmensziels waren. Auf zwei Quadratmetern hatten wir somit einen wunderbaren Überblick über das gesamte Veränderungsvorhaben: Ob wir das Richtige tun (Business-Resultate erzielen) und ob wir es richtig tun (Projekt im Plan). Den gleichen Ansatz haben wir für die einzelnen Teilprojekte angewendet. Für die Durchführung der Workshops dieser Projekte hatten wir einen speziellen Raum eingerichtet, der auch für den Fortschritts-Review dieser Projekte genutzt wurde. Dazu brachten wir an der Wand eine große Tabelle an, wo jeder Verantwortliche den Status seines Projektes eintrug und mit Farben markierte, ob alles im grünen Bereich lag oder ob er Hilfe brauchte. Die Review-Meetings waren dann sehr kurz, da man sich gezielt auf die Abweichungen fokussieren konnte. Dieses visuelle Management, das vielfach in der Produktion eingesetzt wird, eignet sich auch hervorragend für das Management von Veränderungsvorhaben.

5.7 Zusammenfassung: Mit Projektmanagement und Governance die Veränderung auf Kurs halten

Veränderungsvorhaben sind Projekte, Projektmanagement ist ein wichtiges Instrument des Change Managements. Bei Veränderungsprojekten ist es wichtig, zu beachten, dass das Gestaltungsobjekt nicht wie bei den meisten Projekten ein technisches System ist, beispielsweise eine Maschine oder Anlage, sondern ein soziales System, nämlich die Menschen und ihr operatives Verhalten in einem Unternehmen. Dies macht einen wesentlichen Unterschied für die Anwendung der Projektmanagement-Methoden und das Vorgehen ist dementsprechend zu gestalten. Auch ein Veränderungsprojekt kann in die Phasen Initialisierung, Durchführung und Abschluss strukturiert werden. In der Initialisierung sind der Projektauftrag, das Zusammenstellen des Change-Teams und das Etablierung von Projekt-Governance und -Steering entscheidend. Die Durchführung kann wiederum in Planung, Umsetzung und Kontrolle unterteilt werden, die vertieft betrachtet werden. Dies bedeutet auch, die Menschen des Unternehmens mit ihren Gefühlen und ihrem Verhalten in den Mittelpunkt von Planung, Umsetzung und Kontrolle zu setzten, wobei Letzteres meint, jederzeit zu verstehen, wo Management und Mitarbeitende emotional bezüglich der Veränderung stehen. Projekt-Governance und Projektauftrag spielen für ein solches Projekt eine besonders wichtige Rolle, um dessen Ziel abzustimmen und es dann auch zu erreichen.

Checkliste Projektmanagement und Governance

Projektmanagement von Veränderungsvorhaben

- Ein Veränderungsvorhaben ist ein Projekt, die Projektmanagement-Methodik wird angewendet. Es wird aber auf die spezifischen Anforderungen an die Gestaltung eines sozialen Systems angepasst.
- Das Projektmanagement ist gerichtet auf ein klar definiertes Ziel (im Projektauftrag formuliert, vgl. unten) und zugleich flexibel und iterativ im Vorgehen.

- Das Projektmanagement ist schlank und effektiv. Es wird keine Bürokratie aufgebaut – insbesondere nicht, um potenziell fehlende Unterstützung durch die Organisation damit zu umgehen.

Initialisierung und Governance des Veränderungsvorhabens

- Eine Governance ist etabliert. Die Verantwortlichkeiten und Entscheidungskompetenzen innerhalb des Veränderungsvorhabens zwischen dem Change-Team, dem Steering-Team, der Organisation und weiteren Entscheidungsgremien sind definiert und basieren auf der übergeordneten Governance für das Unternehmen.
- Ein Steering-Team für das Veränderungsvorhaben ist bestimmt und tagt regelmäßig. Es autorisiert, überprüft und unterstützt das Change-Team. Es ist so zusammengesetzt und definiert, dass es schlank ist, alle relevanten Interessen vertritt und unternehmensweit gültige Entscheide fällen kann.
- Ein Projektauftrag, der das Veränderungsvorhaben definiert, ist erstellt und durch das Steering-Team autorisiert.

Durchführung des Veränderungsvorhabens; Planung, Umsetzung und Kontrolle

- Die Planung berücksichtigt die Menschen der Organisation so weit wie möglich von Anfang an in das Projekt einzubeziehen. Es wird der Organisation Zeit gegeben, um mit dem Veränderungsvorhaben vertraut zu werden und in allen Phasen gestaltend teilzuhaben.
- Gleichzeitig ist die Planung so, dass schnelle erste Resultate – „Quick Wins" – geliefert werden. Resultate, die für die Organisation emotional relevant sind.
- Das Vorgehen ist flexibel und iterativ, um über den Verlauf des Projektes zu lernen und es entsprechend anzupassen. Dabei sind das Bilden von einzelnen und überschaubaren Arbeitspaketen mit klaren und schnellen Resultaten und das Pilotieren von Lösungen wichtige Instrumente.
- Die Kontrolle bezieht sich nicht nur auf Projektfortschritt und Resultat, sondern beinhaltet auch, jederzeit zu verstehen, wo die Organisation – Management und Mitarbeitende – emotional bezüglich der Veränderung stehen.
- Es wird Zeit eingeplant, um das neue Verhalten zu festigen. Das Projekt kann erst abgeschlossen werden, wenn das neue Verhalten nicht nur trainiert und ein paarmal angewendet wurde, sondern in Form von neuen Gewohnheiten nachhaltig in der Organisation verankert ist.

Teil B: Vorgehensmodell des Change Managements

In Teil A des Buches wurden die Grundlagen des Change Managements erarbeitet, vgl. Abb. B. Insbesondere wird das Unternehmen als soziales System verstanden und dass Change Management das Verändern von Verhalten bewirkt (Kapitel 2). Dann wurden wichtige Komponenten und Instrumente des Change Managements besprochen, nämlich das Change-Team als die treibende Kraft der Veränderung (Kapitel 3), Stakeholdermanagement und Kommunikation, um die Menschen zu gewinnen (Kapitel 4), und wie Projektmanagement auf das Veränderungsvorhaben angewendet werden kann (Kapitel 5).

Mit den in Teil A erarbeiteten Grundlagen sind wir nun bereit für Teil B, das „Vorgehensmodell des Change Managements". Die in Teil A besprochenen Grundlagen und Instrumente werden nun in den einzelnen Phasen des Veränderungsvorhabens angewendet. Der Vorgehensprozess ist strukturiert in 6 Phasen, wobei jeder Phase im Folgenden ein Kapitel gewidmet ist: Diese sind: erstens mit dem „Anstoßen" das Klären des Handlungsbedarfes und die Motivation für die Veränderung zu wecken, zweitens mit „Ausrichten" gemeinsam eine attraktive Vision zu gestalten, gefolgt von „Fokussieren", dem Planen für frühe, relevante Erfolge, dann mit „ Gestalten" eine effektive Lösung und Verhalten zu erarbeiten, anschließend im „Umsetzen" das neue Verhalten unternehmensweit zu lernen und anzuwenden, und schlussendlich mit „Verankern" das neue Verhalten zu festigen und das Veränderungsmomentum weiterzuführen. Kapitel 12 schließt dann mit einer Zusammenfassung und einem Ausblick ab.

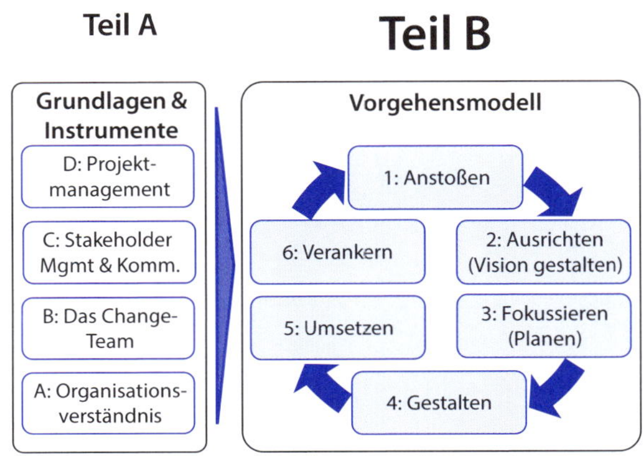

Abb. B: Vorgehensmodell des Change Managements

6 Anstoßen: Handlungsbedarf klären und Motivation wecken

6.1 Einleitung: Den Veränderungsprozess erfolgreich starten

Jeder erfolgreiche Veränderungsprozess beginnt mit dem Wecken der Motivation für diese Veränderung. Am Anfang steht ein Gefühl der Dringlichkeit, ein „sense of urgency“, ein „Ja, wir müssen etwas verändern“. Es ist ein Gefühl der Diskrepanz zwischen dem, was ist, und dem, was sein könnte, ohne dass bereits klar ist, wohin die Reise geht. Dabei genügt es nicht, wenn nur der CEO oder einige Schlüsselpersonen diese Einsicht haben. Damit ein Veränderungsvorhaben erfolgreich ist, muss die Organisation den Grund einsehen, sich zu verändern, das „Warum“ verstehen, die Motivation für die Veränderung geweckt sein. Arbeiten Sie darauf hin, dass eine kritische Masse im Unternehmen dieses Gefühl teilt. So legen Sie die Basis für ein erfolgreiches Veränderungsvorhaben, vgl. Abb. 6.1.

Fallbeispiel Organisationsgestaltung: *Veränderungsprozess erfolgreich starten*

Stellen Sie sich vor, Sie sind in einer schweren Rezession. Sie erkennen, dass Sie grundlegend etwas an ihrer Organisationsgestaltung, der Art und Weise, wie Sie global operieren, verändern müssen, um langfristig in einem zyklischen Markt erfolgreich zu sein. Genau in dieser Situation befanden wir uns im Fallbeispiel Organisationsgestaltung des Papiermaschinenherstellers: Obwohl vom Markt her klar war, dass wir in einer Rezession waren, war das Gefühl in der Organisation aber nach wie vor ein anderes; wir hatten großen Erfolg in den Vorjahren und dank eines guten Auftragsbestandes sehr viel Arbeit. Wir hatten über den verschlechterten Markt und den reduzierten Auftragseingang informiert, dies

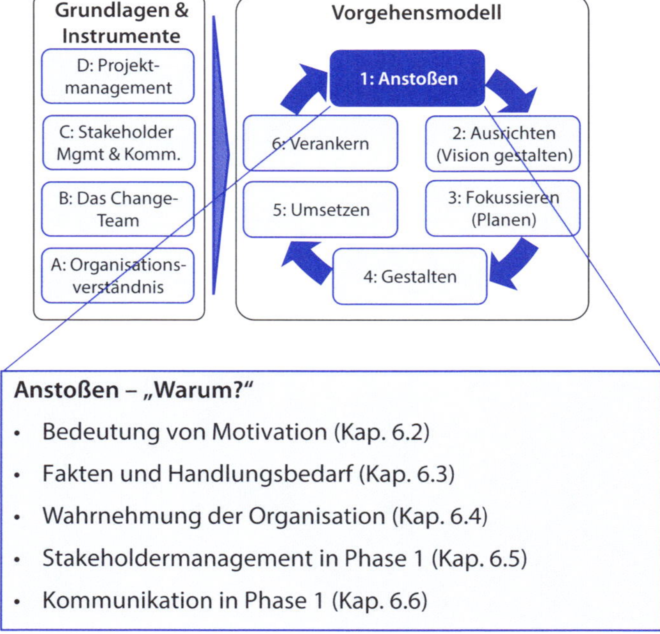

Abb. 6.1: Anstoßen – Handlungsbedarf klären und Motivation wecken

hatte aber die Wahrnehmung der Organisation nicht wesentlich beeinflusst. Trotz der Information hatten die Menschen nach wie vor das Gefühl, dass alles in Ordnung ist und kein Grund zur Veränderung besteht. Wie können Sie in dieser Situation die Bereitschaft für die Veränderung wecken? Wie können Sie Ihre Kommunikation gestalten, dass sie auch emotional ankommt? Wie können Sie die Betroffenen aktiv involvieren, um für sie die Situation konkret erlebbar zu machen? Wie entwickeln Sie ein Gefühl der Dringlichkeit? In der Phase des Anstoßen geht es darum, diese Diskrepanz für die Mitarbeitenden konkret erlebbar zu machen.

Typische Fehler am Anfang des Veränderungsprozesses vermeiden

Der Anfang eines jeden Veränderungsvorhabens ist voller Tücken. Typische Fehler, die in der Startphase passieren, sind:

- **Die Notwendigkeit, die Veränderungsmotivation zu wecken, ignorieren:** „Warum sollen wir Zeit und Geld investieren, um groß ein Bewusstsein und eine Motivation aufzubauen? Die Fakten sprechen für sich. Wir müssen kommunizieren, wie die Situation ist, und instruieren, was zu tun ist." – Dies funktioniert bei einfachen Änderungen – aber nicht bei komplexen Veränderungen, wenn von Menschen verlangt wird, ihr Verhalten zu ändern.
- **Mit der Vision beginnen:** Man beginnt direkt mit der Zukunft, dem nächsten Schritt. Dabei hat man die Situation gar nicht richtig analysiert oder vergisst, die Menschen da abzuholen, wo sie sind, und sie für die Veränderung zu motivieren. Der Vision fehlt das Fundament sowohl bezüglich des Verständnisses der heutigen Situation als auch der Fähigkeit der Organisation, die Vision anzunehmen.

- **Sich zu schnell zufriedengeben:** Der Versuch wird gemacht, die Motivation für die Veränderung zu wecken, die Betroffenen und ihre Emotionen von Anfang an einzubeziehen, man bleibt aber auf halbem Weg stehen. Hat man wirklich eine kritische Masse aller relevanten Segmente von Betroffenen – auf Management- und Mitarbeiterebene – erreicht? Hat man wirklich eine emotionale Bereitschaft zur Veränderung erreicht oder nur verbale Unterstützung erhalten?
- **Über Angst motivieren:** Häufig wird versucht, die Mitarbeitenden über Angst für die Veränderung zu motivieren, insbesondere durch die Verwendung einer „Burning Platform" – einer dramatischen Darstellung der Situation, in der man sich befindet. Angst ist wohl ein geeignetes Mittel, um Dringlichkeit zu erzeugen, sie ist aber ungeeignet, um Lösungen in sozialen Systemen zu entwickeln und umzusetzen.

Am Anfang wird die Organisation kaum von der Veränderung begeistert sein

Wie auch im erwähnten Fallbeispiel hat jedes soziale System die Tendenz, im Zustand bleiben zu wollen, in dem es ist. Menschen schätzen Veränderungen meist nicht, insbesondere wenn es ihre eigene Situation oder ihr eigenes Verhalten betrifft. Sie werden also mit Ablehnung konfrontiert sein, zum Beispiel mit folgender Art von Aussagen:

- „Ich habe wichtigere Prioritäten."
- „Es läuft doch alles wunderbar. Warum sollen wir das ändern? Warum kann nicht alles bleiben, wie es ist? Unsere Konkurrenz ist doch in der gleichen Situation. Unsere Kunden sind doch zufrieden. Wir machen doch genug Gewinn."
- „Zerstören wir mit der Veränderung nicht mehr, als sie uns nützen kann? Die Situation zu ändern bringt mehr Risiken als Nutzen."
- „Das kommt schon gut. Dazu müssen wir kein spezifisches Programm durchführen."
- „Ist jetzt wirklich der richtige Zeitpunkt, was zu ändern? Wir haben gerade sehr viel geändert, die Organisation braucht eine Pause, um das eben Eingeführte zu verdauen." Oder: „Wir haben schon zu viele Veränderungsprojekte am Laufen, wir können unseren Leuten nicht noch mehr zumuten."
- „Die Veränderung wäre zwar sinnvoll, wir haben aber nicht die Mittel und Fähigkeiten dazu."
- „Dafür brauchen wir kein Veränderungsprojekt. Ist doch klar, was gemacht werden muss. Wir müssen es nur implementieren."

Motivieren heißt emotionalen Handlungsbedarf wecken

Menschen verändern sich nur, wenn sie persönlich motiviert sind, sich zu verändern. Dazu sind die Menschen da abzuholen, wo sie sind, mit all ihren Ablehnungen und Fragen. Dabei genügt es nicht, nur Fakten und den Handlungsbedarf aufzuzeigen, sondern die Gefühle der Menschen müssen angesprochen werden, vgl. Kapitel 2.4. Reiter und Elefant müssen überzeugt werden:

- Der Einzelne hat einerseits die Fakten zu kennen, im erwähnten Fallbeispiel der reduzierte Auftragseingang und dessen Bedeutung für die zukünftige Profitabilität, andererseits auch den Handlungsbedarf zu verstehen – entweder als ein

zu lösendes Problem oder eine wahrzunehmende Chance. In diesem Beispiel entweder den Auftragseingang durch spezielle Maßnahmen zu erhöhen, beispielsweise verstärkte Verkaufsanstrengungen oder verbesserte Produkte, oder die Kapazität und Kostenstruktur an die neue Situation anzupassen.
- Diese Faktenlage und der Handlungsbedarf alleine genügen aber nicht. Der Einzelne muss sie für sich als relevant empfinden, es muss sein Herz, nicht nur sein Denken ansprechen. Nur so ist er motiviert, sich zu verändern. Schlussendlich ist es der Elefant, der entscheidet, wo es langgeht, und nicht der Reiter. Solche Themen in diesem Fallbeispiel sind insbesondere Arbeitsplatzsicherheit, aber auch Motivation, etwas Neues zu gestalten, mehr Einfluss zu gewinnen, Sicherung des sozialen Netzwerks etc. Insbesondere hat die Motivation für die Veränderung größer zu sein als die Trägheit der momentanen Situation oder allfällige Veränderungsbarrieren.

Projektauftrag und -Governance

Wichtig für das Veränderungsvorhaben, und auch um das Management-Commitment in dieser Phase zu erhalten, sind der Projektauftrag (vgl. Kap. 5.3) und das Etablieren der Projekt-Governance, insbesondere das Project-Steering (vgl. Kap. 5.4). Diese formelle Initialisierung des Veränderungsprojektes sollte in der Phase des „Anstoßens“ stattfinden. Es stellt sicher, dass die Geschäftsleitung und das Change-Team ein gemeinsames Verständnis vom Veränderungsvorhaben besitzen, und dies insbesondere, bevor weitere Schlüsselpersonen oder die Organisation als Ganzes involviert werden.

Das Change-Team formen

Wie in Kapitel 3 beschrieben, ist es wichtig, dass Sie so früh wie möglich im Veränderungsvorhaben das Change-Team formen, nämlich in dieser Phase – um dann mit diesem Team das weitere Vorgehen zu planen. Dies ist ein iteratives Vorgehen, da ja zuerst das Management überzeugt werden muss, um dieses Team zusammenstellen zu können. Die Diskussion und Verabschiedung des Projektauftrags hilft dabei, da dieser auch die Zusammenstellung des Teams beinhaltet.

Aufbau des Kapitels

Auf den folgenden Seiten werden nun die wesentlichsten Elemente beschrieben, um diese Motivation zur Veränderung zu wecken, vgl. auch Abb. 6.1. Als Erstes wird auf die Frage der Motivation zur Veränderung vertieft eingegangen, anschließend werden die einzelnen Vorgehensschritte beschrieben: die Fakten und den Handlungsbedarf zu klären, die Wahrnehmung der Organisation zur Veränderung zu verstehen, die Unterstützung von Managementschlüsselpersonen zu gewinnen und über Kommunikation die Veränderungsnotwendigkeit für die gesamte Organisation erfahrbar zu machen.

6.2 Die Bedeutung der Motivation in Bezug auf Veränderungen

Gefühle, nicht Informationen, führen zur Veränderung

Die zentrale Frage zu Beginn eines jeden Veränderungsprozesses ist, wie die Motivation der Menschen in der Organisation für diese Veränderung geweckt werden kann. Informationen alleine führen nicht zur Veränderung, zum Handeln, sondern nur Informationen, die Gefühle auslösen, vgl. Kap. 2.4. Es ist das Gleiche, wenn jemand mit dem Rauchen aufhören möchte – die Tatsache, dass Rauchen schädlich ist, ist jedem bekannt, bewirkt aber trotzdem nichts. Mit dem Rauchen aufzuhören ist nur dann erfolgreich, wenn starke unterstützende Emotionen im Spiel sind, wie beispielsweise bei einer werdenden Mutter, die ihr ungeborenes Kind nicht gefährden möchte. Es sind die Gefühle, nicht die Informationen, die motivieren und zum Handeln führen.

Warum die „Burning Platform" NICHT die gewünschten Resultate bringt

Sehr häufig wird die Motivation im Bereich der Angst gesucht. Man kreiert eine Krise, eine sogenannte „Burning Platform"; ein Begriff, der auf einen Brand auf einer Öl-Plattform in der Nordsee zurückgeht, wo die Betroffenen vor der Wahl standen, entweder auf der in Flammen stehenden Plattform zu verbrennen oder sich in die eiskalte, stürmische See zu stürzen und zu riskieren, zu erfrieren oder zu ertrinken. Häufig wird sogar geraten, diese Krise künstlich zu dramatisieren, wenn nicht sogar künstlich zu erzeugen. Es ist richtig, die Angst ist ein starker Motivator – aber Angst beeinträchtigt unser Denken und Handeln. Angst funktioniert, wenn die Lösung einfach ist: Sie treten auf die Straße, ein Auto rast heran, Sie erschrecken und machen einen Schritt zurück. Hier bringt Angst die gewünschte Reaktion, Denken ist nicht nötig, die Handlung ist einfach und offensichtlich. Veränderungen in einem Unternehmen sind aber ganz anderer Natur; die Lösung ist nicht bekannt und es braucht aktive Mitarbeit der Organisation. Die Angst erhöht zwar den Leidensdruck, gleichzeitig werden die Menschen aber auch gelähmt, Mitarbeiter bringen sich in Sicherheit, halten den Kopf tief. Oder die Menschen, insbesondere das Management, verfallen in Aktivismus als ein Versuch, mit diesem Gefühl umzugehen, und um zu zeigen, dass man Herr der Lage ist. All dies sind denkbar ungünstige Voraussetzungen für eine erfolgreiche positive Veränderung. Deshalb ist mit der „Burning Platform" sehr vorsichtig umzugehen, eher sollten die positiven Emotionen angesprochen werden; nicht „weg von", sondern „hin zu".

Die Veränderung verkleinern, nicht vergrößern

Neben der Burning Platform gibt es noch einen zweiten Fehler, der gerne im Change Management gemacht wird, nämlich die Veränderung als sehr groß darzustellen – „Wir brauchen etwas ganz Neues!", „Dies wird ein gewaltiger Schritt nach vorne sein" –, um damit die Menschen zu animieren, sich zu bewegen. Der Mensch, und insbesondere der Elefant im Menschen, mag aber Veränderungen nicht. Und je größer die Veränderung, desto größer der Widerstand dagegen. Die Motivation für die Veränderung wird erreicht, wenn die Veränderung nicht groß gemacht wird, sondern klein. Machen Sie kleine Schritte, zeigen Sie auf, welche Praktiken von dieser Veränderung bereits vorhanden sind und wo auf Bestehendes aufgebaut werden kann.

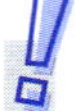

Fallbeispiel Organisationsgestaltung: *Positive Motivation finden*

Eine kritische Herausforderung, die wir im Fallbeispiel Organisationsgestaltung des Papiermaschinenunternehmens meistern mussten, war der Umgang mit der „Burning Platform". Einerseits war klar, dass wir mit der begründeten Angst des Stellenabbaus eine „Burning Platform" hatten, wir wollten aber auch eine positive Motivation für die Mitarbeitenden für die Veränderung unserer Organisationsgestaltung entwickeln. Und zwar nicht nur die rationale Seite, den Business Case für das Unternehmen, um neben der unmittelbaren Kostenreduktion auch positive langfristige Aspekte zu adressieren wie bessere Abwicklungsqualität und -profitabilität, Wissen sichern, Basis für kontinuierliches Lernen schaffen, sich für den nächsten Aufschwung wappnen etc. Sondern auch eine positive Motivation für die einzelnen Mitarbeitenden, z. B. Arbeitsplatzsicherheit, mehr Erfolg in der eigenen Arbeit und bessere Zusammenarbeit mit Kollegen in globalen Netzwerk.

Veränderungsbarrieren identifizieren und adressieren

Es gilt auch herauszufinden, welche Widerstände, welche emotionalen Barrieren einer Veränderung im Weg stehen, welche Kräfte die Organisation zurückhalten. Einerseits können Sie Widerstände gegen die Fakten und die Logik des Handlungsbedarfs der Veränderung erfahren. Andererseits ernten Sie Widerstand, wenn Sie keine Motivation für den Einzelnen finden und dieser durch die Veränderung aus seiner Sicht nur verliert, zum Beispiel Macht und Einfluss. Aber selbst wenn die Handlungslogik überzeugt und Motivation vorhanden ist, gibt es Kräfte, welche die Organisation zurückhalten können. Diese Barrieren sind beispielsweise:

- **Selbstzufriedenheit** aufgrund historischer Erfolge. Was früher zum Erfolg geführt hat, kann heute ein Problem sein. Hinterfragen Sie den früheren Erfolg – aber auf jeden Fall wertschätzend –, um herauszufinden, ob die richtigen Antworten auf die Situation von gestern die falschen für heute oder morgen sind.
- **Angst**, sich zu verändern, beispielsweise die Angst, inkompetent dazustehen, Angst vor Fehlern, die Resultate nicht mehr liefern zu können. Angst vor verändertem sozialem Umfeld. Hier ist wichtig, die Veränderung nicht größer erscheinen zu lassen, als sie ist, und in kleinen Schritten vorzugehen.
- **Trotz**. Man sieht den Veränderungsbedarf wohl ein, leistet aber Widerstand, weil man sich ungerecht behandelt fühlt. Zum Beispiel aufgrund falscher Symbole, falscher Kommunikation oder inkonsistenten Verhaltens des Unternehmens; wenn es zum Beispiel in einem Veränderungsvorhaben um Kostenreduktion geht, gleichzeitig die Unternehmenszentrale oder andere Einheiten als höchst verschwenderisch wahrgenommen werden. Verstehen Sie die Wurzel dieses Trotzes und finden Sie Wege, diese zu adressieren.
- Eine **Unternehmenskultur**, die der Veränderung nicht förderlich ist: Zum Beispiel interner Fokus, ein Management, das zu weit weg von der täglichen Realität ist, oder fehlende Leistungskultur. Um diese Barriere zu überwinden, müssen Sie umso mehr in diese Phase des „Anstoßens" investieren.

Finden Sie also die Motivation für die Veränderung – eine positive Motivation und nicht eine auf Angst aufbauende „Burning Platform" – und adressieren Sie die Veränderungsbarrieren. Im Folgenden werden die einzelnen Schritte behandelt, die notwendig sind, um diese Veränderungsmotivation aufzubauen.

6.3 Fakten und Handlungsbedarf klären

Die Situation analysieren – sich aber nicht in der Analyse verlieren

Am Anfang jeder Veränderung steht das Verstehen der Situation. Welche Fakten oder Erkenntnisse motivieren die Veränderung? Wie groß ist der Handlungsbedarf? Welches ist der erwartete Business Case? In dieser frühen Phase des Veränderungsprojektes geht es nicht darum, detaillierte Analysen durchzuführen, sondern die wichtigsten Fakten herauszuschälen, um den Handlungsbedarf zu erkennen. Vermeiden Sie also beide Extreme: so viel zu analysieren, dass Sie nie zur Veränderung kommen, oder sich blindlings ohne Analyse in die Veränderung zu stürzen.

Da die meisten Führungskräfte vertraut sind mit dem Erstellen von Analysen und Business Cases und es dazu auch sehr gute Literatur gibt, möchte ich mich hier auf jene Aspekte beschränken, die wichtig aus der Perspektive des Change Managements sind:

Zuerst die Feuer löschen – und dann die Situation nutzen, um langfristige Veränderungen zu initialisieren

Ihnen steht das Wasser bis zum Hals, Sie können den Kunden nicht beliefern. Die Krise ist da und jeder ist sich der Krise bewusst und motiviert, anzupacken. Wenn das Haus brennt, löschen Sie zuerst das Feuer und fangen Sie nicht mit detaillierten Analysen, Visionen und Strategien an. Die Leute haben weder Zeit, Geduld noch die Energie, sich damit in dieser Situation auseinanderzusetzen. Wenn Sie stattdessen die operativen Probleme lösen, beheben Sie nicht nur die Symptome, sondern analysieren auch die Ursachen und adressieren diese, um zuerst kurzfristige zukünftige Probleme zu verhindern. Mit der Zeit können Sie dann tiefer gehen, fundamentaler an diesen Lösungen arbeiten und somit in den Veränderungsprozess eintauchen. Dieser Ansatz verändert die Dynamik für das Change-Team fundamental zum Positiven. Anstelle selbst als Problem in einer kritischen Phase wahrgenommen zu werden, indem man die Leute nur von ihrer „richtigen" Arbeit abhält, wird man zu einer Ressource für diese Arbeit und gewinnt Vertrauen für das eigentliche Veränderungsvorhaben.

Veränderungsbereich definieren

Grenzen Sie den Veränderungsbereich ein. Betrifft die Veränderung das ganze Unternehmen oder nur Teile? Gibt es Dinge, bei denen jetzt schon klar ist, dass sie nicht verändert werden sollen? Diese zu benennen vermeidet Unruhe in Bereichen der Organisation, die nicht betroffen sind. Ebenfalls wichtig, um den Veränderungsbereich zu definieren, ist es, eine gemeinsame Sprache zu finden. Häufig ist man unterschiedlicher Meinung, weil man Begriffe unterschiedlich verwendet. Ziel ist, ein echtes gemeinsames Verständnis zu erreichen, was verändert werden soll und was nicht.

Sich mit anderen strategischen Vorhaben abstimmen

Häufig wird von der Organisation die Kritik geäußert, dass schon zu viele strategische Programme laufen – und meist ist diese Kritik nicht unberechtigt! Wenn es noch andere Programme gibt, klären Sie also ab, wo Sie Synergien nutzen können, in Konkurrenz stehen oder unabhängig sind. Sie können zum Beispiel in einer Konkurrenzsituation sein, wo die gleichen Mitarbeitenden betroffen sind oder wo Sie sonst auf gleiche Ressourcen zurückgreifen und Aufmerksamkeit brauchen. Kommunizieren Sie klar in den einzelnen Programmen, um die Organisation nicht zu verwirren, und zeigen Sie auf, wie all diese Programme zusammenpassen und ein gemeinsames großes Ziel verfolgen. Und wenn Sie zehn Veränderungsinitiativen haben, dann sollten Sie die zehntwichtigste vielleicht lieber sein lassen.

Im Fallbeispiel Einkaufstransformation lief parallel auch eine Transformation des Servicegeschäfts, wobei wir einige Synergien nutzen konnten: Die Service- und die Einkaufsorganisation waren beide für „ihr" Veränderungsprogramm voll motiviert und somit war es uns möglich, ein sehr gutes Momentum und gute Resultate im gemeinsamen Bereich, dem Einkauf im Service, zu erreichen. Zudem konnten die Change-Teams gegenseitig voneinander lernen, sich bezüglich der gemeinsamen Stakeholder austauschen und kritische Themen gemeinsam ansprechen.

Kundenperspektive einbeziehen

Ein wichtiger Bereich, der leider häufig in Veränderungsvorhaben verloren geht, ist die Kundenperspektive. Auch bei „internen" Veränderungsprojekten, zum Beispiel Organisationsveränderungen, sollte immer vom Endkunden ausgegangen und gefragt werden, wie diese Veränderungen zu seiner Zufriedenheit beitragen. Wie sieht die Kundenerfahrung aus? Welches sind die einzelnen Elemente der Kundeninteraktion? Wie beeinflusst die Veränderung diese Interaktionen? Die Kundensicht ist die beste Ausgangsbasis für jeden Veränderungsprozess.

Externe Perspektive: Konkurrenzvergleich und Benchmarking durchführen

Grundsätzlich gilt, in jedem Veränderungsprozess bewusst einen starken externen Fokus aufzubauen, um damit den häufig anzutreffenden internen Fokus zu überwinden. Neben der Kundenperspektive als der wichtigsten externen Perspektive sind Konkurrenzvergleich und Benchmarking wichtige Dimensionen. Hier können auch Berater eine wichtige Rolle übernehmen, um diese externe Sichtweise ins Unternehmen hineinzubringen.

Perspektive des internen Kunden

Helfen Sie der Organisation, die Realität auch intern aus einer anderen Perspektive zu sehen, am besten aus der Perspektive des internen Kunden. Diese zeigt die Konsequenz des eigenen Handelns, sie schließt die Feedbackschleife. Zeigen Sie die internen Prozessketten auf und insbesondere, was das Resultat eines Bereichs im nächsten verursacht. Beispielsweise Änderungsvorschläge aus der Produktion für das Engineering: Zeigen Sie auf, wie hoch die entsprechenden Opportunitätskosten sind und wie lange die Durchlaufzeiten für diese Änderungen sind.

Emotionalität der Fakten – Film und Objekte

Denken Sie bereits beim Erfassen der Fakten daran, wie Sie diese emotional kommunizieren können. Beispielsweise filmen Sie den Arbeitsablauf in einer Fabrik oder das Entstehen eines Produkts – auch eines immateriellen Produkts, z. B. die Entstehung der Produktinformation im Engineering. Oder filmen Sie Kundenfeedback. Diese Filme vermögen mehr als tausend Worte zu bewirken. Ein anderes Mittel, um die Fakten emotional zu kommunizieren, ist das Sammeln von Objekten. Mehr dazu später unter Kommunikation.

Fallbeispiel Einkaufstransformation: *Handlungsbedarf klären*

Das Unternehmen hatte bisher die Kundenprojekte für die Stromerzeugungsanlagen erfolgreich sehr dezentral abgewickelt, mit einer klaren Verantwortung der lokalen Teams, verstreut über den ganzen Globus. Eine globale Einkaufsdimension gab es nicht. Diese Organisationsform hatte zur Folge, dass kaum Einkaufssynergien zwischen den einzelnen Projekten, Standorten oder Produktlinien realisiert wurden oder die Lieferantenbasis proaktiv und global geführt wurde.

Seitens der Veränderungsinitiatoren war klar, dass aufgrund dieser Situation ein großes Verbesserungspotenzial vorhanden war. Wie aber kann die Organisation, auch das Management, überzeugt werden? Folgenden Ansatz haben wir gewählt:

- Transparenz über das globale Einkaufsvolumen gab es bis dahin nicht – diese herzustellen war ein erster wichtiger Schritt, um den Blickwinkel vom individuellen Projekt auf die Gesamtsituation des Unternehmens zu lenken. Wichtig war uns nicht nur, die Fakten zu ermitteln und die Situation zu verstehen, sondern auch, diese Situation der Organisation kommunizieren zu können.
- Vergleich mit Konkurrenz und verwandten Unternehmen mit der Absicht, der Organisation eine externe Perspektive zu offerieren. Wir haben dazu verschiedenste Dimensionen der Einkaufsleistung verglichen. Zusätzlich haben wir nicht nur gezeigt, wo wir heute sind, sondern auch, wo wir in fünf Jahren sein könnten.
- Zusammen mit unserem „Experten"-Team haben wir das langfristige Einsparungspotenzial im Einkaufsbereich entlang unterschiedlicher Dimensionen eingeschätzt. Das dabei entstandene Blasendiagramm gewann sehr hohe Prominenz, da es zu vielen Diskussionen führte, was auch unser Ziel war. Wir haben diese Abschätzung intern gemacht. Dies mit externen Beratern durchzuführen ist eine attraktive Alternative, um die Glaubwürdigkeit zu erhöhen und auch hier die externe Sichtweise einzuholen.

6.4 Die Wahrnehmung der Organisation verstehen

Die Leute abholen, wo sie sind

Es ist eine Sache, die Fakten und den Handlungsbedarf zu analysieren – aber eine ganz andere, wie die Menschen in der Organisation diese sehen. Wir konstruieren unsere eigene Realität, jeder Mensch lebt in seiner eigenen Welt (vgl. Kap. 2.3). Wo für die einen die Notwendigkeit für eine Veränderung offensichtlich ist, sehen das andere ganz anders. Und selbst wenn Leute die gleichen Informationen haben, heißt das noch lange nicht, dass sie zum gleichen Schluss kommen, wie groß der Handlungsbedarf ist und wie bereit der Einzelne für diese Veränderung ist. Diese eigene Realität definiert nicht nur unser Handeln, sondern zuerst auch unsere Wahrnehmung. Es sind die eigenen Wertvorstellungen, Erfahrungen und Interessen, die bestimmen, was wir wahrnehmen und was nicht. In jeder Veränderung muss man die Leute da abholen, wo sie sind; und das heißt zuerst verstehen, wo sie sind.

Die Motivation der Leute finden

Finden Sie also heraus, was einzelne Schlüsselpersonen oder Gruppen von Betroffenen motiviert. „What's in it for me", wie es treffend im Englischen heißt. Motivation kann prinzipiell in zwei Richtungen gehen. Entweder etwas Unangenehmes zu vermeiden („weg von") oder etwas Attraktives zu erreichen („hin zu"). Ersteres handelt um Angst, Letzteres um Wünsche. Im betrieblichen Umfeld gehören dazu Themen wie Arbeitsplatzverlust/-sicherheit, Einkommen, soziale Kontakte, soziale Anerkennung, Handlungsspielraum, Sinn der Arbeit, Selbstbild etc. Gerade das professionelle Selbstbild kann ein sehr guter Motivator sein – fast jeder im Unternehmen möchte stolz darauf sein, was er macht. Finden Sie heraus, was die Leute motiviert, und bauen Sie darauf auf.

Fallbeispiel Einkaufstransformation: *Die Wahrnehmung der Organisation verstehen – und verstehen, wie diese beeinflusst werden kann*

Bis dahin hatte das Unternehmen Einkauf nur aus der Perspektive des individuellen Kundenprojektes betrachtet. Bezüglich Einkaufskosten fokussierte man sich auf die Einhaltung des Projektbudgets; für Kostenreduktion über die Zeit oder das Realisieren von Synergien mit anderen Projekten gab es kaum Zeit, Praktiken und Ressourcen. Weiter stieß die Einkaufstransformation beim Projektmanagement auf Skepsis, da dieses gewohnt war, volle Kontrolle über den Einkauf in ihrem Projekt zu haben, und jetzt Kontrollverlust befürchtete.

Um die Wahrnehmung der Organisation vom einzelnen Projekt auf das Gesamtbild des Einkaufs zu lenken, haben wir in einem ersten Schritt die Transparenz über das globale Einkaufsvolumen hergestellt. Mit den neu sichtbaren globalen Einkaufsvolumina konnten wir erstens aufzeigen, wie stark wir im direkten Umfeld unserer Hauptzentren in Westeuropa einkauften und wie groß somit das Einsparungspotenzial durch globalen Einkauf war; zweitens, wie groß unsere Zahl der Lieferanten war beziehungsweise wie klein und unbedeutend unser Volumen für die meisten Lieferanten; und drittens, wie gering die Einkaufssynergien zwischen den einzelnen Projekten, Standorten und Produktlinien waren. Mit diesen neuen Fakten begann sich die Perspektive der Betroffenen zu verändern.

Von Anfang an war somit klar, dass der globale Einkauf, insbesondere in China, eine wichtige Rolle in der Einkaufstransformation spielen wird. Umgekehrt gab es bereits negative Geschichten, was schon alles beim Einkauf in China falsch gelaufen war. Jeder erinnerte sich aber nur an die schlechten Beispiele und nicht an die positiven. Wir haben diese Erfahrungen – positive und negative – gesammelt, analysiert und kommuniziert. Es war wichtig, anzuerkennen, dass wir als Unternehmen diese Probleme hatten, aber gleichzeitig auch aufzeigten, dass wir häufig sehr erfolgreich waren und dass wir aus alten Fehlern lernen. In einer späteren Phase haben wir ein Video mit einem Kunden gemacht, der voll des Lobes für unsere Lieferung aus China war. Dieses Video war überzeugender als jegliche logische Argumentation.

Als Change-Team die Geschichte des Unternehmens verstehen

Schätzen Sie die Vergangenheit des Unternehmens wert. Wie hat sie die Kultur geprägt? Was hat sie zum Erfolg gebracht? Antworten auf diese Fragen sind wichtig, nicht nur, um die Situation zu verstehen, sondern auch, um diese Wertschätzung den Mitarbeitern entgegenzubringen. Dadurch helfen Sie wesentlich mit, Vertrauen aufzubauen.

Als Change-Team sich seiner eigenen konstruierten Realität bewusst sein – Widerstände als Chance sehen

Die Wahrnehmung der Organisation zu verstehen heißt im Umkehrschluss aber auch, sich der Relativität seiner eigenen Wahrnehmung bewusst zu sein, vgl auch Kap. 2.3 „Konstruierte Realität" und Kap. 3.4 „Grundhaltung im Change-Team". Gerade im Change-Team ist es wichtig, skeptisch gegenüber der eigenen Wahrnehmung zu sein. Häufig hat man eine starke Meinung, was alles verändert werden muss, und honoriert nicht, was funktioniert oder wie groß die Ängste der Mitmenschen bezüglich der Veränderung sind; Ängste, die nicht nur die eigene Person betreffen, sondern auch solche aufgrund der tiefen Überzeugung, was wichtig und richtig für das Unternehmen ist. Geben Sie also sich selbst und Ihrem Change-Team Zeit, die eigene Wahrnehmung zu reflektieren. Suchen Sie und Ihr Change-Team die Diskussion mit möglichst diversen Personen im Unternehmen und mit Kunden, um ihre wahrgenommene Realität zu verstehen. Sehen Sie dabei Widerstände gegen die Veränderung – wie sie zum Beispiel durch die erwähnten Fragen und Einwände ausgedrückt werden – also als Chance. Als Chance, ihr Verständnis der Situation zu verfeinern und Ihr Vorgehen, wenn nötig, entsprechend anzupassen. Deshalb ist die Beteiligung von vielen und diversen Leuten so wichtig; verschiedene Funktionen, verschiedene Standorte, verschiedene Hierarchieebenen, externe Kunden, Analysten, Lieferanten und andere Stakeholder.

6.5 Stakeholdermanagement: Das Management und betroffene Schlüsselpersonen gewinnen

In den vorhergehenden Seiten ging es darum, den Handlungsbedarf zu klären und die Wahrnehmung der Organisation zu verstehen. Jetzt geht es konkret darum, die Motivation der Leute für die Veränderung zu wecken. Dabei liegt zuerst der Fokus auf Management und operativen Schlüsselleuten. Es geht noch nicht darum, eine konkrete Vision zu entwickeln, das kommt später, sondern darum, die Diskrepanz zwischen dem, was ist, und dem, was sein könnte, emotional erfahrbar zu machen und den Wunsch wachsen zu lassen, diese Diskrepanz aufzulösen. Um das Management und die Schlüsselpersonen zu gewinnen, ist das Stakeholdermanagement, wie in Kapitel 4.4 beschrieben, ein zentrales Instrument.

Früher Einbezug von Management und Schlüsselleuten

Mangelnde Unterstützung von Management und Schlüsselleuten in der Anfangsphase von Veränderungen ist eine wichtige Ursache, dass Veränderungsvorhaben scheitern. Die Fakten und der Handlungsbedarf wurden zwar erkannt und verarbeitet, aber in einem zu kleinen Kreis, ohne kritische Schlüsselleute – insbesondere Topmanagement und operatives Management – zu involvieren und zu überzeugen. Ziehen Sie deshalb die wichtigsten Betroffenen von Anfang an in Ihr Veränderungsvorhaben ein.

Das „Management-Commitment" gewinnen

Das Management ist die wichtigste Stakeholdergruppe für jedes größere Veränderungsvorhaben. Das ist jeweils das Management der von der Veränderung beeinflussten Organisation – bei größeren Veränderungen ist das praktisch immer die Geschäftsleitung. Diese Wichtigkeit kommt nicht von einem falschen Hierarchiedenken, sondern schlicht vom enormen Einfluss, den das Management auf Veränderungen hat – auch im negativen Fall, wenn beispielsweise ein Geschäftsleitungsmitglied aktiv das Vorhaben torpediert. So wie die Organisation im Allgemeinen für die Veränderung vorzubereiten ist, so ist dies umso mehr für das Management zu tun; finden Sie heraus, wie jeder Einzelne der Geschäftsleitung zur Veränderung steht und welche Motivation sich wecken lässt, damit er die geplante Veränderung unterstützt. Was ist das „What's in it for me" für jeden Einzelnen? Wie lauten seine Interessen, seine Ängste und Wünsche? Vergleichen Sie dazu auch Kapitel 4.4 „Stakeholdermanagement".

Neben dem individuellen Überzeugen spielt das Funktionieren der Geschäftsleitung als Team eine wichtige Rolle. Herrscht im Topmanagement ein Klima des Vertrauens und werden Konflikte offen innerhalb des Teams adressiert? Werden einmal gefällte Entscheide von jedem Einzelnen umgesetzt und einheitlich in die Organisation kommuniziert? Ist der Change-Leader selbst Teil der Geschäftsleitung und kann er sie so direkt beeinflussen? Oder ist er auf einen Change-Sponsor im Topmanagement angewiesen? All diese Faktoren sind entscheidend, um das „Management-Commitment" zu gewinnen. Geben Sie sich nicht zufrieden mit Lippenbekenntnissen, sondern erst dann, wenn Sie wirklich eine aktive Zustimmung des Managements haben, die Gewissheit, dass sich die Einzelnen an diese Zustimmung halten und Sie die Plattform haben, auftretende Konflikte zu adressieren. All dies brauchen Sie bereits in den frühesten Phasen der Veränderung; Sie brauchen ein Management, das eine aktive, unterstützende Rolle in der Veränderung einnimmt, und zwar schon zu Beginn der Veränderung.

Fallbeispiel Einkaufstransformation: *Unterschiedliche Motivation der Betroffenen*

Die Motivation für die Veränderung der Einkaufstätigkeiten beim Stromerzeugungsanlagenbauer war sehr unterschiedlich von einer Betroffenengruppe zur anderen. In der Einkaufsorganisation war die Motivation sehr hoch, da sie eine professionelle Entwicklung darstellte und auch eine aktivere Rolle im Unternehmen versprach. Hier war mehr die Fähigkeit als die Motivation die Herausforderung. Anders lag zum Beispiel die Situation beim Projektmanagement, das anfangs recht kritisch eingestellt war. Umgekehrt gab es aber auch hier klare Ansatzpunkte für eine positive Motivation. Für die Projektmanager ist die Lieferperformance in ihrem Projekt der entscheidende Faktor: eine Ablieferung der bestellten Waren und Dienstleistungen zur richtigen Zeit und in der gewünschten Qualität – und zwar für jede einzelne Lieferung. Um die Projektmanager zu überzeugen, mussten wir in der Einkaufstransformation glaubwürdig darstellen, wie wir diese Lieferperformance zuverlässig erhöhen, sie dann auch tatsächlich erreichen.

Betroffene Schlüsselpersonen in die Analyse einbeziehen

Ziehen Sie die betroffenen operativen Schlüsselpersonen – Experten wie mittleres Management – so weit wie möglich in die Situationsanalyse mit ein. Einerseits kann die Analyse der operativen Situation nur sinnvoll unter Einbezug der Leute erstellt werden, die in dieser Situation arbeiten. Andererseits schaffen Sie Veränderungsbereitschaft durch diese frühe Beteiligung der Betroffenen. Nutzen Sie auch die im Eingang dieses Kapitels erwähnten Aussagen mit Bedenken gegenüber der Veränderung als eine Chance. Denn die Wahrnehmung der Betroffenen ist sehr wohl korrekt – aus der Perspektive dieser Betroffenen. Umso wichtiger ist in dieser Anfangsphase der Dialog mit den Schlüsselpersonen – nicht nur, um sie von der Veränderung zu überzeugen, sondern auch, um selbst zuzuhören und zu lernen und, wo nötig, das Veränderungsvorhaben anzupassen.

Interne Kunden einbeziehen

Die internen Kunden sind das wichtigste Segment der Betroffenen, schlussendlich sollten sie von der Veränderung profitieren. Nehmen wir das Fallbeispiel der Einkaufstransformation; es war relativ einfach, die Schlüsselleute der Einkaufsorganisation für die Transformation zu gewinnen, aber viel schwieriger, die internen Kunden, z. B. das Projektmanagement, vom Nutzen der Veränderung zu überzeugen. Der Dialog mit den internen Kunden ist auch deshalb wichtig, da sie die Verbindung zum externen Kunden darstellen und somit die gesamte Kette bis zum Endkunden in der Veränderung berücksichtigt wird.

Die frische Perspektive neuer Leute nutzen

Nutzen Sie Leute, die neu in der Organisation sind – sie sind noch nicht betriebsblind. Sie identifizieren sich noch nicht mit der bestehenden Situation, verteidigen sie deshalb nicht und sie kennen die Welt außerhalb des Unternehmens. Sie sind eher motiviert, Veränderungen nicht nur zu akzeptieren, sondern auch aktiv vorwärtszutreiben. Dies ist auch ein Grund, warum große Veränderungen häufig nur mit neuer Leadership möglich sind.

Fallbeispiel Operational Excellence: *Betroffene in die Analyse einbeziehen*

Das Veränderungsprogramm Operational Excellence im Bereich der Projektabwicklung für die Metallgewinnungsanlagen wurde angestoßen, da wir eine Erosion der Gewinnmarge über den Verlauf einer zu großen Anzahl von Projekten festgestellt haben. Aufgrund der bestehenden Prozesse und Systeme waren wir aber nicht in der Lage, die Ursache dieser Erosion direkt zu erkennen. In dieser ersten Phase des „Anstoßens" ging es also darum, die Organisation für dieses Problem zu sensibilisieren und die Ursachen für diese Gewinnerosion zu verstehen. Aufgrund erster Gespräche mit den Betroffenen waren wir überzeugt, dass das Wissen, was falsch läuft und wie wir uns verbessern können, zu einem großen Teil bereits in der Organisation vorhanden war. Unser Ansatz war dann, gemeinsam mit einem externen Partner sehr viele Leute unserer Organisation global zu involvieren, sie zu befragen und in Workshops die Ursachen für die unbefriedigende Gewinnentwicklung zu analysieren sowie mögliche Lösungsansätze aufzuzeigen. Dabei konnten wir direkt positive Gefühle der Mitarbeiter ansprechen, insbesondere ihren Berufsstolz; einerseits hat das Management gezeigt, dass es ihm wichtig ist, wie die Leute ihre tägliche Arbeit abwickeln, andererseits wurden sie gefragt, was sie besser machen würden. Dieses Involvieren hat eine hervorragende Basis für die weitere Transformationsreise gelegt. Es erzeugte nicht nur eine passive Bereitschaft, sondern eine echte, aktive Motivation für das Veränderungsvorhaben. Gleichzeitig konnte das Change-Team Leute identifizieren, die dann in den weiteren Phasen Schlüsselrollen übernehmen konnten.

6.6 Kommunikation: Veränderungsnotwendigkeit emotional erfahrbar machen

Neben dem Gewinnen des Managements und dem Involvieren der betroffenen Schlüsselpersonen muss durch Kommunikation die gesamte Organisation auf die Veränderung vorbereitet werden. In dieser Phase geht es insbesondere um das „Warum" der Veränderung. Bei diesem „Warum" sind wiederum nicht nur die Fakten entscheidend, sondern insbesondere die Motivation des Einzelnen, sich zu verändern. Das kann nicht durch trockene PowerPoints und Statistiken erreicht werden, sondern nur durch eine Kommunikation, die das Herz anspricht, vgl. dazu auch Kapitel 4.5 Kommunikation im Teil A. Oder um es in den Worten von Saint-Exupéry auszudrücken: „Wenn du ein Schiff bauen willst, dann rufe nicht die Menschen zusammen, um Holz zu sammeln, Aufgaben zu verteilen und die Arbeit einzuteilen, sondern lehre sie die Sehnsucht nach dem großen, weiten Meer."

Die Menschen hinter den Fakten zeigen

Anstatt Kundenzufriedenheitsstatistiken und PowerPoints zu verwenden, laden Sie einen unzufriedenen Kunden ein. Oder produzieren Sie ein Video des unzufriedenen Kunden und zeigen Sie es den Mitarbeitern. Wenden Sie das gleiche Prinzip für unzufriedene Shareholder oder Lieferanten an. Oder zeigen Sie einen Film über ihren Arbeitsprozess und die Mitarbeiter darin, wo Schwachstellen direkt erlebbar werden. Zeigen Sie die Menschen hinter den Fakten.

Objekte, Symbole und Bilder verwenden – Beispiel Handschuh-Schrein

Machen Sie die Veränderungsnotwendigkeit emotional „fassbar" – durch entsprechende Objekte, Bilder und Symbole. Hier möchte ich auf ein bekanntes Beispiel zurückgreifen, das mehrfach in der Literatur zitiert wird (z. B. in Kotter, The Heart of Change) und das hier perfekt passt. Jon Stegner hatte die Aufgabe, eine Transformation im Einkauf eines globalen Unternehmens mit vielen Produktionsstandorten zu leiten. Dabei stand auch er vor der Herausforderung, wie er die Veränderungsbereitschaft erzeugen konnte. Und er hatte eine ausgezeichnete Idee: Er ließ eine Liste aller Arten von Arbeitshandschuhen an jedem Standort mit ihren Preisen erstellen. Es waren 424 Paar Handschuhe mit den unterschiedlichsten Preisen für identische Handschuhe an verschiedenen Standorten. Er ließ dann je ein Exemplar der an einem Standort verwendeten Handschuhe einsammeln, versehen mit dem entsprechenden Preiszettel und Standort. Daraufhin platzierte er den ganzen Haufen mit Hunderten von Handschuhen auf dem Sitzungstisch des Topmanagements. Das Management war schockiert. Mit dieser Tat machte er den Missstand für das Management – und später auch für weitere Betroffene – emotional erfassbar und konnte so die Organisation für die Notwendigkeit der Veränderung im Einkauf überzeugen.

Praxistipps zur Kommunikation

Hier zusammenfassend einige praktische Ratschläge, die Kommunikation zu gestalten:

- Weniger PowerPoints und Statistiken.
- Verwenden von Videos, um Aussagen von Kunden und Mitarbeitern oder den momentanen Prozess zu visualisieren.
- Objekte verwenden, die man berühren und erleben kann. Beispiel Handschuh-Schrein.
- Die emotionale Seite von Fakten finden, z. B. nicht einfach 1 Mio. Euro Einkaufseinsparungen, sondern beispielsweise wie viele Arbeitsplätze damit gerettet werden können.
- Personen außerhalb des Unternehmens einbeziehen, am besten Kunden, die zeigen, dass Veränderung notwendig ist, in Person oder via Video. Kunden zu internen Management-Meetings einladen (das Gleiche gilt auch intern, z. B. interne Kunden ins Change-Team-Meeting einzuladen). Auch externe Experten beiziehen, um eine neue Perspektive zu geben.
- Symbolische Aktionen: z. B. Parkplatzordnung, Büroordnung. Das Umfeld zu ändern macht abstrakte Veränderung erlebbar.
- Möglichst viele Leute ansprechen und einbeziehen.
- Gruppendynamik positiv nutzen, z. B. durch entsprechende Gestaltung von Workshops.
- Management-Events und andere Kommunikationsplattformen im Unternehmen nutzen, um Aufmerksamkeit sicherzustellen.

Feedback über die Veränderungsbereitschaft einsammeln, Pulse Survey

Einer der größten Fehler im Veränderungsprozess ist die Annahme, dass die Organisation bereits genug Bewusstsein für die Notwendigkeit der Veränderung entwickelt hat, wenn dem noch nicht so ist. Wie wissen Sie also, dass Sie Veränderungsbereitschaft tatsächlich erreicht haben? Sie brauchen das Feedback der Organisation dazu. Hierzu genügen einige wenige Fragen. In dieser ersten Phase der Veränderung können dies beispielsweise, angewendet auf das Fallbeispiel Einkaufstransformation, sein: „Gibt es im Einkauf ungenutzte Synergien zwischen Projekten, Standorten und Produktlinien?", „Lohnt es sich, diese Synergien zu realisieren?", „Sehen Sie mögliche Veränderungen in diesem Bereich positiv für Ihre eigene Arbeit?", „Sind Sie persönlich motiviert, diese Veränderungen aktiv mitzugestalten?". Die Art der Fragestellung hängt natürlich auch von der Unternehmenskultur ab, ebenso der Erfolg dieser Methode, ob z. B. die Fragen – auch wenn sie anonym sind – ehrlich beantwortet werden. Umgekehrt ist meine Erfahrung, dass Menschen es schätzen, wenn sie um ihre Meinung gefragt werden und man zeigt, dass ihre Antworten auch Einfluss haben. Eine geeignete Methode, um diese Fragen zu stellen, sind Pulse Surveys, Kurzumfragen mit einigen ganz wenigen Fragen, für die es entsprechende Internet-Tools gibt. Anstatt Pulse Surveys können Sie natürlich die gleichen Fragen mit anderen Mitteln adressieren. Quantitative Methoden haben dabei den klaren Vorteil, dass Sie das Feedback auch wirklich messen können. Das hilft Ihnen, klar fokussiert auf die gewünschten Resultate der entsprechenden Phase zu sein.

6.7 Zusammenfassung: Handlungsbedarf klären und Motivation wecken

Am Anfang jedes Veränderungsvorhabens steht eine Dissonanz zwischen dem, was ist, und dem, was sein könnte – kombiniert mit einem Gefühl der Dringlichkeit, diese Dissonanz aufzulösen. Es hat sich eine neue Situation entwickelt oder die Sicht auf die Situation hat sich verändert. Um diese Situation zu verändern – sei es im Bereich Strategie, Organisation, Prozesse oder Kultur –, müssen schlussendlich immer Menschen ihr Verhalten in spezifischen Situationen verändern. Deswegen genügt es nicht, wenn nur die Change-Initiatoren oder der CEO diese Veränderungsnotwendigkeit erkennen. Die Organisation muss bereits in dieser Anfangsphase für das Veränderungsvorhaben vorbereitet und gewonnen werden. Insbesondere sind wichtige Betroffene – namentlich das Management und andere Schlüsselleute – nicht nur von der rationalen Notwendigkeit der Veränderung zu überzeugen, sondern es sind auch ihre Gefühle anzusprechen und ihre emotionale Handlungsmotivation zu wecken.

Diese Motivation für die Veränderung zu wecken geschieht am besten durch ein konsequentes Einbeziehen von diesen Schlüsselleuten von Anfang an: Erstens, um gemeinsam die Situation – die Fakten und den Handlungsbedarf – zu klären. Zweitens, um zu verstehen, welches die Wahrnehmung der Menschen in der Organisation zur Veränderung ist. Drittens, um gezielt auf diese Menschen einzugehen, ihre Motivation zu finden und die Unterstützung von Management und anderen Schlüsselleuten zu gewinnen. Und viertens, um durch Kommunikation die Veränderungsnotwendigkeit für die gesamte Organisation emotional erfahrbar zu machen. Mit diesem Vorgehen können Sie die Bereitschaft und Motivation für die Veränderung wecken und Ihr Veränderungsvorhaben erfolgreich starten.

***Checkliste:** Handlungsbedarf klären und Motivation wecken*

Fakten, Handlungsbedarf und Kontext klären

- Die wichtigsten Fakten und der Handlungsbedarf sind geklärt, Sie haben einen starken Business Case. Sie haben auch berücksichtigt, was die geplante Veränderung Ihren internen und externen Kunden bringt.
- Abhängigkeiten von anderen Veränderungen oder strategischen Aktivitäten im Unternehmen sind geklärt und adressiert.

Wahrnehmung und Motivation der Organisation verstehen und beeinflussen

- Sie haben die Wahrnehmung der Organisation zum Veränderungsvorhaben verstanden – insbesondere des Managements und wichtiger Betroffenengruppen.
- Sie haben identifiziert, wie sich die unterschiedlichen Stakeholder der Organisation für die Veränderung motivieren lassen – insbesondere das Management und wichtige Betroffenengruppen.
- Sie bauen die Motivation für die Veränderung nicht auf der „Burning Platform" auf. Sie arbeiten vorwiegend mit positiver Motivation.
- Barrieren, welche die Veränderung behindern, sind erkannt und adressiert.

Management-Commitment und betroffene Schlüsselleute involvieren

- Das Management ist involviert und emotional überzeugt. Sie haben die explizite Unterstützung des Managementteams und nicht nur schweigende oder verbale Akzeptanz. Versteckten Widerstand haben Sie identifiziert und adressiert.
- Sie haben ein Stakeholdermanagement (vgl. Kap. 4.4) etabliert.
- Betroffene operative Schlüsselleute sind involviert, zum Beispiel in der Situationsanalyse.
- Sie haben von wichtigen operativen Schlüsselleuten die Unterstützung für die Veränderung. Sie verlassen sich nicht auf einen Top-down-Approach.

Kommunikation und Vorbereitung der Gesamtorganisation für die Veränderung

- Ihre Kommunikationsaktivitäten sind zielgerichtet, um Veränderungsbereitschaft zu erzeugen – Sie adressieren das „Warum", den Handlungsbedarf und die Handlungsmotivation für den Einzelnen.
- Sie kommunizieren emotional; Sie personifizieren, Sie zeigen, wie andere Menschen (auch externe, z. B. Kunden) die Situation erleben, und setzen Video und Objekte ein.
- Durch Feedback von der Organisation, z. B. mit Pulse Survey, haben Sie validiert, dass Sie Veränderungsbereitschaft tatsächlich erreicht haben.

Programmmanagement

- Sie haben das Veränderungsvorhaben formell initialisiert (vgl. Kapitel 5.2): Sie haben insbesondere den Projektauftrag (vgl. Kap. 5.3), Projekt-Governance und -Steering (vgl. Kap. 5.4) etabliert.
- Sie haben das Change-Team gebildet (vgl. Kap. 3.2) und beginnen, es zu formen (vgl. Kap. 3.3 ff.).
- Sie halten in der Vorgehensplanung die Reihenfolge ein: Sie stellen zuerst sicher, dass Veränderungsbereitschaft vorhanden ist, bevor Sie die Vision oder gar Implementierungspläne entwickeln und kommunizieren.
- Selbstwahrnehmung: Sie, die Veränderungsinitiatoren und das Change-Team haben ihre Wahrnehmung und das Veränderungsvorhaben aufgrund des Feedbacks und der Erkenntnisse dieser Phase kritisch reflektiert und, wo nötig, angepasst.

7 Ausrichten: Gemeinsam eine attraktive Vision erzeugen

7.1 Einleitung: Ein lebendiges Bild, wohin die Reise geht

Der Handlungsbedarf ist erkannt, die Motivation ist geweckt. Jetzt geht es darum, die Orientierung zu erarbeiten, wohin die Veränderung geht und dass es sich lohnt, auf diese Reise zu gehen. Auch hier genügt es nicht, wenn das Ziel der Reise nur rational Sinn macht, sondern es muss auch emotional überzeugen. Es ist die Aufgabe der Vision der Veränderung, diese Orientierung zu vermitteln. Mit dem Anstoßen der vorausgehenden Phase wurde die Veränderungsbereitschaft geschaffen, mit dem Ausrichten wird nun mit der Vision ein gemeinsames Ziel definiert, das dann die Basis für die Planung in der nächsten Phase ist, vgl. Abb. 7.1. Die Vision muss natürlich vom Management getragen werden, aber auch hier gilt, die Mitarbeitenden so weit wie möglich in ihre Erarbeitung einzubeziehen und dann die Vision überzeugend in der breiten Organisation zu kommunizieren.

Einstiegsbeispiel – *was schiefgehen kann*

Im Rahmen einer Reorganisation geht es darum, die Verantwortlichkeiten von einzelnen Rollen innerhalb der Organisation über alle Tätigkeitsbereiche hinweg zu definieren. Die Organisation stürzt sich mit großem Engagement in diese Arbeit. Insbesondere weil praktisch jeder das Interesse verfolgt, seine Funktion möglichst machtvoll abgebildet wiederzufinden. Das Resultat ist eine riesige Bürokratie mit einem Ordner voll von Verantwortlichkeitsmatrizen. Was läuft hier schief? Die Vision für diese Reorganisation ist für die Beteiligten nicht klar, nämlich die Entscheidungsprozesse schneller und einfacher zu machen. Das Gegenteil davon ist das Resultat.

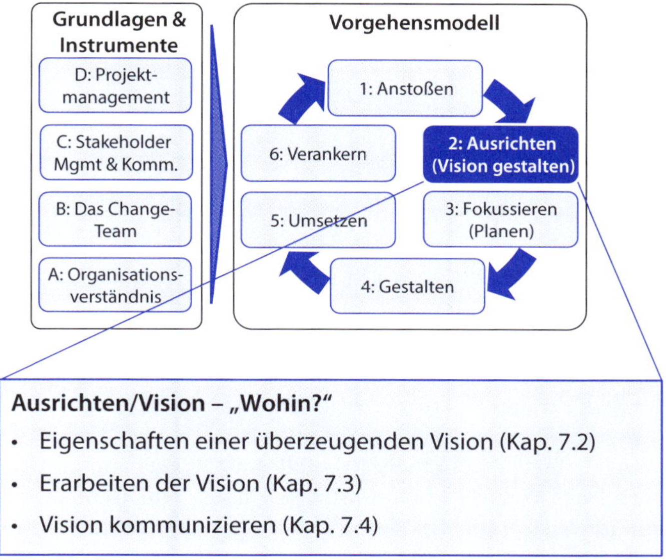

Abb. 7.1: Ausrichten – Gemeinsam eine attraktive Vision erzeugen

Typische Fehler

Vermeiden Sie folgende typische Fehler in dieser Phase:

- Die Organisation sieht die Notwendigkeit für eine Veränderung gar nicht ein, Sie erwischen sie auf dem falschen Fuß, sie ist nicht dafür vorbereitet. Dies bedeutet, Sie haben in der vorausgehenden Phase nicht die emotionale Basis für die Veränderung geschaffen.
- Fehlende Involvierung: Kreieren der Vision im kleinen Kreis, entweder im Change-Team oder im Topmanagement. Der beste Weg, Menschen zu überzeugen, ist, sie zu beteiligen.
- Der Business Case hinter der Vision überzeugt nicht, beispielsweise sind die zu erreichenden Ziele unklar, eine richtige Antwort auf die falsche Frage oder die falsche Antwort auf die richtige Frage. Oder sie sind in Konflikt mit anderen strategischen Zielsetzungen. Dies ist insbesondere der Fall, wenn in der vorausgehenden Phase die Fakten und der Handlungsbedarf nicht oder nur ungenügend geklärt wurden.
- Der Inhalt der Vision überzeugt emotional nicht, findet die Motivation für den Einzelnen nicht. Ein Beispiel dafür ist eine nur auf Kostenreduktion basierte Vision.
- Die Vision wird nur rational kommuniziert, die Gefühle der Mitarbeitenden werden nicht angesprochen. Oder es werden falsche Zeichen gesetzt, welche die Vision unterwandern.
- Die Vision wird top-down „instruiert“. Das bewirkt aber keine Veränderung, sondern nur Frustration. Wenn sich die Organisation übergangen fühlt, boykottiert sie die Veränderung.

- Es werden bereits detaillierte Konzepte, Pläne, Instruktionen erarbeitet und kommuniziert, ohne dass das übergeordnete Ziel, was man überhaupt erreichen will, und die allgemeine Richtung – nämlich die Vision – klar ist, vgl. das Einstiegsbeispiel.

Typische Fragen der Organisation

Typische Fragen von Management und Mitarbeitenden, die sie in dieser Phase haben:

- Was wollen die mit der Veränderung wirklich erreichen? Gibt es eine „hidden agenda"?
- Was bedeutet das alles genau für mich? Für meine Zukunft? Muss ich mich verändern? Wie?
- Macht das, was wir hier anstreben, wirklich Sinn für die Firma? Andere Firmen haben in gleichen Situationen, ganz anders gehandelt. Schadet das nicht unseren Kunden und Partnern? Könnte man das alles nicht ganz anders angehen?
- Können wir das erreichen? Ist der Sprung nicht zu groß? Geht das alles nicht zu schnell? Sind die Risiken nicht größer als der Nutzen? Haben wir die Ressourcen dazu?

Die Fragen und Kommentare, die Sie erhalten, sind ein guter Indikator, wo die Organisation in der Veränderungsbereitschaft steht, vergleichen Sie dazu auch nochmals die Liste der Fragen der vorausgehenden Phase „Anstoßen" in Kapitel 6.1. Auch hier gilt es, durch „Warum"-Fragen die geäußerten Bedenken zu hinterfragen. Häufig betreffen die Bedenken nicht unbedingt das, was das Beste für das Unternehmen ist, sondern was die Veränderung für den Betroffenen selbst bedeutet. Dies kann von einem generellen Unwillen, sich zu verändern, bis zur Existenzangst gehen. Häufig steht auch hinter rationalen Argumenten diese persönliche emotionale Dimension – meistens Angst. Es ist auch hier wieder wichtig, zu evaluieren, ob die Vision von der Organisation verstanden wurde, ob die Menschen motiviert sind, ein Teil dieser Zukunft zu sein, und Vertrauen haben, dieses Ziel zu erreichten. Dazu eignet sich auch wieder ein Pulse Survey. Natürlich können Sie nicht alle Widerstände adressieren, aber das aktive Zuhören alleine setzt ein positives Zeichen.

Veränderungsvision definiert

Bevor wir weiter in die Materie eintauchen, sind einige Klärungen zur Veränderungsvision nötig:

- Die Vision ist eine Beschreibung der durch die Veränderung angestrebten Realität, der Ziel-Zustand. Im Gegensatz dazu ist die Strategie das übergeordnete Vorgehen, um ausgehend vom Ist-Zustand diesen Ziel-Zustand, die Vision, zu erreichen, und Pläne und Budgets dienen zur Umsetzung dieser Strategie. Diese Elemente werden einerseits im Projektauftrag, vgl. Kap. 5.3, und dann in der nächsten Phase, dem Kap. 8: „Fokussieren, Planen für frühe, relevante Erfolge", adressiert. Strategie, Pläne und Budgets sind rational, Vision hat eine starke emotionale Seite.
- Die Vision hat zwei Komponenten; einerseits, den angestrebten Zustand handlungsorientiert, also das Verhalten, zu beschreiben. Anderseits gehören auch Ziele dazu, die diesen Zustand beziehungsweise das Verhalten messbar machen

und die aus dieser Vision folgenden Resultate definieren. Beispielsweise in der Einkaufstransformation: Was ist das Wesentliche an der neuen Realität, wie arbeitet man anders zusammen, welche Resultate, z. B. Einkaufseinsparungen, will man damit erreichen?

- Es geht hier ausschließlich um die Vision für das Veränderungsvorhaben – und nicht um die Vision des Unternehmens. Letzteres ist übergeordnet und dient als zwingender Rahmen für das Veränderungsvorhaben.
- Es ist auch zu unterscheiden zwischen der Vision für ein Veränderungsvorhaben im Bereich der Prozesse, die praktisch immer funktionsübergreifend sind, und der Vision für die Veränderung einer Organisationseinheit. Beispielsweise im Fall Einkaufstransformation: Hier geht es um die Art und Weise, wie das Unternehmen das Thema Beschaffung, inklusive Management der Lieferantenbeziehungen, über sämtliche Geschäftsaktivitäten und Organisationseinheiten hinweg gestaltet. Andererseits geht es darum, wie sich die Einkaufsorganisation entwickeln muss, um ihre neue Rolle innerhalb dieser übergeordneten Einkaufsvision wahrnehmen zu können. Dabei ist dem Grundsatz „form follows function" Folge zu leisten; zuerst Prozesse (function), dann Organisation (form). Verwechseln Sie also nicht die Vision für ein übergeordnetes, funktionsübergreifendes Veränderungsvorhaben mit der untergeordneten Vision einer Organisationseinheit.

Vision als motivierende, alternative Realität

Wie oben beschrieben, ist die Vision nichts anderes als eine Alternative zur heutigen Realität. In der vorausgehenden Phase ging es darum, die aktuelle Wahrnehmung der Realität herauszufordern und zu schwächen, durch die Konfrontation mit neuen Fakten eine Dissonanz zu erzeugen und die emotionale Basis für die Veränderung zu schaffen. Damit haben Sie nun die Möglichkeit, mit der Vision eine alternative Realität zu konstruieren. Das gelingt aber nur, wenn Sie positive Gefühle in den Menschen für diese Vision wecken können. Eine positive Vision setzt sehr viel positive Energie frei und gibt eine klare Richtung für diese Energie. Sie hilft, über den Status der Vergangenheitsbeschäftigung, der Diskussion, der Lippenbekenntnisse und der lauwarmen Aktionen hinwegzukommen. Insbesondere hilft diese positive Vision auch der rationalen Seite der Menschen, sich nicht in der Analyse zu verlieren, sondern sich vorwärts zu orientieren und auf die Vision und ihre Umsetzung zu fokussieren.

Programmmanagement – Initialisierung des Veränderungsprojektes

Spätestens in dieser Phase soll die Initialisierung des Veränderungsprojektes abgeschlossen sein; d. h. der Projektauftrag (Kap. 5.3) verabschiedet und die Projekt-Governance, insbesondere das Project-Steering, etabliert (Kap. 5.4). Falls dies nicht der Fall ist, heißt das, dass die Geschäftsleitung nicht hinter der Veränderung steht – und ohne ihre Unterstützung weiterzumachen hat wenig Sinn. Auch hier möchte ich nochmals auf die Bedeutung des Stakeholdermanagements (Kap. 4.4) hinweisen. Zudem sollte zu diesem Zeitpunkt auch das Change-Team nicht nur etabliert sein, sondern bereits gute Fortschritte gemacht haben, ein echtes Team zu formen, vgl. Kapitel 3.3 ff. Gerade auch die Arbeit an der Vision gibt dem Team eine gute Gelegenheit, seinen Zusammenhalt zu stärken, ein gemeinsames Verständnis der Reise zu finden und eine positive Energie zu entwickeln.

Programmmanagement – Finden der richtigen Geschwindigkeit

Die ersten zwei Phasen „Anstoßen" und „Ausrichten" brauchen viel Zeit, da es wichtig ist, zu Beginn des Veränderungsvorhabens Management und andere Schlüsselleute zu involvieren und zu überzeugen, vgl. auch Abb. 2.4 Kapitel 2. Die Zeit, die man hier investiert, zahlt sich vielfach aus im späteren Verlauf des Veränderungsvorhabens. Es macht keinen Sinn, vorwärts zu preschen, ohne dieses Alignement, diese gemeinsame Basis mit einem ausreichend großen Teil der Organisation zu haben. Andererseits wartet die Organisation auf Zeichen. „Meinen die es ernst mit dieser Veränderung oder wird die an uns vorbeigehen wie schon so viele andere?" Sind Sie transparent in Ihrer Kommunikation und stellen Sie sicher, dass das Management und die involvierten Schlüsselleute positive Signale senden. In der nächsten Phase „Fokussieren" geht es dann genau darum, wie Sie schnell erste Resultate liefern können.

Aufbau des Kapitels

Zuerst werden die Eigenschaften einer überzeugenden Vision beschrieben, insbesondere dass sie der Organisation ein emotional überzeugendes Bild liefern muss, aber auch handlungsorientiert und messbar ist. Anschließend wird auf die Erarbeitung der Vision eingegangen, nämlich dass dazu Management und Schlüsselleute einbezogen werden und wie mit emotional negativen Elementen der Vision umgegangen wird. Und als Letztes geht es um die Kommunikation der Vision, das Gewinnen der Organisation für das Veränderungsvorhaben, wozu ebenfalls wieder die Emotionen angesprochen werden müssen, vgl. Abb. 7.1.

7.2 Eigenschaften einer überzeugenden Vision für Veränderungen

Dieses Unterkapitel behandelt die Frage, wie die Vision einer Veränderung zu formulieren ist, damit sie die Organisation zu überzeugen vermag. Folgende Eigenschaften kann man identifizieren:

Zustand und Verhalten beschreiben – ein emotionales Bild vermitteln

Die Vision ist die Beschreibung der angestrebten neuen Realität. Und zwar nicht einer abstrakten Realität, sondern einer emotional erlebbaren. Wie ist es, in dieser Realität zu leben? Wie fühlt es sich für den Einzelnen an? Eine Vision ist insbesondere stark, wenn sie das spezifische Verhalten in dieser neuen Realität beschreibt. Der Kern jeder Veränderung ist die Veränderung von Verhalten, vgl. Kap. 2.5. Die Vision sollte dieses veränderte Verhalten ansprechen, also handlungsorientiert sein.

Messbare Ziele

Ziele sind ein wichtiger Bestandteil einer Vision, zum Beispiel Kundenzufriedenheit, Gewinn, Umsatz, Marktposition etc. Diese Ziele sind aber nicht selbst die Vision – sie beschreiben kein Bild, kein Verhalten. Als Vision ist der Zustand der neuen Realität zu beschreiben, nur so ist die Vision emotional erfassbar und motivierend.

Formulieren Sie also Ziele, welche die Vision beschreiben. Gleichzeitig haben diese Ziele auch messbar zu sein, damit die Veränderung gemessen werden kann. Das beschriebene Verhalten der Vision soll diese Ziele direkt beeinflussen: „100 % unfallfrei" ist zum Beispiel messbar und handlungsorientiert. Net Promotor Value von 30 (eine Größe, um die Kundenzufriedenheit zu messen) ist zwar messbar, aber nicht handlungsorientiert; die Kausalität zwischen dem individuellen Verhalten und dem Resultat ist nicht offensichtlich. Diese Verknüpfung von Vision, Verhalten und Zielsetzung ist wichtig, um für einzelne Unterziele und individuelle Handlungen wieder den Bezug zum Ganzen herzustellen.

Emotional attraktiv für den Einzelnen

Die Vision soll nicht nur einen Zustand beschreiben, sondern dieser Zustand soll auch die Gefühle der Menschen des Unternehmens ansprechen und so in der Vision reflektiert sein. Kostenreduktionen sind zum Beispiel nicht emotional attraktiv. Häufig vergessen wir aber, selbst die vorhandene emotional positive Seite in der Vision zu thematisieren. Beispielsweise Arbeitssicherheit und Gesundheit: Viele Leute hören hier Bürokratie, Arbeitsanweisungen, Zusatzaufwand. Und häufig werden diese Themen entsprechend angegangen. Umgekehrt ist die Vision emotional doch klar positiv: unsere und andere Leute durch unsere Tätigkeiten nicht gefährden, dass die Menschen am Abend nach der Arbeit gleich gesund nach Hause gehen, wie sie am Morgen gekommen sind. Dies sind emotional starke und positive Themen – gestalten Sie die Vision auch entsprechend emotional attraktiv.

Fokus auf Kundennutzen

Was bereits bei der Motivation für die Veränderung erwähnt wurde, gilt auch für die Vision; nämlich den Fokus auf den Kundennutzen zu richten. Dies gilt für alle Veränderungen und nicht nur jene, die direkt die Zusammenarbeit mit dem Kunden zum Ziel haben. Der Fokus auf den Kundennutzen hat mehrere Vorteile: Erstens besteht eine sehr hohe Korrelation zwischen Kundenzufriedenheit und Profitabilität des Unternehmens. Zweitens ist die Kundenzufriedenheit ein starker Motivator, emotional attraktiv, insbesondere wenn es nicht um statistische Kundenzufriedenheit geht, sondern um die emotional erlebte Zufriedenheit konkreter Menschen. Und drittens stellt der Fokus auf den Kundennutzen einen natürlichen gemeinsamen Nenner für alle internen Stakeholder dar.

Alle internen Stakeholder ansprechen, insbesondere interne Kunden

Häufig tappt man in die Falle, dass man die Vision so formuliert, dass sie das Management und jene anspricht, die für das Veränderungsvorhaben verantwortlich sind – was insbesondere der Fall ist, wenn sie nur in diesem kleinen Kreis definiert wird. Beispielsweise in der Einkaufstransformation: Das Topmanagement ist auf die in Aussicht gestellten finanziellen Vorteile fokussiert, die Einkaufsorganisation auf eine größere professionelle Rolle. Wie muss die Vision für die Einkaufstransformation formuliert werden, dass sie beispielsweise auch die Geschäftsbereichsleiter, Produktentwicklung, Verkauf, Projektmanagement, Engineering und Produktion anspricht?

Ambitioniert, aber trotzdem glaubwürdig

Die Vision soll anspruchsvoll, aber trotzdem nicht übertrieben sein, sie darf den Bogen nicht überspannen. Wie schon an anderer Stelle beschrieben, mag der Elefant Veränderungen gar nicht, und je größer, desto weniger. Zum Thema kreative Spannung gibt es ein gutes Bild von Peter Senge (Senge, 2006): Veränderung als Gummiband. Das Gummiband, gespannt zwischen aktueller Realität und Vision. Falls die zwei zu weit auseinanderliegen, zerreißt das Gummiband. Wenn sie zu nah beieinanderliegen oder die Vision nicht klar ist, ist das Gummiband schlapp und es passiert auch nichts. Es gilt also, die richtige Spannung für dieses Gummiband zu finden. Und dieses Gummiband ist unterschiedlich straff für unterschiedliche Personen; es gibt Personen, die sind sehr stark auf die Realität und das Lösen der täglichen Probleme fokussiert, für solche Personen ist das Gummiband sehr schnell überspannt. Und andere träumen über die Zukunft, ohne sich um die Realität zu kümmern, und das Band bleibt schlapp, obwohl die zwei Pole weit voneinander weg sind, es passiert wiederum nichts. Jede Führungskraft hat dieses Phänomen schon bei den jährlichen Zielsetzungen erlebt: Sind sie zu ambitioniert, geben die Leute die Hoffnung auf, das Ziel zu erreichen, die Zielsetzung ist kontraproduktiv. Umgekehrt sind auch Ziele, die zu einfach zu erreichen sind, wirkungslos.

Kurz, prägnant, visualisiert

Lean-Prinzipien folgend muss die Vision kurz und prägnant sein. Beispielsweise auf einer Postkarte Platz haben – wortwörtlich, da diese Postkarte auch ein gutes Kommunikationsmittel ist – und in paar wenigen Dutzend Wörtern formuliert sein. Was länger ist, überfordert die Aufmerksamkeitsspanne der Beteiligten. Zusätzlich hilft es, visuelle Mittel einzusetzen: Visualisierung hilft für den Wiedererkennungseffekt und die emotionale Bindung. Beispielsweise hatten wir in „Operational Excellence" 4 Kernelemente in der Vision: Kundenzufriedenheit, finanzielles Resultat, Zuverlässigkeit und Mitarbeiterzufriedenheit. Und als Visualisierung verwendeten wir eine Kompassrose als Symbol für das Navigieren durch diese 4 Elemente. In der Einkaufstransformation hatten wir ein Programm für Einkaufseinsparungen mit dem Namen Cocos (Cost competitive supply), als Anspielung auf eine Kokosnuss und mit dem entsprechenden Symbol; eine harte Nuss zu knacken, aber sehr saftig und schmackhaft.

Fallbeispiel Einkaufstransformation: *Vision der Transformation*

Mit der Einkaufstransformation des Stromerzeugungsanlagenbauers verfolgten wir mehrere Ziele, insbesondere Verfügbarkeit von Supply, Einkaufseinsparungen, Qualität und Zuverlässigkeit, Zugang zu Innovationen und gleichzeitig Know-how zu schützen, Nachhaltigkeit und Einhaltung von Gesetzen und Normen. Der Kern der Vision war eine Transformation von einem projektspezifischen, mehr reaktiven, zu einem proaktiven Einkaufsverständnis. Die Vision hatte drei Kernelemente, um die oben formulierten Ziele zu realisieren:

- Globale Zusammenarbeit in Einkaufsthemen über das ganze Unternehmen und über alle Funktionen und Organisationseinheiten; zwischen den Projekten, Produktlinien und Standorten und zwischen Neu- und Servicegeschäft.
- Frühes und proaktives Adressieren von Einkaufsthemen. Einkauf nicht nur als taktisches Thema, als Auftragsvergabe an Lieferanten, sondern Einkauf strategisch betrachtet. Einerseits strategisch im Einkauf selbst, also mit Strategien für einzelne Einkaufsgruppen,

globalen Einkauf, Lieferantenstrategien etc., andererseits aber auch systematisch in den vorgelagerten Geschäftsprozessen zu berücksichtigen: im Strategieprozess, in der Produktentwicklung, im Verkauf, im Projekt-Kick-off, in der Serviceplanung.
- Langfristiges Lieferantenmanagement: Lieferanten nicht taktisch aus der Perspektive des einzelnen Projektes zu sehen, sondern als ein Asset für das ganze Unternehmen mit entsprechend langfristiger Perspektive; als eine Beziehung, die für beide Seiten Wert erzeugt (Win-Win).

Fallbeispiel Einkaufstransformation: *Vision für die Einkaufsfunktion*

Um obige Vision der Einkaufstransformation zu realisieren, musste die Einkaufsorganisation eine ganz neue Rolle einnehmen. Zusammen mit dem Einkaufs-Leadership-Team und Schlüsselpersonen haben wir eine Vision für die Einkaufsorganisation entwickelt, um in die neue Rolle wachsen zu können. Die Vision hatte folgende Elemente:

- Wir bringen Wert für unser Unternehmen, unsere Kunden und unsere Lieferanten. Insbesondere ermöglichen wir profitables Unternehmenswachstum.
- Wir erreichen das durch konsistentes Liefern von Resultaten und durch unsere ebenbürtige, vertrauensvolle und proaktive Art.
- Wir sind stolze Fackelträger der Einkaufstransformation, der Realisierung ihrer Vision und Ziele.

Diese Vision stellte eine radikale Veränderung gegenüber der alten, mehr reaktiven Einkaufsrolle dar. Das war eine Herausforderung sowohl für die Einkaufsorganisation, in diese Rolle hineinzuwachsen, wie auch für den Rest der Organisation, dem Einkauf diese Rolle zuzugestehen. Kritische Fragen und Bemerkungen, die vom Rest der Organisation kamen, waren z. B.:

- Warum sollte der Einkauf plötzlich im Verkauf involviert sein?
- Warum glauben sie, dass der Einkauf einen besseren Job als ich machen kann?
- Warum soll ich (als Nicht-Einkäufer) nicht Preise mit Lieferanten verhandeln?
- Diese Vision funktioniert nie in unserem Umfeld!
- Dieser Ansatz verkompliziert die Arbeit und bringt im Resultat keinen Nutzen!
- Der Einkauf hat gar nicht die Fähigkeiten, diese Vision umzusetzen!
- Warum machen wir diese Veränderung im Einkauf? Andere Bereiche sind doch viel wichtiger!

Die Antworten auf diese Fragen sind in der Veränderungsmotivation (Kap. 6), der Vision selbst (Kap. 7), in der Planung des Veränderungsprojektes (vgl. Kap. 8) und dessen Projektmanagement (vgl. Kap. 5) zu finden.

7.3 Erarbeiten der Veränderungsvision

Vision gemeinsam entwickeln

Das Entscheidende einer Vision ist, dass sie die Mitarbeitenden für die angestrebte Realität motiviert. Je mehr die Betroffenen in die Gestaltung der Vision involviert werden, desto mehr sind sie motiviert. Zusätzlich stellt dies sicher, dass die Vision ausgewogen ist und nicht nur die Perspektive einer Minderheit vertritt. Vermeiden Sie also den typischen Fehler, die Vision nur mit dem Topmanagement und dem Change-Team zu entwickeln, sondern beteiligen Sie die wichtigsten Betroffenen.

Mit dem „big picture" starten: Kunden und Gesamtunternehmen

Jede Veränderung ist nicht Selbstzweck, sondern ein Beitrag zu etwas Größerem. Beginnen Sie die Entwicklung dieser Vision mit diesem übergeordneten Ziel, insbesondere bezüglich Kunden und des Gesamtunternehmens. Im Fallbeispiel Einkaufstransformation ging es um profitables Wachstum – der Veränderungsprozess hat mit der Neuausrichtung der Unternehmensstrategie begonnen, wo Einkauf ein wichtiges Element der Unternehmensstrategie wurde. Diese Ausrichtung auf das Gesamtbild stellt nicht nur sicher, dass alle Elemente ineinandergreifen, sondern stellt auch eine wichtige Voraussetzung für die Kommunikation dar, um den Betroffenen das übergeordnete „Warum" erklären zu können.

***Praxistipp:** Visions-Workshop*

Die Vision selbst soll emotional attraktiv sein, und um dies zu erreichen, sollte auch das Kreieren einer Vision selbst die Gefühle der Beteiligten ansprechen. Ein stimulierender Workshop setzt die nötigen Energien frei. Gute Erfahrung habe ich mit dem Ansatz gemacht, sich in die Zukunft zu versetzen, wenn die Vision realisiert ist, und zu beschreiben, wie man das erlebt. Beispielsweise durch die Übung, eine Sonderbeilage zu einer Zeitung zu gestalten, die in fünf Jahren herausgegeben wird und die Realität der umgesetzten Vision lebhaft beschreibt. Mit unterschiedlichsten Artikeln, z. B. Interviews mit externen Kunden, mit Finanzanalysten, mit Lieferanten, mit internen Kunden (insbesondere solchen, die heute sehr kritisch sind), dem CEO, dem CFO und Managern und Mitarbeitenden unterschiedlicher Bereiche. Und geschmückt mit Zeichnungen und Collagen. Der Sinn der Übung ist, die angestrebte Realität so lebendig wie möglich zu machen – und Energie und Richtung im nicht immer einfachen Veränderungsalltag zu geben.

Mit Kosteneinsparungen, Abbau und anderen negativen Themen umgehen

Eine Vision soll emotional attraktiv sein. Wie geht man jetzt mit negativen Themen um wie Kosteneinsparungen und Personalabbau? Wie im vorhergehenden Kapitel unter „burning platform" besprochen, lösen negative Themen Angst aus, was einen Veränderungsprozess erschwert oder ganz verhindert. Der Lösungsansatz liegt darin, hinter den negativen Themen eine positive Vision zu finden: Kosteneinsparungen und Personalabbau sollten nie Selbstzweck sein. Selbst aus der finanziellen Perspektive, die in solchen Fällen meist die dominante Sichtweise ist, ist das übergeordnete Ziel Umsatz, Profitabilität und Cashflow. Und dies muss die Vision adressieren. Was müssen wir als Unternehmen in unserem Verhalten ändern, um das zu erreichen? Und natürlich gehört dazu, die Kosten im Griff zu haben, aber nicht nur. Die Mitarbeiter können sich mit dem übergeordneten Ziel identifizieren, aber nicht mit Kosteneinsparungen alleine.

Fallbeispiel Organisationsgestaltung. Vision jenseits von Kosteneinsparungen

Im Fallbeispiel Organisationsgestaltung, der Reorganisation im Bereich Projektabwicklung eines Papiermaschinenherstellers, geht es nicht nur um Kosteneinsparungen in der Organisation, sondern um weitere wichtige, teils strategische Zielsetzungen:

- Weitere Erhöhung der Projektabwicklungsqualität – also erfolgreiche Ablieferung der Kundenprojekte und somit auch der Kundenzufriedenheit.

- Einsparungspotenziale durch erhöhte Standardisierung und Modularisierung der Papiermaschinen und durch Einkaufseinsparungen zu sichern sowie optimale Voraussetzungen für das Servicegeschäft zu schaffen.
- Flexibilität gegenüber den Schwankungen im Auftragsvolumen zu erhöhen.

Um diese Ziele zu erreichen, haben wir für die Organisation unserer Projektabwicklung folgende Vision formuliert:

- Kundenfokus: Nah am Kunden – auch wenn das nicht bedeutet, dass alle Ressourcen physisch nah am Kunden sind.
- Teams mit kritischer Größe am richtigen Ort: Ressourcen stärker geografisch und organisatorisch zu bündeln, um so trotz Personalabbau Fähigkeiten zu sichern und zu entwickeln und die Kosten im Griff zu haben.
- Kooperation im Netzwerk; um trotz der Bündelung der Ressourcen nah am Kunden zu sein und flexibel auf Auftragsschwankungen zu reagieren.
- Arbeiten nach Prozessen mit einfachen und klaren Verantwortlichkeiten. Einerseits funktionsübergreifend versus getrieben von einzelnen Funktionen wie Engineering, Projektmanagement, Einkauf etc. Andererseits auch global harmonisiert, um das Arbeiten als Netzwerk zu ermöglichen.

Gerade in einer Reorganisation, verbunden mit Stellenabbau, war es uns sehr wichtig, eine möglichst attraktive, klare und glaubwürdige übergeordnete Vision zu entwickeln, um dem Zynismus, der häufig solche Veränderungen begleitet, zuvorzukommen. Dieser Ansatz leugnete die Kosteneinsparungsseite nicht – setzt sie aber in den richtigen Kontext.

Modelle gemeinsam entwickeln

Die Vision beschreibt die angestrebte zukünftige Realität. Diese Realität ist jedoch äußerst komplex und für jeden eine andere. Um diese Komplexität zu reduzieren und einen gemeinsamen Nenner zu finden, hilft ein Modell, quasi eine vereinfachte konstruierte Realität herzustellen, das die wichtigsten Elemente der Vision erklärt. Beispielsweise in der Einkaufstransformation bezüglich des Lieferantenmanagements ein Modell, das erklärt, mit welchen Lieferanten man wie zusammenarbeitet. Ein Modell, das aufzeigt, dass man mit zu vielen Lieferanten zusammenarbeitet, dass die meisten nicht ausreichend qualifiziert sind und dass man wiederum mit den meisten nur taktische Aufträge abschließt und somit nur ein sehr geringes Einkaufsvolumen hat. Mit dem Modell konnte man zeigen, wie durch bewusste Fokussierung auf weniger Lieferanten und damit durch das größere Volumen es sich auch lohnt, mehr in die Qualifikation, Expediting und Qualitätskontrolle zu investieren und Rahmenverträge abzuschließen, um bessere Konditionen zu erhalten, die Abwicklung zu vereinfachen und die Qualität und Pünktlichkeit der Lieferungen zu erhöhen. Oder im Fall der Organisationsgestaltung ein Modell, welches die Prozesse für die unterschiedlichen Geschäftsfälle veranschaulicht und die Rollen der verschiedensten Organisationseinheiten aufzeigt. Da Modelle visuell sind, sind sie für die Organisation einfacher zu verstehen und zu erinnern als reine Beschreibungen. Halten Sie die Modelle aber so einfach wie möglich – ansonsten helfen sie nicht dem Verständnis, sondern verwirren die Menschen nur. Und vergessen Sie nicht, dass das, was für Sie vielleicht einfach und logisch ist – schließlich haben Sie sich intensiv mit dem Thema beschäftigt –, für andere vielleicht eine Zumutung ist.

7.4 Vision kommunizieren

Kommunizieren der Vision ist einerseits sehr wichtig, andererseits wird es aber auch überbewertet oder falsch verstanden, vgl. dazu Kap. 4.5. Wichtig ist, einen Dialog zu entwickeln und sich nicht auf eine Ein-Weg-Kommunikation einzuschränken.

Kreis der Beteiligten erweitern

Bevor Sie den Gestaltungsprozess für die Vision abschließen, überlegen Sie sich, ob und wie Sie weitere Leute zu Beteiligten machen können. Beispielsweise mit einem World Cafe (vgl. Kap. 4.4). Dies hat wiederum den Vorteil: Je mehr Leute an der Formulierung der Vision beteiligt sind, desto ausgewogener wird sie und desto höher ist der Buy-in. Oder anders ausgedrückt: Wer beteiligt ist, braucht keine „Kommunikation".

Vision emotional kommunizieren

Für eine erfolgreiche Kommunikation der Vision muss diese emotional überzeugend sein und emotional überzeugend kommuniziert werden. Predigen Sie nicht die Vision, sondern erzählen Sie Geschichten, wie die Zukunft aussieht. Oder lassen Sie andere – interne, selbst externe – erzählen, auch über Video. Statt PowerPoint-Präsentationen, entwickeln Sie die Vision zeichnend auf einem Flipchart. Vergleichen Sie auch, was schon im vorhergehenden Kapitel unter „Veränderungsnotwendigkeit emotional kommunizieren" erwähnt wurde. Falls Sie schon Bereiche haben, wo die Vision Realität ist, nutzen Sie die wiederum, um sie durch Video, Interviews etc. erfahrbar zu machen, insbesondere die Menschen dahinter sichtbar zu machen, zum Beispiel Kunden oder Mitarbeiter.

Stellen Sie sicher, dass Sie mit der Kommunikation alle wichtigen Betroffenen im Unternehmen erreichen und dazu alle verfügbaren Plattformen nutzen, um insbesondere auch „Face to Face" kommunizieren zu können, wie unternehmensweite Managementkonferenzen oder wichtige Meetings oder Anlässe einzelner Organisationseinheiten. Und wann immer Sie kommunizieren, denken Sie daran, Feedback bezüglich der Effektivität der Kommunikation – also der Erfüllung Ihrer Ziele, hier das Verstehen und positive Aufnehmen der Vision – einzuholen.

Fallbeispiel Operational Excellence: *Vision emotional kommunizieren durch Videos: Project-Steering-Praxis*

Im Fallbeispiel Operational Excellence haben wir ebenfalls Video eingesetzt – nicht für die Vision des Gesamtprogramms, sondern beispielsweise für die Vision einer geänderten Praxis im Project-Steering für Kundenprojekte. Wir haben zwei Videos eines solchen Review-Meetings gedreht, ein schlechtes Beispiel und ein gutes Beispiel. Da wir niemanden bloßstellen wollten, aber die Unterscheidungsmerkmale klar herausarbeiten wollten, haben wir uns entschieden, eine gestellte – zugegeben leicht übertriebene – Situation zu filmen. Das erste Video zeigte also ein chaotisches, nicht vorbereitetes, nicht fokussiertes, anklagendes, nicht analysierendes, nicht resultatorientiertes Meeting – und das zweite das Gegenteil. Auch haben wir diese Videos bewusst sehr kostengünstig realisiert – mit dem Change-Team in den Hauptrollen. Damit haben wir auf der Meta-Ebene kommuniziert, dass wir kostenbewusst sind und auch über uns selbst lachen können – was zusätzlich das Vertrauen der Organisation in das Veränderungsvorhaben gestärkt hat. Diese Videos waren ein voller Erfolg weil das „Warum" und „Wie" der neuen Praktiken klar wurde.

Multiplikatorfunktion von Schlüsselleuten

Die Beteiligung von Schlüsselleuten, insbesondere des mittleren Managements, von Anfang an im Veränderungsprozess ist essenziell: sowohl für das Wecken der Veränderungsmotivation, beispielsweise in der Situationsanalyse, als auch die Erarbeitung der Vision. Es geht ja nicht nur um die Überzeugung dieser Personen, sondern um die Multiplikatorfunktion, die sie haben. Einerseits nehmen diese Leute eine wichtige Rolle in der Kaskade der Kommunikation wahr, sie müssen involviert sein, damit sie mit der Materie vertraut sind und bei Fragen nicht im Regen stehen. Noch wichtiger ist, dass diese Leute tatsächlich überzeugt sind, ansonsten ist die Message, die sie bewusst oder unbewusst aussenden, eine ganz andere als die beabsichtigte. Die Beteiligung dieser Leute von Anfang an gibt Ihnen die Möglichkeit, auf sie einzugehen, ihre Motivation zu finden und sie möglichst zu überzeugen – oder zumindest genau zu verstehen, wo Sie mit welcher Art von Widerständen zu rechnen haben, um das Vorgehen entsprechend anzupassen.

Taten sprechen mehr als tausend Worte – erste Schritte

Wie können bereits früh Handlungen durchgeführt werden, die für die ganze Organisation die Vision erlebbar machen? Ein klassisches Beispiel ist Lean Manufacturing, wo es darum geht, Fehler sofort zu erkennen und zu beheben: Sobald ein Fehler auftritt, wird das Fließband gestoppt. Dies ist ein Tabu in der klassischen Fertigung, aber ein wesentliches Element von Lean. Falls Sie also Lean einführen, hat das Stoppen des Fließbandes aufgrund eines Qualitätsproblems eine große symbolische Wirkung. Oder gibt es andere symbolische Aktionen, die Sie durchführen können? Beispielsweise wenn es um Kostenreduktion geht, alte sichtbare Privilegien für das Topmanagement abzuschaffen. Oder wenn es um mehr Verantwortung der Mitarbeiter geht, einen lang geäußerten bescheidenen Wunsch der Mitarbeiter zu erfüllen. Hier geht es nicht um den materiellen Inhalt, sondern ein Zeichen zu setzen. Diese Taten signalisieren der Organisation, dass sich das Veränderungsvorhaben bewegt.

Zielgrößen visuell verfolgen

Produktion ist insofern ein dankbares Umfeld, als Verbesserungen sichtbarer sind, zum Beispiel durch Lagerbestände, Ware in Arbeit etc. Aber auch im nicht physischen Umfeld können visualisierte Kenngrößen – basierend auf den Veränderungszielen – die Funktion übernehmen, die Veränderung erfahrbar zu machen, wie im Beispiel Einkaufstransformation das Einsparungsbarometer (vgl. Kap. 3.5). Diese visualisierten Kenngrößen halten die Aufmerksamkeit aufrecht und zeigen auch, dass man seriös mit der Veränderung umgeht. Sie erhalten die Dringlichkeit.

7.5 Zusammenfassung: Gemeinsam eine attraktive Vision erzeugen

Die Vision gibt die Richtung an, in welche die Veränderung geht. Basierend auf der vorausgehenden Phase, die Motivation für die Veränderung zu wecken, lenkt sie diese jetzt auf den Wunschzustand, die erstrebte alternative Realität. Damit die Vision ihre Wirkung entfaltet, muss sie klar und einfach sein, ein Bild vom angestrebten Zustand und Verhalten geben, messbar und für die Menschen im Unternehmen emotional attraktiv sein. Dies bedingt nicht nur, dass sie emotional kommuniziert wird, sondern auch, dass ihr Inhalt emotional überzeugt. Um diese Überzeugung für die Vision zu erreichen, ist die Beteiligung der wichtigsten Betroffenen an der Gestaltung dieser Vision unabdingbar. Ebenfalls es ist wichtig, Zeichen zu setzen, die klarmachen, dass Handlungen den Worten der Vision folgen.

Checkliste: *Ausrichten – eine attraktive Vision erzeugen*

Voraussetzung

- Das Bewusstsein für die Notwendigkeit einer Veränderung, wie im vorausgehenden Kapitel „Anstoßen" beschrieben, ist in der Organisation vorhanden. Sie haben das auch, zum Beispiel anhand eines Pulse Survey, validiert.

Inhalt der Vision

- Die Vision ist konkret; sie beschreibt die angestrebte Realität, sie ist handlungsorientiert und messbar. Es sind nicht nur Finanz- oder Marktpositionsziele. Die Vision beschreibt den Zustand und das zugrunde liegende Verhalten.
- Die Vision basiert auf einem soliden Business Case und adressiert insbesondere auch den Kundennutzen (vgl. dazu auch das vorausgehende Kapitel).
- Die Vision motiviert die Menschen der betroffenen Organisation, sie spricht ihre Gefühle an. Sie motiviert nicht nur das Topmanagement und das Change-Team, sondern die breitere Organisation. Sie stellt die angestrebte Realität emotional überzeugend dar. Auch trotz beispielsweise Kosteneinsparungszielen wird eine motivierende Vision gefunden.
- Die Vision ist einfach kommunizierbar; sie ist knapp, prägnant und visuell – und am wichtigsten: emotional.

Erstellen und Kommunizieren der Vision

- Mitwirkung: Die Vision wird nicht nur von Topmanagement und Change-Team erstellt, sondern unter Mitwirkung von Betroffenen. Sie wird nicht top-down erstellt.
- Die Vision wird emotional überzeugend kommuniziert, z. B. mit Videos, Geschichten.
- Sie setzen Zeichen: symbolische Aktionen, visuelle Zeichen, visualisierte Messgrößen etc. Sie zeigen, dass jetzt schon Handlungen den Worten der Vision folgen.
- Mit Pulse Surveys oder ähnlichen Mitteln validieren Sie, dass die Veränderungsbereitschaft (vgl. letztes Kapitel) vorhanden ist, dass die Menschen die Vision verstanden haben, motiviert sind, ein Teil dieser Zukunft zu sein, und Vertrauen haben, dieses Ziel zu erreichen.

Programmmanagement

- Sie halten die Reihenfolge des Veränderungsprozesses ein; Sie springen nicht zu Konzepten, detaillierten Plänen etc., bevor die Vision erstellt, kommuniziert, verstanden, und (mehrheitlich) begrüßt wird.
- Sie haben das Change-Team nicht nur geformt, sondern auch Zeit investiert, um Vertrauen im Team aufzubauen (vgl. Kap. 3, insbesondere 3.2 und 3.3).
- Das Veränderungsprojekt ist spätestens jetzt voll initialisiert, das heißt, der Projektauftrag (vgl. Kap. 5.3) ist verabschiedet und das Project-Steering (vgl. 5.4) etabliert. Auch wird Stakeholdermanagement (vgl. Kap. 4.4) aktiv betrieben.
- Sie finden die richtige Geschwindigkeit; Sie geben der Organisation genug Zeit, die Vision und das „Warum" dahinter zu verinnerlichen, gehen aber schnell genug voran, um Momentum zu generieren und erste Resultate zu liefern.
- Sie haben den Zustand des Veränderungsvorhabens reflektiert, Feedback entgegengenommen und verarbeitet und Anpassungen, wo nötig, vorgenommen.

8 Fokussieren: Planen für frühe, relevante Erfolge

8.1 Einleitung: Die Umsetzung am richtigen Ort beginnen

Die Organisation ist auf die Veränderung vorbereitet, die Vision formuliert. Jetzt gilt es, zur Tat zu schreiten, zu fokussieren und schnelle Resultate zu planen, diese dann in den folgenden Phasen zu gestalten und umzusetzen, vgl. Abb. 8.1. Gerade der Elefant, die emotionale Seite von Management und Mitarbeitenden, möchte schnelle Resultate sehen, ansonsten glaubt er nicht an die Veränderung. Erste Resultate helfen, die emotionale Diskrepanz zwischen der heutigen Realität und der angestrebten Vision aufzulösen, und schaffen somit Vertrauen in die Veränderung. Umgekehrt ist man in einem Veränderungsprozess leicht überwältigt von all den Themen, die man angehen sollte, angehen möchte. Leicht überfordert man sich selbst und die Organisation. Man will zu viel auf einmal erreichen, mit dem Resultat, dass man nichts erreicht. Um zu verhindern, dass man sich verrennt und nicht genug schnelle Resultate zeigen kann, ist Fokus essenziell: das bewusste Ausklammern von Themen und sich auf nur wenige Umsetzungsziele zu konzentrieren, um dann die entsprechenden Resultate schnell – und sichtbar – zu liefern. Schnelle Erfolge motivieren das Change-Team, bestätigen das Management und die Mitarbeiter und lassen die Kritiker verstummen – und somit wird Momentum erzeugt.

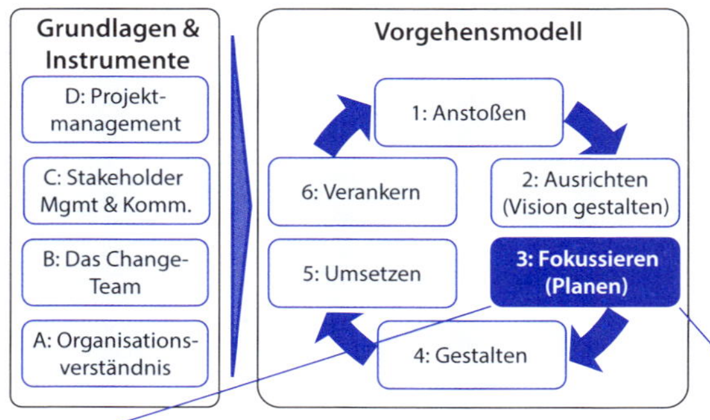

Fokussieren/Planen – „Wie gehen wir vor?"

- Bedeutung von frühen Erfolgen (Kap. 8.2)
- Fokus auf schnelle, relevante Erfolge (Kap. 8.3)
- Gemeinsam den Plan erstellen (Kap. 8.4)

Abb. 8.1: Fokussieren – Planen für frühe, relevante Erfolge

Einstiegsbeispiel – *was schiefgehen kann*

Das Change-Team beginnt voller Energie mit der Planung. Dies ist ein sehr umfangreiches Veränderungsvorhaben, es hat verschiedenste Teilbereiche, von der Organisationsstruktur bis zu einzelnen Praktiken. Es wird eine lange Liste mit all den notwendigen Aktionen erstellt. Auch müssen sehr viele grundlegende Themen adressiert werden, die Zeit brauchen. Während das Change-Team höchst beschäftigt ist, fragt sich die Organisation allmählich, was mit dieser Veränderungsinitiative los ist, irgendwie scheint es nicht vorwärtszugehen, man sieht keine Resultate. Viele Menschen beginnen, den Glauben in die Veränderung zu verlieren. Das Change-Team hat sich in Planung, Analyse und Konzepten verloren.

Fallbeispiel Einkaufstransformation. *Wo beginnen?*

Wir haben die Vision für die Einkaufstransformation gemeinsam mit dem Management des Stromerzeugungsanlagenbauers definiert und realisiert, dass wir eine mehrjährige anspruchsvolle Transformation vor uns haben. Wir haben sehr viele Bereiche identifiziert: die Organisationsstruktur anzupassen, die Leute in der Einkaufsorganisation zu entwickeln, Prozesse zu gestalten und neue Tools einzuführen, neue Praktiken zu entwickeln, operative Feuer zu löschen, Anfragen und Anforderungen von internen Kunden zu adressieren, Lieferanten zu konsolidieren, neue Lieferanten aufzubauen, die Supply Chain zu standardisieren etc. Wo sollten wir die Priorität setzen? Wie im Fallbeispiel Einkaufstransformation später in diesem Kapitel beschrieben wird, haben wir eine hohe Priorität auf sichtbare und relevante Geschäftsresultate gesetzt. Wir haben dabei den Einkauf von Stahlkonstruktionen aus Asien für eine bestimmte Produktgruppe gewählt, da es dafür einen klaren Business Case gab, die internen Kunden an der Zusammenarbeit interessiert waren und dieser Fall später global umgesetzt werden konnte. Mit diesem Erfolg konnten wir dann auch die Basis und die Bereitschaft für die Entwicklung der Organisation im breiteren Rahmen schaffen.

Typische Fehler in der Planungsphase

- Anfangen zu planen und umzusetzen, bevor die Vision klar ist. Dadurch gibt es zwar Aktivität, die vorerst positiv wahrgenommen wird, die aber nicht nachhaltig ist, weil ihr die übergeordnete Richtung und das Fundament fehlen.
- Versuchen, alles zu machen, kein Fokus. Großer Aktivismus, aber die Resultate bleiben aus. Aufgrund des fehlenden Fokus werden die Ziele nicht erreicht, da Ressourcen und Managementfähigkeiten fehlen, diese große Anzahl Aktivitäten zum Erfolg zu bringen, insbesondere schnelle, relevante Erfolge zu liefern.
- Fokus auf langfristige Ziele. Es wird zwar fokussiert, aber primär auf langfristige Ziele. Ohne frühe Erfolge zu erfahren, verliert die Organisation das Vertrauen und die Energie, diese langfristigen Ziele zu erreichen.
- Fokus auf nicht inspirierende Resultate. Es werden wohl Erfolge, auch kurzfristig, erreicht, welche die Menschen in der Organisation aber nicht als relevant empfinden. Das Interesse an der Veränderung schwindet dahin.
- Es werden zwar die richtigen Ziele gesetzt und Aktivitäten gestartet, es fehlt aber das Follow-up, um diese Resultate zu liefern, und Abweichungen vom Plan und den Resultaten werden verschwiegen oder schöngeredet.

Typische Widerstände der Organisation

In dieser Phase beginnt sich die Veränderung zu konkretisieren. Fehlende Veränderungsbereitschaft oder fehlende Zustimmung zur Vision äußern sich in der Planungsphase: endlose Diskussionen und Vorwände, warum gewisse Dinge nicht möglich sind. Falls Sie hier verstärkten Widerstand erleben, sind die vorhergehenden Phasen nicht ausreichend realisiert, was jetzt nachzuholen ist.

Programmmanagement

In dieser Phase ist das Veränderungsprojekt schon nicht mehr in der Initialisierung, sondern bereits in der Durchführung. Der Projektauftrag ist vorhanden (Kap. 5.3), das Project-Steering ist eingespielt (Kap. 5.4), das Change-Team arbeitet gut zusammen (Kap. 3) und das Stakeholdermanagement ist etabliert (Kap. 4.4). Der Fokus dieser Phase ist die Planung, vgl. auch Kapitel 5.5. Basis dazu ist, was ursprünglich im Projektauftrag definiert wurde und was unterdessen durch die Visionsarbeit und die Zusammenarbeit mit den Betroffenen gelernt wurde. Wiederum im Sinne der iterativen Planung geht es hier nicht darum, alle Details zu planen, sondern die Schritte, um die ersten Erfolge zu erzielen.

Aufbau des Kapitels

In diesem Kapitel geht es um die Planung der konkreten Schritte zur Umsetzung der Vision. Im Vordergrund steht, wie erste Erfolge erreicht werden können. Wie die entsprechenden Inhalte erarbeitet werden, ist dann Gegenstand des Kapitels 9. Im Folgenden wird zuerst vertieft auf die Bedeutung von frühen Erfolgen eingegangen und die Bedeutung von Fokus, um diese Erfolge zu erreichen. Dann werden Kriterien definiert, um den richtigen Fokus für diese Erfolge zu setzen, und zum Abschluss ein paar praktische Hinweise gegeben, wie dieser Plan gemeinsam erstellt werden kann, vgl. Abb. 8.1.

8.2 Die Bedeutung von frühen Erfolgen und Fokus

Die Bedeutung von frühen Erfolgen

Der Mensch ist kein rationales Wesen, vgl. Kap. 2.4. Das vergessen wir immer wieder im Managementalltag. Selbst wenn der Antrieb für Veränderungen meist rational ist, spielen gerade in Veränderungsvorhaben die Gefühle der Menschen – der Elefant – die dominante Rolle. Diese emotionale Seite mag Veränderungen generell überhaupt nicht. Insbesondere hat sie Angst vor der Ungewissheit, die diese Veränderung beinhaltet, und bringt die Motivation für die Veränderung nicht auf, selbst wenn die rationale Seite – der Reiter – überzeugt ist. Frühe Erfolge nehmen diese Angst und geben Vertrauen. Deshalb sind in jedem Veränderungsvorhaben kleine Schritte wichtig, um schnelle erste Erfolge zu erzielen.

Vertrauen und Momentum gewinnen durch frühe Erfolge

Frühe Erfolge, das Liefern von schnellen Resultaten, sind das wichtigste Mittel, um im Veränderungsprozess Vertrauen und Momentum zu gewinnen. Meilensteine und Zwischenziele sind auch eine Art von frühen Erfolgen und haben eine ähnliche Wirkung. Alles, was diese machen, ist, den Umfang der Veränderung zu verkleinern, sie helfen somit der emotionalen Seite des Menschen.

Motivation für die Veränderung wecken und die Vision sind alles Absichtserklärungen, dass man sich verändern möchte und wohin man sich verändern möchte. Aber erst Resultate zeigen, dass dahinter auch Aktionen sind, dass man gewillt und fähig ist, die Veränderung umzusetzen. Sie zeigen der Organisation, dass die Veränderung möglich ist, und vermitteln Vertrauen in das Veränderungsvorhaben. Nichts überzeugt besser als Erfolg! Dieses Vertrauen ist wichtig:

- Für das Topmanagement, den „Auftraggeber“ für das Veränderungsvorhaben: dass die Business-Resultate sich realisieren werden. Das fördert die Bereitschaft, das Vorhaben finanziell und personell zu unterstützen – und insbesondere auch positiv über das Vorhaben zu kommunizieren.
- Für die Mitarbeitenden: Häufig sind die Mitarbeitenden anfangs in einer abwartenden Haltung und wollen zuerst mal schauen, wie ernst man es mit dieser Veränderung meint. Zu häufig hat man große Ankündigungen erlebt und dann ist wenig passiert. Selbst wenn der Mitarbeitende der Veränderung positiv gegenüber eingestellt ist, überlegt er sich genau, ob er sich engagieren soll, nicht nur aufgrund seiner beschränkten Ressourcen, sondern auch, weil er nicht mit einer zum Scheitern verurteilten Initiative in Verbindung gebracht werden möchte. Die ersten Erfolge zeigen ihm, dass es sich lohnt, sich für die Sache zu engagieren.
- Diese Erfolge nehmen den Kritikern den Wind aus den Segeln, vielleicht lassen sie sich sogar umstimmen.
- Sie geben dem Change-Team die nötige Energie und Anerkennung. Ein Veränderungsvorhaben kann sehr anstrengend sein, kann entmutigend sein, wenn man mit viel Widerstand konfrontiert ist. Diese ersten Erfolge geben dem Change-Team Motivation und Bestätigung.

Schnelles Scheitern, schnelles Lernen

Das Planen für frühe Erfolge ist auch dann wichtig, wenn diese Erfolge ausbleiben. Wenn Erfolge ausbleiben oder Aktionen nicht zum gewünschten Resultat führen, ist es wichtig, daraus zu lernen und die entsprechenden Korrekturen vorzunehmen, sei es beispielsweise bezüglich der Veränderungsbereitschaft der Organisation, der Vision oder der ersten spezifischen Umsetzungsaktionen. Dies bedingt, dass man eine Kultur pflegt, wo Fehler zu machen akzeptiert ist, insbesondere im Change-Team. Und je schneller man diese Fehler macht, desto schneller kann man korrigieren, ohne Vertrauen und Momentum zu verlieren.

Fokus als Voraussetzung für schnelle Erfolge, Lernen und Flexibilität

Die Versuchung ist groß, möglichst viel anzugehen und möglichst alles zur gleichen Zeit. Erfolge können Sie nur dann schnell liefern, wenn Sie fokussiert sind. Und fokussiert sein heißt sich entscheiden, was nicht zu tun ist. Denn je mehr Aktivitäten parallel laufen, desto länger dauert es, bis etwas erreicht wird. Ich möchte Sie dazu zu einem Gedankenexperiment einladen: Stellen Sie sich vor, Sie haben sich innerhalb eines Veränderungsvorhabens zum Ziel gesetzt, 10 neue Praktiken, z. B. im Bereich Einkauf und Projektmanagement, innerhalb von zwei Jahren einzuführen (wir haben das etwa in den Fallbeispielen Einkaufstransformation und Operational Excellence gemacht). Der Engpass dabei seien die Ressourcen des Change-Teams, es braucht ca. 50 Tage Arbeitsaufwand, um eine Praxis zu entwickeln, zu testen, einzuführen und zu verankern. Es könnte jetzt an allen 10 Praktiken parallel gearbeitet werden, dies wäre die effizienteste Arbeitsweise, da Synergien in allen Phasen – Entwickeln, Testen, Einführen und Verankern – realisiert werden könnten. Dies würde aber bedeuten, dass die Organisation für ein Jahr keine Resultate sieht, da das Team mit Entwickeln und Testen beschäftigt ist. Stellen Sie sich vor, was das für das Vertrauen der Organisation und für das Momentum der Veränderung bedeutet! Dieses Warten ist absolut schädlich für die Veränderung! Zusätzlich wissen Sie ja nicht, ob die 10 Praktiken, die Sie ausgewählt haben, wirklich die wichtigsten sind oder sich das Umfeld verändert und somit sich auch der Fokus ändert, ob das Konzept der Einführung und Verankerung wirklich funktioniert etc. Neben dem späten Liefern von Resultaten verhindern Sie mit diesem Ansatz, dass Sie über den Verlauf des Programms lernen. Wenn Sie nur mit ganz wenigen starten, z. B. 3 Praktiken, oder sogar nur einer einzigen, dann können Sie der Organisation schnelle Erfolge liefern, vielleicht bereits nach ein paar Wochen und nicht erst nach einem Jahr. Zudem lernen Sie dadurch, wie so eine Praxis am besten entwickelt und realisiert wird, Sie lernen, die richtigen Praktiken zu identifizieren, und bleiben flexibel. Und nach dem ersten Erfolg schreiten Sie zum nächsten. So liefern Sie frühe Erfolge und bleiben flexibel. Dies ist das Resultat von Fokus.

8.3 Kriterien für den richtigen Fokus

Es wird nicht nur der Fehler gemacht, dass man sich zu wenig fokussiert, sondern auch, dass man den Fokus falsch setzt. Beispielsweise dass man aus der Innenperspektive des Change-Teams diesen Fokus setzt, anstatt von außen zu schauen, was die Organisation braucht und umsetzen kann. Also beispielsweise in der Einkaufstransformation nicht, was ein Best-of-its-class-Einkauf ist und macht, sondern: Was können wir heute in den Einkaufsaktivitäten verändern, das der Organisation einen schnellen rationalen und emotionalen Nutzen bringt, also einen kurzfristigen Geschäftserfolg bringt und der Organisation Vertrauen und Motivation gibt, diesen Weg zu gehen. Es gilt, diesen Punkt zu finden, wo Sie den größten Hebel haben, etwas zu bewegen. Diese Gelegenheit kann sehr flüchtig sein: ein spezifisches Kundenfeedback, ein kritisches Kundenprojekt oder eine andere einmalige Chance, die sich bietet. Halten Sie die Augen offen und packen Sie zu!

Im Folgenden werden die wichtigsten Kriterien beschrieben, um diese Gelegenheit zu identifizieren, diesen Fokus für schnelle, relevante Ziele richtig zu setzen. Und diese Erfolge dürfen ruhig auch klein sein, wenn sie die Kriterien erfüllen. Diese Kriterien kann man in vier Gruppen strukturieren:

- **Schnelligkeit:** Erfolge werden schnell erzielt.
- **Konkretheit:** Die Erfolge werden als konkret empfunden; sie sind messbar, erlebbar und glaubwürdig.
- **Relevanz:** Die Erfolge sind relevant, und zwar für die Menschen in der Organisation, das Business und die Veränderungsvision.
- **Machbarkeit:** Die Erfolge sind mit vernünftigem Aufwand und Risiko erreichbar und, besonders wichtig, sie werden von den Betroffenen unterstützt.

Schnelligkeit

Wie auf den vorausgehenden Seiten besprochen, ist das schnelle Liefern von Resultaten essenziell, um der Organisation ein Erfolgserlebnis zu geben und somit die Basis für die weitere Arbeit zu setzen. Dazu kommen die anderen besprochenen Aspekte, um das Risiko zu vermindern und um für weitere Schritte zu lernen. Schnell können sie insbesondere da sein, wo eine einfache Lösung auf der Hand liegt, bereits viel Vorarbeit geleistet wurde, eine bereits in einem Bereich etablierte Lösung auf andere übertragen werden kann oder wo sehr viel Druck auf der Organisation ist, das entsprechende Resultat zu liefern.

Konkretheit – messbar, erfahrbar und glaubwürdig

- **Messbarkeit:** Erfolge sind messbar – eigentlich trivial, aber in Veränderungsvorhaben nicht immer selbstverständlich: Beispielsweise beim Einführen eines neuen Enterprise Resource Planning (ERP), einer Software zur Ressourcenplanung im Unternehmen. Natürlich ist die erfolgreiche Einführung eines solchen Systems ein Erfolg, aber was wollte man damit eigentlich erreichen und wie misst man das? Beispielsweise Effizienzsteigerung? Wie messen Sie die Effizienz vor und nach der Veränderung repräsentativ, insbesondere wenn sich gleichzeitig noch andere Dinge ändern?
- **Erfahrbarkeit:** Erfolge sind nicht nur messbar zu sein, sondern auch sichtbar und erfahrbar. Der größte Erfolg nützt nichts für das Momentum des Veränderungsvorhabens, wenn er nicht für die Organisation konkret erfahrbar wird. Hat sich mit diesem Erfolg auch für den Einzelnen etwas positiv verändert? Beispielsweise Einkaufseinsparungen: Erfährt der Einzelne den positiven Effekt in seinem

Kundenprojekt? Oder durch die Einführung des ERP? Erfolge müssen konkret sein, sonst bewirken sie in der Organisation nichts.

- **Glaubwürdig:** Ein beliebtes Mittel der Kritiker der Veränderung ist, die Glaubwürdigkeit der Resultate in Zweifel zu ziehen. Dabei haben sie zwei Ansatzpunkte: erstens die Resultate als solches in Zweifel zu ziehen, zweitens die Kausalität zwischen Resultaten und Veränderungsvorhaben zu bezweifeln. Je ein Beispiel soll dies illustrieren:
  1. **Resultate bezweifeln:** Fallbeispiel Einkaufstransformation. Einkaufseinsparungen – insbesondere im Projektgeschäft – sind ein klassischer Bereich, der schwierig zu messen ist und deshalb einfach in Zweifel gezogen werden kann. Um dem zu begegnen, haben wir für diese Messungen die Finanzabteilung verantwortlich gemacht und nicht die Einkaufsfunktion.
  2. **Kausalität zwischen Resultaten und Veränderungsvorhaben bezweifeln:** Fallbeispiel Operational Excellence, wo wir neue Projektmanagement-Praktiken eingeführt haben. Wir konnten einfach zeigen, dass die neuen Praktiken von den Projektmanagern geschätzt wurden. Gleichzeitig stieg auch die Projektprofitabilität an. Können Sie aber wirklich beweisen, dass die Profitabilität aufgrund der neuen Praktiken angestiegen ist? In unserem Fall war dies nicht möglich. Da aber die Projektmanager mit den neuen Praktiken zufrieden waren und die Resultate stimmten, war die Kritik nicht wirkungsvoll.

Relevanz – für die Menschen in der Organisation, das Business und die Veränderungsvision

- **Emotional relevant für die Organisation:** Sprechen die Resultate die Gefühle der Menschen an? Was ist wichtig für die Leute in der Organisation? Fallbeispiel Operational Excellence: Wichtig für den Projektmanager ist beispielsweise, erfolgreich für den Kunden zu sein, erfolgreich in den Augen der Kollegen und des Managements, Professionalität in dem, was er tut, mit Best Practices zu arbeiten, gute Zusammenarbeit mit den Kollegen an den unterschiedlichen Standorten im gleichen Projektteam. Sind diese ersten Erfolge für die Leute in der Organisation in diesem Sinne relevant? Motivieren sie sie, sich für das Veränderungsvorhaben verstärkt zu engagieren?
- **Relevant für kritische Schlüsselleute oder kritische Organisationseinheiten:** Gibt es zum Beispiel einen Topmanager, der sehr ablehnend der Veränderung gegenübersteht, und gibt es ein Thema, das ihm sehr am Herzen liegt, wo Sie ihm helfen können? Oder gibt es einen wichtigen Standort, welcher der Veränderung sehr ablehnend gegenübersteht und den Sie durch eine entsprechende Aktion einbeziehen können? Falls es Personen oder Organisationseinheiten gibt, die einerseits sehr kritisch gegenüber der Veränderung sind, aber andererseits wichtig für den Erfolg des gesamten Veränderungsvorhabens, lohnt es sich, gezielt nach Themen zu suchen, die für sie relevant sind. Dabei ist natürlich zu beachten, dass diese Themen mit der Vision der Veränderung und den anderen Kriterien übereinstimmen, insbesondere ist das Kriterium „Unterstützung durch Beteiligte“ zu beachten.
- **Relevant für die Vision:** Natürlich sollte das Thema etwas mit der Vision zu tun haben. Das Erreichen des Erfolges sollte uns inhaltlich näher zur Realisierung

der Vision bringen – auch wenn es nur ein kleiner Schritt ist. Sendet sie die richtige Botschaft in die Organisation, stehen diese ersten Erfolge für den Charakter der Vision? Fallbeispiel Einkaufstransformation: Ein Bereich, in dem man im Einkauf häufig schnell gute Erfolge erzielen kann, ist bei den indirekten Materialien im administrativen Bereich. Dieser indirekte Bereich ist aber nicht der Kern der Transformation, passt also nicht sehr gut zur Vision, ja, kann diese sogar schwächen und die Organisation von der eigentlichen Vision ablenken – umgekehrt können aber erste Erfolge, unabhängig wo, die Zuversicht der gesamten Organisation in Bezug auf die Veränderung erhöhen.
- **Relevant fürs Business:** Die ersten Resultate müssen auch wirtschaftlich ein Erfolg sein – gemäß den in der Vision vereinbarten Zielen. Meistens bedeutet dies finanzielle Resultate, insbesondere Profitabilität, Umsatz, Cashflow oder eine andere wichtige Leistungskennzahl. Erfüllt man dieses Kriterium nicht, erntet man zu Recht Kritik, insbesondere von CFO und Geschäftsleitung.

Machbarkeit – vernünftig in Aufwand und Risiko, von den Beteiligten unterstützt

- **Vernünftig in Aufwand und Risiko:** Neben all den besprochenen Dimensionen des Nutzens stehen natürlich auf der anderen Seite der Aufwand und das Risiko, diesen Erfolg zu realisieren. Stehen Aufwand und Risiko im Verhältnis zum Resultat? Welche Ressourcen – insbesondere Mitarbeiter und Finanzen – werden dazu gebraucht, sind sie vorhanden? Sind betroffene Mitarbeitende schon überbeansprucht durch andere Aktivitäten? Hat die Organisation überhaupt die Fähigkeit, den angestrebten Erfolg zu realisieren? Oder müssen Fähigkeiten extern dazugenommen werden? Haben wir die Führungsfähigkeiten, die notwendig sind? Wie groß ist der Aufwand für die Organisation, die Veränderung zu verarbeiten? Je größer der Aufwand und je länger es dauert, desto größer ist das Risiko, das Ziel nicht zu erreichen.
- **Unterstützung durch Beteiligte:** Es ist nicht nur eine Frage des Aufwandes, sondern auch der Motivation der Beteiligten, diese Ressourcen zur Verfügung zu stellen. Sind diese Personen auf Arbeits- und Managementebene bereit, gemeinsam auf diesen Erfolg hin zu arbeiten? Für diese Mitarbeit sind die Beteiligten, meistens aus unterschiedlichsten Organisationseinheiten, zu überzeugen – Instruktion von oben funktioniert nur schlecht. Es sind diese Bereiche zu finden, wo die Organisation bereits motiviert ist, wo es diese positiven Emotionen bereits gibt, um dann auf diesen aufzubauen. Meist sind diese Veränderungen funktionsübergreifend. Und da einen gemeinsamen Nenner zu finden ist nicht immer einfach. Fallbeispiel Einkaufstransformation: Um den Einkauf von spezifischen Gütern zu entwickeln, braucht es mindestens den Einkauf für die kommerzielle Seite, das Engineering für die technische, den Projektmanager für den Einsatz dieser Komponenten im Kundenprojekt und die Leitung der Geschäftseinheit, die schlussendlich den Nutzen und die Risiken durch diese Veränderungen verantwortet.

Sehr häufig sind die Change-Teams frustriert, wenn die internen Partner nicht mitziehen wollen. Umgekehrt sind aber auch die Ressourcen, die dem Change-Team zur Verfügung stehen, meist sehr beschränkt. Also warum gegen Windmühlen ankämpfen und mit dem Kopf durch die Wand wollen? Es lassen sich immer Themen und Bereiche finden, welche die Kriterien erfüllen und die Unterstützung durch die Beteiligten finden. Der einzige Weg, der zum Erfolg führt, ist, die vorhandenen Kräfte zu nutzen und nicht gegen sie anzukämpfen. Wenn allerdings fehlende Unterstützung für Veränderungen unabhängig vom Thema immer von der gleichen Organisationseinheit kommt, dann muss dies entsprechend adressiert werden.

Fallbeispiel Einkaufstransformation: *Fokus und frühe Erfolge*

Eines unserer ersten Fokusthemen in der Einkaufstransformation des Herstellers von Stromerzeugungsanlagen war der Einkauf in Asien von bis zu 100 Tonnen schweren Stahlkonstruktionen für eines unserer globalen Produkte. Wir hatten den Vorteil, dass unsere Geschäftseinheit in einer Region bereits diese Komponente in Asien einkaufte, allerdings Probleme mit den Lieferungen hatte. Damit hatte man ein gemeinsames Interesse, zusammenzuarbeiten, um die Situation zu verbessern (Unterstützung der Beteiligten). Als Erstes haben wir zusammen einen Plan gemacht, wie wir diese Supply Chain in Asien stärken konnten: durch die Wahl eines geeigneten Lieferanten, Ausbildung des Lieferanten, Aufbau einer langfristigen partnerschaftlichen Lieferantenbeziehung, unsere eigenen Ingenieure permanent beim Lieferanten zu haben und Stärkung des eigenen lokalen Teams. Mit diesen Maßnahmen konnten wir Risiken und Aufwand pro Projekt reduzieren (Machbarkeit) und die Performance für diese Projekte markant verbessern – nicht nur die Einkaufskosten, sondern die Vollkosten, gemessen auch bezüglich On-time-delivery und Qualität (Konkretheit, Messbarkeit). Diese Verbesserung war absolut wichtig für die betroffenen Menschen in diesen Projekten, insbesondere die internen Kunden (Relevanz). Da wir viele dieser Projekte hatten und schnell handeln konnten, waren diese Erfolge auch schnell möglich und markant in ihrem Resultat (Schnelligkeit, starker Business Case). Aufgrund dieser Erfolge haben wir dann angefangen, diese Stahlkonstruktionen nicht nur für Projekte der einen Region, sondern auch global für alle Regionen bei diesem Partner einzukaufen.

Dieses Beispiel zeigt, wie alle vier Kriterien erfüllt wurden: Schnelligkeit, Konkretheit, Relevanz und Machbarkeit. Auch das Vorgehen in „kleinen" Schritten fand Anwendung, nämlich zuerst für die Projekte einer Region und erst dann global. Auch war es ein guter Fokus bezüglich der Vision der Einkaufstransformation, hatte es doch alle drei wichtigen Elemente – wie im Fallbeispiel im Kapitel Vision beschrieben – adressiert: Erstens die Zusammenarbeit zwischen der globalen Produktlinie, den Regionen und dem globalen Einkaufsteam. Zweitens der proaktive und frühe Einbezug von Einkaufsthemen, insbesondere in der Produktgestaltung und im Verkauf, und drittens eine langfristige partnerschaftliche Beziehung mit einem Schlüssellieferanten.

8.4 Gemeinsam den Plan erstellen

Sie haben die Bedeutung von frühen, relevanten Erfolgen und Fokus erkannt und die Kriterien, die diese Erfolge erfüllen sollen, verinnerlicht. Hier noch einige Hinweise, wie Sie praktisch an die Sache herangehen können:

Beteiligen von Management und Betroffenen

Was sich als roter Faden durch dieses Buch hindurchzieht, gilt auch hier: Beteiligen Sie das betroffene Management und wichtige Schlüsselpersonen an der Selektion und Definition dieser ersten Umsetzungsziele. Es geht wiederum nicht nur um die Qualität der ausgewählten Prioritäten, sondern das Management und die Schlüsselpersonen für diese Bereiche zu gewinnen, da sie entscheidend sind, um dann die Veränderung in diesen Bereichen zu gestalten und umzusetzen.

Explizite Obergrenze für parallele Aktivitäten setzen

Um den Fokus sicherzustellen, empfiehlt es sich, eine explizite Obergrenze zu setzen für die Anzahl Prioritäten und Aktivitäten, die parallel laufen – wie beispielsweise die Einführung neuer Praktiken im Gedankenexperiment früher. Oder eine begrenzte Anzahl einzelner Organisationseinheiten, die Sie adressieren, oder einzelner Technologien, Kategorien etc. Mit dieser Obergrenze, die Sie am besten als Teil des Projektauftrags der Veränderung festhalten, schützen Sie sich davor, dass das Change-Team oder auch das Topmanagement zu viel auf einmal will. Diese Obergrenze ermöglicht eine sehr produktive Diskussion, die Prioritäten und somit den Fokus innerhalb dieses Rahmens richtig zu setzen.

Vom Positiven ausgehen

In einem Veränderungsprozess geht es meist darum, eine bestehende Situation zu verbessern. Dies bedeutet aber, dass man meist auf das Negative fokussiert ist, was alles nicht funktioniert (vgl. zu dieser Grundtendenz, das Negative zu betonen, Kap. 3.4). Es geht aber auch anders: Wo gibt es Bereiche, die „gut" funktionieren, also bereits Elemente der Vision realisiert haben? Wie kann man diese Bereiche identifizieren und von ihnen lernen? Berücksichtigen Sie dies bereits in der Planung für die ersten Erfolge; auf Positivem aufzubauen ist einfacher, überzeugender und schneller, als bei null zu beginnen – wie im Beispiel des Einkaufs der Stahlkonstruktionen in China. Wo gibt es in Ihrer Organisation diese Bereiche und wie können Sie sie im Prozess involvieren?

Fallbeispiel Operational Excellence: *Fokussierung*

Wie in den früheren Phasen beschrieben, haben wir im Fallbeispiel Operational Excellence des Anlagenbauers für die Metallgewinnung von Anfang an die Betroffenen involviert, insbesondere in der Situationsanalyse, aber auch in den folgenden Aktivitäten. Als Resultat der Situationsanalyse haben wir sechs Themenbereiche gebildet: Risikomanagement, Projektportfoliomanagement, Lieferantenmanagement, frühes Involvieren der Abwicklung im Verkaufsprozess, Ressourcenmanagement und Kooperation über die Standorte hinweg. Wir waren uns bewusst, dass dies sehr große Themengebiete waren. Um zu fokussieren, haben wir dann daraus die einzelnen Prioritäten gewählt. Wir haben das zusammen mit den Betroffenen gemacht – und wo wir bei den Betroffenen keine Motivation vorfanden, haben wir das Thema ganz einfach parkiert. Zum Teil haben wir einfache Praktiken ausgewählt, wie das Weitergeben von Erfahrungen im Bereich der standortübergreifenden Kooperation. Zum Teil aber auch recht umfangreiche – wesentlich umfangreicher als ursprünglich angenommen. Wir hatten uns bewusst eine Obergrenze von maximal 10 Praktiken gegeben – was auf der hohen Seite ist, aber noch handhabbar war, da dabei auch kleinere Praktiken waren und sie unterschiedliche Teile der Organisation betrafen. Wichtig war, dass einige dieser Praktiken auch wirklich schnelle Resultate lieferten. Da diese Praktiken durch die Beteiligten selbst entwickelt wurden (dazu mehr im nächsten Kapitel), waren sie für diese auch relevant. Und durch das Beteiligen jener Leute aus der gesamten globalen Organisation, die zu diesem Thema das beste Know-how und gute Praktiken schon lokal implementiert haben, haben wir auch die bestehenden Best Practices automatisch einfließen lassen, sind also vom Positiven ausgegangen. Die Obergrenze von 10 Praktiken hat dabei das Change-Team vor sich selbst geschützt, um nicht mehr zu wollen, als es und die Organisation fähig waren, und insbesondere auch, um konstruktiv im Dialog mit dem Druck der Geschäftsleitung umzugehen, die noch mehr wollte.

***Praxistipp:** Mit dem Ende beginnen*

Eines der Kriterien zur Planung der ersten Erfolge ist „Relevant für die Vision", das heißt, einen ersten Schritt in die Richtung Vision zu machen. Das ist in der Praxis jedoch nicht einfach, man will ja nicht irgendeinen Schritt machen, sondern einen, der einen großen positiven Einfluss auf das Veränderungsvorhaben hat. Eine Methode, dies zu erreichen, besteht darin, vom Ende auszugehen, also von der realisierten Vision selbst, und sich dann zu fragen: „Wenn ich auf unsere Veränderungsreise zurückschaue, welches war der Erfolg, der die Sache ins Positive gekippt hat?" Welches kleine Verhalten im Prozess und in der Zusammenarbeit mit anderen hat diese Veränderung gebracht? Woran erkenne ich, dass es funktioniert? Ist es ein grober Implementierungsplan für das Kundenprojekt, der gemeinsam in der Verkaufsphase erstellt wurde? Ist es das Involvieren von Schlüsselleuten der Abwicklung im Verkauf? Ist es ein ganz spezifisches Kundenprojekt, eine spezifische Person, eine spezifische Organisationseinheit? Ist es der Genehmigungsprozess, der diese Dinge für die Genehmigung voraussetzt? Diese Fragen helfen, sich nicht im Dickicht der Alternativen zu verlieren und die richtigen Prioritäten zu setzen.

Kommunikation

Kommunizieren Sie den vereinbarten Plan mit den Prioritäten für die ersten Resultate. Planen Sie auch schon in dieser Phase die Kommunikation der Resultate. Gute Resultate ohne Kommunikation haben nur einen sehr geringen Wert für das Veränderungsvorhaben. Die Kriterien für die Priorisierung der ersten Resultate sind so definiert, dass sie wirkungsvolle Kommunikation ermöglichen, also einen positiven Einfluss auf die Veränderungsmotivation der Organisation haben.

8.5 Zusammenfassung: Planen für frühe, relevante Erfolge

Frühe, motivierende Erfolge sind essenziell für das Veränderungsvorhaben, sie geben der Organisation Vertrauen, sie erzeugen Momentum. Nach dem Wecken der Veränderungsbereitschaft und dem Gestalten der Vision gilt es, diese frühen Erfolge zu planen. Dabei müssen diese Erfolge nicht nur früh sein, sondern auch relevant für die Menschen in der Organisation, als konkret und echt empfunden und mit vernünftigem Aufwand und Risiko realisiert werden können. Um eine Chance zu haben, solche Erfolge zu liefern, ist Fokus essenziell. Und Fokus bedeutet, zu entscheiden, was nicht oder nur später gemacht werden kann. Fokus hilft auch, kleine Schritte zu machen, die einerseits schnelle Erfolge ermöglichen, andererseits auch die Gelegenheit geben, von diesen ersten Schritten zu lernen und auf ein sich änderndes Umfeld zu reagieren.

Checkliste: *Fokussierung – Planen für frühe, relevante Erfolge*

Voraussetzung:

- Die Veränderungsbereitschaft in der Organisation ist vorhanden (Kap. 6). Die Vision ist kommuniziert, verstanden und positiv aufgenommen worden (Kap. 7). Sie haben dies zum Beispiel durch einen Pulse Survey validiert.

Sie planen für schnelle, relevante Erfolge, die folgende Kriterien erfüllen:

- **Schnelligkeit:** Sie sind in der Lage, Erfolge schnell zu erzielen.
- **Konkretheit:** Die Erfolge werden als konkret empfunden; sie sind messbar, erlebbar und glaubwürdig.
- **Relevanz:** Die Erfolge sind relevant, und zwar für die Menschen in der Organisation, das Business und die Veränderungsvision.
- **Machbarkeit:** Die Erfolge sind mit vernünftigem Aufwand und Risiko erreichbar, und, besonders wichtig, sie werden von den Betroffenen unterstützt.

Sie haben einen fokussierten Plan erstellt:

- Sie haben die Prinzipien der Planung wie in Kap. 5.5 beschrieben befolgt.
- Sie haben einen klaren Fokus, klare Prioritäten und streben nur eine beschränkte Anzahl Erfolge nach obigen Kriterien an. Sie haben sich z. B. eine explizite Obergrenze für parallele Aktivitäten gesetzt. Sie haben bewusst Themen gestrichen oder auf später verschoben.
- Klagen der Organisation über zu viele Initiativen innerhalb Ihres Veränderungsvorhabens bleiben aus. Sie haben heftige Diskussionen darüber, was nicht gemacht wird.
- Sie haben Ressourcen für diesen Plan sichergestellt, insbesondere seitens des Change-Teams und der Beteiligten der weiteren Organisation. Sie können sich auf die versprochenen Ressourcen verlassen.
- Der Plan gibt ihnen die Flexibilität, um aus den ersten Aktivitäten zu lernen und den Plan entsprechend anzupassen sowie auf Veränderungen im Umfeld oder neue Erkenntnisse zu reagieren.
- Sie haben den Plan gemeinsam mit dem Management und betroffenen Schlüsselpersonen erstellt.
- Sie kommunizieren den Plan – und planen schon für die Kommunikation der Resultate.

Programmmanagement

- Die Projektstruktur ist voll implementiert, insbesondere Projektauftrag, Project-Steering und Stakeholdermanagement. (vgl. Kap. 4 und 5)
- Das Change-Team ist nicht nur zusammengestellt, sondern Sie sind auf dem besten Weg, daraus ein „high performing" Team zu gestalten; Sie haben Vertrauen gebildet, das Team besitzt eine positive Grundhaltung und es übernimmt Resultatverantwortung. (vgl. Kap. 3)
- Sie haben den Zustand des Veränderungsvorhabens reflektiert, insbesondere auch bezüglich Führungs- und Umsetzungsfähigkeiten, Feedback entgegengenommen und verarbeitet und Anpassungen, wo nötig, vorgenommen.

9

Gestalten: Effektive Lösungen und Verhalten erarbeiten

9.1 Einleitung: Den Inhalt der Veränderung kreieren

Im vorausgehenden Kapitel wurden in der Planung die Prioritäten für wenige, schnell erreichbare und für die Organisation relevante Erfolge gesetzt. Jetzt geht es darum, diese Prioritäten zu realisieren, zuerst die Lösung zu gestalten und dann in der nächsten Phase umzusetzen, vgl. Abb. 9.1. Wie gehen Sie vor, um effektive, also wirkungsvolle, Lösungen zu erarbeiten? Insbesondere sind es ja nicht technische Lösungen, sondern Veränderungen in einem sozialen System, also das Verändern des operativen Verhaltens von Menschen. Das geht wiederum nur, wenn Sie die Betroffenen in die Gestaltung einbeziehen. Die Betroffen sind aber überhaupt nur motiviert, sich zu verändern und aktiv dazu beizutragen, wenn sie schon vorher einbezogen wurden; wenn sie von der Notwendigkeit der Veränderung überzeugt sind, mit der Vision übereinstimmen und die definierten Prioritäten für sie relevant sind. Zur Gestaltung der Lösung stellt sich nicht nur die Frage, wie dabei vorzugehen ist, beispielsweise durch Arbeitsgruppen und Workshops, sondern auch, welche Eigenschaften eine gute, effektive Lösung inhaltlich hat.

Einstiegsbeispiel – *was schiefgehen kann*

Im Rahmen einer Organisationsveränderung werden Verantwortlichkeiten zwischen den Technologie- und Markteinheiten neu definiert. Das Ganze läuft schon eine Weile, aber die Klärung kommt nicht zustande, zu widersprüchlich sind die Interessen. Schlussendlich nimmt die Geschäftsleitung die Sache in die Hand, zieht sich in eine Klausur

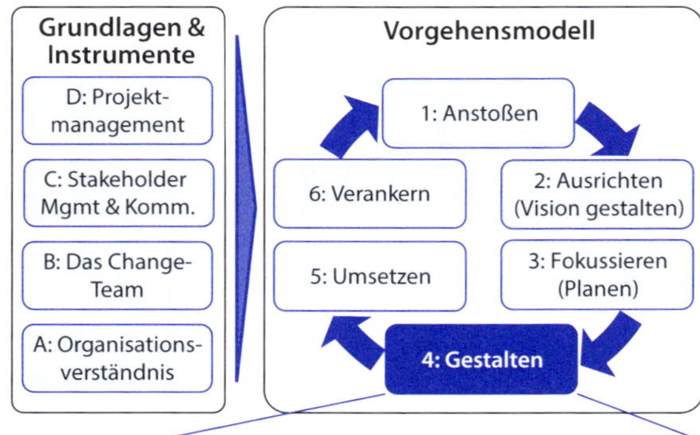

Gestalten – „Wie?"

- Effektive Lösungen bilden neues Verhalten (Kap. 9.2)
- Beteiligung der Betroffenen in der Lösungs-gestaltung (Kap. 9.3)
- Arbeitsgruppen und Workshops (Kap. 9.4)

Abb. 9.1: Gestalten – Effektive Lösungen und Verhalten erarbeiten

zurück und erarbeitet die Lösung. Trotzdem überzeugt die Lösung in der Praxis nicht. Warum? Ist klar, was mit der Veränderung genau erreicht werden soll? Welches ist das spezifische tägliche Verhalten der Menschen in der Organisation, das man durch dieses neue Organisationsdesign verändern möchte? In welchen spezifischen Situationen möchte man dieses Verhalten sehen? Wie übersetzt sich das gewünschte Verhalten ins Rollenverständnis und Verantwortlichkeiten? Wie ist vorzugehen, dass die Lösung eine Chance hat, in der Realität umgesetzt zu werden, und nicht einfach nur eine Papierlösung bleibt? Wie können die Mitarbeitenden für die Lösung gewonnen werden? Eine Lösung, die ohne die Beteiligung von Schlüsselpersonen gestaltet wurde, ist höchstwahrscheinlich nicht sehr praktikabel und hat es schwer, von der Organisation akzeptiert und gelebt zu werden.

Typische Fehler

- Es wird an der Lösung gearbeitet, ohne sich vorher klarzumachen, was genau damit erreicht werden soll, das übergeordnete Ziel ist nicht eindeutig, die Vision fehlt.
- Es wird gleichzeitig an zu vielen Lösungen gearbeitet, der Fokus fehlt – mit dem Resultat, dass keine oder lange keine Resultate erzielt werden.
- Die Lösung liefert keine schnellen und für die Organisation relevanten Ergebnisse.
- Die Lösung wird ohne ausreichende Beteiligung der Mitarbeitenden erarbeitet und ist daher inhaltlich zweifelhaft, die Akzeptanz zur Umsetzung fehlt – wie im Beispiel oben.
- Die Erarbeitung der Lösung verliert sich, liefert keine Resultate, versandet.
- Man gibt sich weder Mühe noch nimmt man sich die Zeit, die Arbeitsthematik wirklich zu verstehen oder verstehen zu wollen oder das Verstandene zu akzep-

tieren. Man kreiert Lösungen, die unausgegoren sind oder schlicht die Situation nicht widerspiegeln.
- Die Lösungen sind technokratisch. Sie berücksichtigen nicht, dass Veränderung das Verändern von menschlichem Verhalten bedeutet, und Lösungen, die diesen Aspekt zu wenig berücksichtigen, in der Realität nicht, nur schlecht oder nicht auf Dauer funktionieren werden.

Typische Einwände und Fragen der Organisation/Widerstände

Fragen und Widerstände, die in dieser Phase auftauchen, also beispielsweise „Ich habe niemanden, den ich auf diesen mehrtägigen Workshop schicken kann, wir haben andere Prioritäten", haben ihre Ursache meist nicht in dieser Phase, sondern in vorgelagerten, nämlich: Ist die Organisation bereit für eine Veränderung (Kap. 6), ist sie emotional überzeugt von der Vision der Veränderung (Kap. 7) und stimmt sie mit den Prioritäten überein (Kap. 8)? Analysieren Sie also die Widerstände, die Sie erfahren, genau und finden Sie die Ursache.

Programmmanagement

In Phase 1 „Anstoßen" (Kap. 6) wurde eine Grobanalyse der Situation durchgeführt. Phase 2 gibt die Richtung, die Vision vor und in Phase 3 werden die Prioritäten für das weitere Vorgehen gesetzt – immer sicherstellend, dass die Organisation bei dieser Reise emotional dabei ist. In diesem Kapitel geht es nun darum, diese Prioritäten zu realisieren; sie gemeinsam zu entwickeln und zu testen, beispielsweise in Pilots. Diese Lösung dann global in allen betroffenen Bereichen des Unternehmens umzusetzen und das neue Verhalten über das ganze Unternehmen hinweg zu lernen ist dann Bestandteil des nächsten Kapitels. Zusätzlich ist wichtig, die Grundlagen (Teil A) weiterhin im Auge zu behalten, insbesondere das Project-Steering, Stakeholdermanagement und die Entwicklung des Change-Teams. Bezüglich Projektmanagement wird in dieser Phase mit ihren umfangreichen Aktivitäten und ersten Resultaten auch „Kontrolle", Kap. 5.6, zunehmend wichtiger.

Aufbau des Kapitels

Das Kapitel besteht aus drei Vorgehensteilen; erstens wird hinterfragt, was eine effektive Lösung ist, nämlich eine, die neue Verhalten und Gewohnheiten bildet; d. h., das entsprechende Verhalten muss definiert und durch die Lösung unterstützt werden. Zweitens eine möglichst vielfältige Beteiligung der Betroffenen in der Lösungsgestaltung anzustreben. Und drittens, wie Arbeitsgruppen und Workshops gestaltet werden können, um das beste Resultat zu erzeugen, vgl. Abb. 9.1.

9.2 Gestalten von effektiven Lösungen heißt Bilden von neuem Verhalten und neuen Gewohnheiten

Viele Transformationen scheitern, da die erarbeiteten Lösungen im alltäglichen Leben nicht bestehen, weil sie nicht genug Hand und Fuß haben. Woran liegt das? Häufige Ursache ist, dass die Lösungen zu technokratisch sind, den Menschen, seine Gefühle und sein Verhalten zu wenig berücksichtigen. Kurz, nicht berücksichtigen, dass das Gestaltungsobjekt der Veränderung ein soziales System ist, dass nämlich Veränderung in einem Unternehmen Veränderung von Verhalten und Gewohnheiten ist, vgl. Kap. 2.

Den Pfad gestalten: Die Lösung bestimmt das Verhalten

Ich möchte hier auf das Bild von Chip und Dan Heath zurückkommen (vgl. Kap. 2.4 und 2.5), das Bild mit dem Elefanten, dem Reiter und dem Pfad. Der Mensch hat eine rationale Seite (der Reiter) und eine emotionale (der Elefant). Trotz der Überzeugung der rationalen Seite des Menschen, dass diese die dominante Seite sei, ist es in Wirklichkeit die emotionale. Wie können wir diesen Elefanten nun wirkungsvoll steuern – wenn wir uns eingestehen, dass der Einfluss des Reiters beschränkt ist? Über den Pfad! Das bedeutet, anstelle von Vorschriften, Anweisungen, Befehlen etc. – die Welt des Reiters – müssen wir das System, den Prozess, also den Pfad, so gestalten, dass das gewünschte Verhalten des Elefanten, wenn nicht automatisch, so doch stark durch die Lösung gefördert wird. Ein klassisches Beispiel, wo die Bedeutung des Gestaltens des Systems in diesem Sinne im industriellen Umfeld berücksichtigt wird, ist Arbeitssicherheit, beispielsweise an einer Maschine in der Produktion. Einerseits wird die rationale Seite angesprochen durch Unfallstatistiken, Handlungsanweisungen etc., andererseits die emotionale Seite durch entsprechende Schulung mit Unfallbildern und konkreten, personalisierten Beispielen. Aber ganz wesentlich für die Arbeitssicherheit ist, das System als solches sicher zu machen, also zu verhindern, dass der Mensch sich überhaupt in Unsicherheit begeben kann. Dies geschieht durch Sperrbereiche mit automatischer Abschaltung, Zweihandsysteme zur Bedienung – damit die Hand nicht am falschen Ort sein kann, etc. Man verlässt sich also nicht auf die rationale Seite der Mitarbeitenden, auch nicht auf die emotionale – sondern gestaltet das System möglichst so, dass nur das gewünschte Verhalten möglich ist. Und dieses Prinzip kann auf jedes Verhalten und System angewendet werden.

Aus neuem Verhalten neue Gewohnheiten bilden

Wir sind alle Gewohnheitsmenschen. Diese Tatsache ist weder schlecht noch gut, sondern schlicht eine Tatsache. Gewohnheiten sind Aktivitäten, die wir automatisch tun, ohne darüber nachzudenken, und häufig auch ohne dass wir ihrer bewusst sind. In einem Veränderungsprozess geht es also nicht nur darum, neues Verhalten zu trainieren und einmal oder zweimal anzuwenden, sondern dieses Verhalten so zu verinnerlichen, dass es automatisch wird, eine Gewohnheit wird. Veränderung in einem Unternehmen heißt Verlernen von alten und Bilden von neuen Gewohnheiten, wie das bereits Lewin in seinem 3-Phasen-Modell dargestellt hat, vgl. Kap. 1.2. Diese Erkenntnis ist nicht nur relevant für die Umsetzung und Festigung der Lösung (vgl. Kap. 10 und 11), sondern bereits in der Gestaltung derselben. Erleichtern Sie die Entwicklung dieser neuen Gewohnheiten, indem Sie die Lösung bewusst unter diesem Gesichtspunkt gestalten.

Identifikation des kritischen spezifischen Verhaltens

Der erste Schritt, um diese gewünschten Gewohnheiten zu bilden, ist, zu definieren, welches spezifische operative Verhalten in welcher ganz konkreten Situation gezielt gewünscht wird. Also das „Was" und „Wann" des Verhaltens. Am Anfang eines Projekt-Reviews nehme ich zum Beispiel diese Checkliste (S. 148) und arbeite sie durch. Oder im Einkauf: Wenn ich Angebote für Stahlkonstruktionen einhole, frage ich immer auch unseren globalen Partner. Oder im Verkauf: Wenn ich am Morgen ins Büro komme, nehme ich mir einen Kaffee und mit dem Kaffee in der Hand rufe ich einen Kunden an. Dieser Ansatz hilft, schnell neue Gewohnheiten zu bilden, weil er die rationale und die emotionale Seite in uns anspricht. Es wird klar beschrieben, was zu tun ist (rational), und dadurch, dass wir die Aktion an eine ganz bestimmte Situation binden, kann sich unsere emotionale Seite schnell daran gewöhnen. Wir müssen uns nicht immer wieder neu überwinden, die neue Aktion durchzuführen. Es strapaziert nicht unsere limitierten Denkreserven. Es wird zur Gewohnheit.

Fallbeispiel Einkaufstransformation: *Verhalten beim Festlegen des Projekt-Einkaufsplans*

Eine der großen Herausforderungen im Fallbeispiel Einkaufstransformation – typisch für jedes Unternehmen im Projektgeschäft – war, einerseits die Supply Chain für eine gewisse Einkaufskategorie zu entwickeln, andererseits sicherzustellen, dass diese dann in den einzelnen Projekten auch eingesetzt wird. Wir haben beispielsweise den bereits beschriebenen globalen Partner für große Stahlkonstruktionen entwickelt, der kostengünstig war und hohe Qualität lieferte. Dieser Lieferant war aber neu und genoss noch nicht das Vertrauen der Organisation. Wie konnten wir sicherstellen, dass in einem Projekt, das eventuell sogar lokal in einer Einheit auf einem anderen Kontinent verkauft und abgewickelt wurde, dieser globale Partner berücksichtigt wurde? Insbesondere da dies schon in der Verkaufsphase stattfinden musste, wo diese Einkaufsentscheidung bereits vordefiniert wurde. Wir haben das durch das Bilden von drei kritischen Verhalten adressiert: Erstens: Für kritische Einkaufskategorien, die lokal eingekauft wurden, wurden sogenannte Sourcing Rules verabschiedet, die klar, einfach und global bindend beschrieben, welcher Umfang wie unter welchen Bedingungen eingekauft wird, also beispielsweise, dass für jedes Projekt mit dieser Art Stahlkonstruktion der globale Partner angefragt werden muss und, wenn die totalen Kosten und Lieferzeit konkurrenzfähig sind, auch beauftragt werden muss. Wir haben also als Erstes klare Regeln etabliert. Der Vorteil dieser Sourcing Rules ist nicht nur, dass sie klar sind, sondern dass sie vorher mit den Produktverantwortlichen und der Geschäftsleitung vereinbart wurden, das heißt nicht in jedem Projekt wieder neu verhandelt werden mussten, sondern einen klaren Rahmen vorgaben. Das zweite zu etablierende Verhalten war, dass in allen Verkaufsaktivitäten beim Erstellen der Angebote der lokale Einkauf dabei war, und drittens, dass der lokale Einkauf die Sourcing Rules beim Erstellen dieser Angebote anwendete. Es war in der Praxis sehr gut zu sehen und zu messen, wo dies nicht funktionierte; Verkaufsaktivitäten, wo der Einkauf nicht dabei war – oder wo der lokale Einkauf zwar dabei war, aber seine eigene Agenda verfolgte (also die Sourcing Rules nicht anwendete), oder in jenen Einkaufskategorien, wo keine klaren und einfachen Sourcing Rules vereinbart wurden.

Mittel zur Gestaltung der Lösung

Nachdem Sie das kritische spezifische Verhalten identifiziert haben, gilt es, die Lösung so zu gestalten, dass dieses gewünschte Verhalten auch gefördert wird.

Welche Mittel gibt es, dies im System zu berücksichtigen, wenn Sie nicht im Umfeld der physischen Arbeit sind, sondern im Bereich der Büroarbeit? Diese Mittel sind: IT-Systeme und -Tools, Checklisten und das Umfeld verändern. Diese werden im Folgenden erläutert:

IT-Systeme und IT-Tools

Ähnlich wie Produktionsmittel in der Produktion sind IT-Systeme und IT-Tools ein hervorragendes Mittel, um das gewünschte Verhalten zu erreichen. Richtig gemacht, können diese Systeme und Tools das Leben der Betroffenen einfacher und spannender machen. Und die Leute übernehmen das Neue mit Freude, denken Sie nur im Privaten beispielsweise an die Einkaufsplattformen im Internet. Auch können IT-Systeme und -Tools gezielt so gestaltet werden, dass sie das ungewollte Verhalten verhindern und nur das gewünschte zulassen. Beispiel Angebotswesen: Im Projektgeschäft kann es vorkommen, dass Angebote erst in der letzten Sekunde vorbereitet werden, wichtige Aspekte verloren gehen oder wichtige interne Stakeholder nicht berücksichtigt werden. Wenn dieser ganze Prozess des Angebotswesens über eine e-Platform läuft, dann kann ein Angebot nur rausgehen, wenn es genehmigt ist, und es wird nur genehmigt, wenn alle definierten Inhalte erstellt sind und von den entsprechenden Verantwortlichen freigegeben werden. Das gewünschte Verhalten wird vom System vorgegeben. Das Gleiche gilt für Katalogeinkauf im Internet. Hier bieten Digitalisierung und Industrie 4.0 unzählige neue Möglichkeiten, dieses gewünschte Verhalten gezielt zu unterstützen oder sogar systemtechnisch vorzugeben.

Checklisten

Checklisten sind ebenfalls ein geeignetes Tool, neue Gewohnheiten zu entwickeln. Sie beschreiben klar, was zu tun ist. Sie repräsentieren all die Erfahrungen, die in diesem Bereich gemacht wurden, und reduzieren damit die Gefahr, dass die gleichen Fehler wiederholt werden – sie helfen der Organisation zu lernen. Checklisten bilden eine Routine, ein eingespieltes Verhalten, das Wissen der Organisation zuverlässig anzuwenden.

Umfeld verändern

Gewohnheiten sind auch immer an das Umfeld gebunden. Wenn Sie beispielsweise vom Bürogebäude in die Produktion gehen, setzen Sie automatisch die Schutzbrille auf, das „Wann“ in diesem Verhalten wird durch den Ortwechsel ausgelöst. Sie können diesen Zusammenhang auch im Veränderungsvorhaben nutzen; wechseln Sie gleichzeitig mit dem Verhalten auch das Umfeld – so hat das alte Umfeld nicht die Kraft, das alte Verhalten zu bestärken, sondern umgekehrt kreieren Sie mit einem neuen Umfeld eine Kraft, die das neue Verhalten fördert – insbesondere wenn die Änderung im Umfeld auch inhaltlich zur Verhaltensänderung passt. Beispielsweise möchten Sie ein Verhalten mit mehr Kooperation – dann können Sie dies verstärken durch das Wechseln von Einzelbüros in modern eingerichtete Großraumbüros. Der große Vorteil dieser Veränderungen im physischen Umfeld ist, dass sie emotional erfahrbar sind.

Fallbeispiel Organisationsgestaltung: *Anpassen von Organisationsstrukturen*

Organisationstrukturen sind ein weiteres Element, um gewünschtes Verhalten zu unterstützen. Im Fallbeispiel der Organisationsgestaltung des Papiermaschinenherstellers waren sie ein wesentlicher Gegenstand der Gestaltung. Am Anfang stand dabei die Klärung des Operating Model, des Geschäftsmodells, wie Projekte im Unternehmen abgewickelt werden sollen – mit entsprechenden Prinzipien, Verhalten, Prozessarchitektur und Organisationsstruktur. Die drei wesentlichsten Ziele der Organisationsgestaltung waren, die Konsistenz der Projektabwicklungsqualität zu erhöhen, die Belastungsschwankungen besser auszubalancieren und die Fixkosten zu senken. Bevor wir überhaupt über Organisationsstrukturen gesprochen haben, haben wir das Geschäftsmodell differenziert zwischen der Art der Projekte – nämlich einerseits Projekte, die einzelne Komponenten – meist große Maschinen – abdeckten, und andererseits Projekte, die für Gesamtanlagen verantwortlich waren. Wir haben das Modell auch harmonisiert für alle Projekte, unabhängig davon, ob sie das Neugeschäft oder den Service bedienten. Durch dieses Modell schufen wir Klarheit und Vereinfachung für die Abwicklung und die Basis, um Ressourcen, die ja über den ganzen Globus verteilt waren, mehr zu konzentrieren und besser auf die Belastungsschwankungen reagieren zu können. Dieses Modell haben wir anschließend in den Prozessen, Praktiken und Systemen sowie in der Organisationsstruktur umgesetzt. Um die Projektabwicklungsqualität global zu erhöhen und Belastungsschwankungen besser ausbalancieren zu können, war eine verstärkte Zusammenarbeit zwischen den einzelnen Standorten und Geschäftsbereichen und eine Entwicklung der Fähigkeiten in der Projektabwicklung über alle Standorte hinweg essenziell. Um dieses Ziel zu erreichen, haben wir auch die globale funktionale Dimension der Organisation gestärkt. Auch in diesem Fallbeispiel ging es uns darum, nicht primär neue Strukturen einzuführen, sondern gezielt das gewünschte Verhalten zu entwickeln und diese Verhaltensveränderung durch die neue Struktur zu unterstützen.

9.3 Beteiligen der Mitarbeitenden in der Lösungsgestaltung

Bedeutung der Beteiligung der Betroffenen in der Lösungsgestaltung

Das Mitwirken von Betroffenen, namentlich des mittleren Managements und operativer Schlüsselleute, ist eine zentrale Forderung dieses Buchs. Dies gilt umso mehr in der Phase der Gestaltung der Lösung – und dies aus mehreren Gründen:

- Je vielfältiger das Team ist, je breiter die abgedeckte Erfahrung – von unterschiedlichen Organisationseinheiten, Standorten, Funktionen und potenziell Externen –, desto besser wird die Lösung, da sie die Erfahrungen (auch Best Practices) und Bedürfnisse der betroffenen operativen Leute berücksichtigt.
- Personen, die bei der Entwicklung einer Lösung involviert waren, müssen von dieser nicht überzeugt werden. Im Gegenteil, diese Leute sind meist Advokaten der neuen Lösung. Man vermeidet damit auch das „Not invented here"-Syndrom.
- Je mehr im Unternehmen anerkannte Personen in der Entwicklung beteiligt sind, desto größer ist die Akzeptanz der Lösung bei den anderen Mitarbeitenden. Die Gestalter werden zu Multiplikatoren für die Akzeptanz der Lösung.
- In der Phase der Umsetzung – die im nächsten Kapitel beschrieben wird – geht es darum, die Lösung in der ganzen Organisation zu praktizieren und das neue Verhalten zu lernen. Dazu braucht es Trainer. Wer ist besser qualifiziert und akzeptiert für diese Rolle als das Management oder operative Schlüsselleute, die an der Entwicklung der Lösung beteiligt waren? Somit werden diese Gestalter

nicht nur zu Multiplikatoren für die Akzeptanz der Lösung, sondern auch für deren Umsetzung.

Machen Sie diese Mitgestalter der Lösung zu Verbündeten im Veränderungsvorhaben, zu begeisterten Befürwortern der Vision, die das Vorhaben in ihrem Umfeld aus Eigeninitiative vorwärtstreiben.

Betroffene zur Mitarbeit gewinnen

Viele Menschen wollen Neues erleben und Neues gestalten, insbesondere wenn es um ihre Arbeit, ihre Zukunft und ihre berufliche Identität geht. Gleichzeitig wollen sie ihr soziales Netzwerk ausweiten und stärken. Warum ist es trotzdem nicht so, dass Sie von Freiwilligen überschwemmt werden? Was gilt es zu beachten? Hier einige Aspekte:

- Der Einzelne ist vom Veränderungsvorhaben rational und emotional zu überzeugen, also von der Veränderungsnotwendigkeit, von der Vision, von der konkreten Priorität und dass das Veränderungsvorhaben Erfolg haben wird.
- Er muss aber nicht nur selbst überzeugt sein, sondern auch sehen, dass die Organisation als Ganzes vom Vorhaben überzeugt ist – insbesondere sein Vorgesetzter und seine direkten Kollegen. Er möchte sich weder bezüglich Karriere noch sozial negativ exponieren.
- Zeit geben: Seitens des Programmmanagements sind die entsprechenden Rahmenbedingungen zu schaffen, insbesondere dass das Linienmanagement die benötigten Ressourcen bereitstellt, auch mit Blick auf die benötigte Zeit für die Veränderungsarbeit. Die Veränderungsarbeit kann nicht einfach nur zusätzlich zum Tagesgeschäft erledigt werden.
- Die Arbeit an der Gestaltung der Lösung sollte erfüllend sein, Spaß machen und Resultate liefern.

Möglichst vielfältige Beteiligung von Betroffenen

Involvieren Sie in die Gestaltung der Lösung möglichst viele und unterschiedliche Personen:

- **Standortübergreifend:** Berücksichtigen Sie so viele Standorte wie möglich, die von der Veränderung betroffen sind. Verfallen Sie zum Beispiel nicht dem Fehler, globale Lösungen nur mit Leuten vom Hauptstandort zu entwickeln. Involvieren Sie Leute von andern Standorten, selbst wenn Sie wegen der Reisekosten dafür kämpfen müssen.
- **Funktionsübergreifend:** Beteiligen Sie alle betroffenen Funktionen, insbesondere die internen Kunden. Selbst wenn Sie beispielsweise Einkaufspraktiken entwickeln, betreffen diese nicht nur die Einkaufsfunktion, sondern auch Entwicklung, Verkauf, Projektmanagement, Engineering, Finanzen, Legal etc. Überlegen Sie auch, welche Funktionen für die Umsetzung der Lösung wesentlich sind, beispielsweise IT, HR oder Quality. Analysieren Sie, welche Funktionen vom Vorhaben betroffen sind, und involvieren Sie sie.
- **Hierarchieübergreifend:** Sie brauchen auch eine gute Mischung von Leuten unterschiedlicher Hierarchieebenen: operative Schlüsselleute, die täglich selbst im Umfeld der Lösung operieren und die Materie auf der tiefsten Ebene verstehen,

und Managementvertreter, welche die übergeordneten Zusammenhänge besser kennen.

- **Externe:** Externe können in einer Transformation eine sehr wichtige Rolle spielen, insbesondere durch das Herausfordern des Status quo und durch das Einbringen von Wissen und Erfahrung von anderen Unternehmen.

9.4 Gemeinsames Gestalten der Lösung in Arbeitsgruppen und Workshops

Arbeitsgruppen und Workshops sind eine erfolgreiche Form, um die Lösung gemeinsam zu gestalten, insbesondere wenn die Betroffenen von unterschiedlichen Standorten, Funktionen und Hierarchieebenen beteiligt werden.

Übergeordnete Architektur festlegen

Natürlich ist es in einem größeren und globalen Unternehmen nicht möglich, alle Betroffenen in einen zentralen Workshop zusammenzuziehen und mehrere Tage an der Sache arbeiten zu lassen. Trotzdem können Sie den Kreis der Involvierten erhöhen, beispielsweise durch globale Video-Workshops, durch lokale Arbeitsgruppen, die koordiniert an einzelnen Aufgaben arbeiten, oder durch das gezielte Einholen von Input einer großen Zahl der Betroffenen. Legen Sie bereits in der Planungsphase die übergeordnete Architektur dieser Arbeitsgruppen und Workshops fest, um einerseits die Beteiligung der Betroffenen zu maximieren, andererseits den Aufwand vernünftig zu halten und sicherzustellen, dass Resultate schnell erzeugt werden.

***Praxistipp:** Set-up von Arbeitsgruppen in Veränderungsvorhaben*

- **Auftrag:** Die Arbeitsgruppe braucht einen klaren Auftrag, eine klare Zielsetzung und Rahmenbedingungen für Kosten, Ressourcen und Zeit.
- **Erwartetes Resultat:** Das Ziel der Arbeitsgruppe ist, eine Lösung zu erarbeiten, die global im Unternehmen umgesetzt werden kann. Das heißt, es ist nicht nur eine konzeptionelle Lösung, sondern es beinhaltet alles, was für ihre Umsetzung nötig ist – entsprechende Tools, insbesondere IT-Lösungen, und Trainingsmaterial. Ist der Auftrag an die Arbeitsgruppe dieser volle Umfang – was ich empfehlen würde – oder ein reduzierter Umfang? Dieser Auftrag definiert natürlich auch, welche Teilnehmer die Arbeitsgruppe braucht.
- **Autorität:** Das Team braucht ein klares Mandat und Autorität. Je nach gewähltem Governance-Modell (vgl. Kap. 5.4) wird die Arbeitsgruppe beispielsweise häufig nicht die Implementierungsautorität haben. Falls nicht alle Entscheidungen in der Arbeitsgruppe gefällt werden können, stellen Sie sicher, dass diese Entscheidungen trotzdem sehr schnell erreicht werden, um das Momentum der Arbeitsgruppe nicht zu bremsen.
- **Managementeinbezug:** Überlegen Sie, wie Sie das Management, insbesondere Geschäftsleitungsmitglieder, einbeziehen können, insbesondere zur Eröffnung und zum Abschluss des Workshops. Damit können Sie das Mandat verstärken und Entscheidungen, die nicht in der Autorität der Arbeitsgruppe sind, fällen – oder zumindest beschleunigen.

- **Workshop Set-up:** Entscheidungen zum Set-up des Workshops sind seine Dauer, ob er physisch oder virtuell stattfindet, ob die Aufgabe in einem einzigen Workshop oder in einer Serie von Workshops bearbeitet wird und ob Untergruppen, beispielsweise an verschiedenen Standorten, gebildet werden. Oder ob Sie mit einem Kernteam arbeiten wollen und dann für unterschiedliche Workshops weitere Teilnehmer dazuholen. Viele Leute sind kurze Workshops von ein paar Stunden gewohnt, andere von ein paar Wochen. Dies ist jedoch ein maximal ineffizienter Ansatz. Halten Sie mehrtägige Workshops, wo am Ende des Workshops das Resultat vorzuliegen hat. Dies erzeugt Druck und Motivation. Sie sind wesentlich schneller, die Teilnehmer sehen, dass sie etwas bewegen können, sie sind motiviert – all dies ist entscheidend im Veränderungsprozess.
- **Workshop-Prozess:** Definieren Sie, wie vorgegangen wird, beispielsweise klassisch mit Klären des Auftrags, Analyse der momentanen Situation, Anforderungen an die neue Situation, Kreieren alternativer Lösungsvorschläge, Beurteilen der Lösungsvorschläge und Empfehlung. Hier ist insbesondere wichtig, wie viel Analyse Sie brauchen, um das Problem zu verstehen, und dabei nicht in der Analyse zu versinken, was wertvolle Zeit und Energie kostet. Überlegen Sie auch, welche Mittel, insbesondere visuelle Mittel, dabei eingesetzt werden. Berücksichtigen Sie, dass sich dieser Prozess nicht nur auf den Workshop selbst, sondern auch auf Vorbereitung des Workshops, allfällige Vorarbeiten und die Nacharbeit erstreckt.

***Praxistipp:** Rollen und Teammitglieder von Arbeitsgruppen in Veränderungsvorhaben*

- Teamleiter: Sie brauchen einen Teamleiter, der verantwortlich ist für das Resultat der Arbeitsgruppe, also die Resultatverantwortung übernimmt. Wen nominieren Sie als Teamleiter, der dazu fähig, motiviert und verfügbar ist? Er muss einerseits führen können, andererseits gut mit der Materie vertraut sein. Können Sie einen führungsstarken Linienmanager aus dem entsprechenden Bereich motivieren?
- Moderator: Wen nominieren Sie, der die Verantwortung übernimmt, die Architektur für den Workshop zu entwickeln, den Workshop vorbereitet, ihn durchführt und dann auch die Nachbearbeitung sicherstellt – kurz: die Prozessverantwortung übernimmt? Haben Sie einen Moderator, intern oder extern, dafür bestimmt oder übernimmt diese Rolle der Teamleiter in Personalunion? Meine Empfehlung hier ist, zu trennen; erstens da die Personalunion zur Überlastung des Teamleiters führt und dies eigentlich immer auf Kosten des Prozesses im Workshop und der Vor- und Nachbearbeitung des Workshops geht. Zweitens besteht ein Konfliktpotenzial, da der Teamleiter seine eigene Meinung vertritt und häufig nicht die Moderatorenrolle wahrnimmt, somit nicht alle Meinungen gehört werden. Drittens sind die Anforderungen an die Fähigkeiten der zwei Rollen sehr unterschiedlich.
- Teammitglieder: Die Teammitglieder zu bestimmen und zu gewinnen ist ein wichtiger Schritt. Vergleichen Sie dazu den vorausgehenden Abschnitt „Beteiligung der Betroffenen" und Kapitel 3.2 über das Zusammensetzen des Change-Teams: Was für die Zusammensetzung und die Kooperation im Change-Team gilt, gilt im kleineren Rahmen auch für die Arbeitsgruppe. Wichtig ist, dass die Personen einen Betrag leisten können und wollen, also einerseits fachliche Experten sind und die soziale Kompetenz haben, sich ins Team einzubringen, und andererseits wollen, also motiviert sind und freiwillig ins Team kommen.
- Externe: Überlegen Sie auch, wie stark Sie eine externe Perspektive für den Inhalt einbeziehen wollen. Zum Beispiel durch Teilnahme eines Externen im Workshop,

eines Beraters oder eines Experten eines befreundeten Unternehmens. Sie können auch ein Benchmarking mit dem Team in einem anderen Unternehmen durchführen.

- Kooperation und Verhalten im Team. Welches sind die Verhaltensregeln im Team? Beispielsweise: Wie wird mit Störungen, wie dringenden Telefonaten, umgegangen? Wie mit verspätetem Erscheinen oder Fernbleiben? Wie mit passiven Teammitgliedern? Wie viel offenen Konflikt kann man, will man im Team zulassen? Ich empfehle, gemeinsam klare Regeln aufzustellen und Verstöße freundlich, aber konsequent zu adressieren.

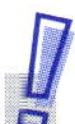

Fallbeispiel Operational Excellence: *Arbeitsgruppen und Workshopgestaltung*

Im Fallbeispiel Operational Excellence haben wir sehr konsequent mehrtägige Workshops mit funktions- und standortübergreifenden Teilnehmern eingesetzt. Es war sehr aufwendig, die Organisation, insbesondere Teile des Managements, zu überzeugen, dass diese mehrtägigen Workshops die effektivste Art der Arbeit sind, auch für operativ stark eingebundene Teilnehmer. Diese Workshops wurden physisch durchgeführt, nicht via Video, auch für Teilnehmer von anderen Standorten. Wir haben aber durchwegs positive Erfahrungen damit gemacht, gerade auch aus Sicht der Teilnehmer. Wir haben die Workshops immer mit einem Zweierteam geleitet: mit einem Teamleiter, der Experte in der Materie war, und einem Moderator. Der Moderator war am Anfang ein externer Berater, der dann gleichzeitig auch interne Moderatoren ausgebildet hat, die dann zunehmend diese Rolle übernommen haben. Die Workshops wurden, wann immer möglich, durch den Change-Champion eröffnet, um ein klares Mandat zu geben und die Bedeutung der Arbeit hervorzuheben. Und am Schluss des Workshops wurden die Resultate präsentiert, wenn möglich mit zusätzlichen Schlüsselleuten und Managementmitgliedern, auch über Video. Dadurch waren wir meist in der Lage, wichtige Entscheidungen bereits im Workshop zu fällen, beispielsweise den präsentierten Vorschlag für den Piloten freizugeben, um dem Team Anerkennung für die geleistete Arbeit zu zollen und durch dieses schnelle Entscheiden das Momentum der Arbeitsgruppe aufrechtzuerhalten.

Wir hatten für dieses Veränderungsprogramm einen eigenen Arbeitsraum, in dem auch viele dieser Workshops stattfanden. Dieser Raum war ein großer Glaskasten – tapeziert mit Flipcharts, Wallpapers und Post-its. Er war ein gut sichtbares und transparentes visuelles Symbol dieser produktiven unternehmensweiten Zusammenarbeit.

Komplette Lösung, inklusive Trainingsmaterial

Es gilt, nicht nur die Konzepte und Instrumente zu entwickeln, sondern das ganze Paket, das für die Umsetzung in der nächsten Phase nötig ist. Dazu gehört insbesondere auch das Trainingsmaterial. Dies sind nicht nur ppt-Präsentationen, sondern je nach Trainingskonzept (vgl. nächste Phase) beispielsweise Fallbeispiele, Case Studies, Übungen, e-Learning-Module etc.

Mit Pilots die Lösung validieren

Das Ziel dieser Phase ist das Erarbeiten einer Lösung, die dann in der nächsten Phase global im Unternehmen umgesetzt wird. Dies bedingt, dass zu validieren ist, ob die Lösung gut genug ist, beispielsweise die unterschiedlichsten Anforderungen und Situationen des Unternehmens berücksichtigt, die Lösung in sich selbst konzeptionell stimmig ist und insbesondere auch, ob unterstützende Tools, v. a. IT-Tools, zweckmäßig sind und funktionieren. Pilots sind ein geeignetes Mittel, um die Lösung und ihre Umsetzung in der Praxis zu testen, mit geringem Risiko und schnellem Feedback. Finden Sie die spezifischen Kriterien, um in Ihrer Situation den Startschuss für Phase 5 (Kap. 10), für die Umsetzung, geben zu können.

9.5 Zusammenfassung: Effektive Lösungen und Verhalten erarbeiten

Das Gestalten von Lösungen ist die Phase, wenn das Veränderungsvorhaben aus Sicht der Organisation konkret wird, wenn Dinge beginnen sich zu bewegen. Hier zeigt sich auch, ob Management und Schlüsselleute das Vorhaben unterstützen und somit, ob die vorausgehenden Phasen des Veränderungsprozesses mit dem Schaffen der Veränderungsbereitschaft, der Vision und der Priorisierung erfolgreich waren. Für das Gestalten ist wiederum die Beteiligung der Betroffenen – aus möglichst unterschiedlichen Bereichen des Unternehmens – essenziell. Am besten geschieht dieses gemeinsame Erarbeiten der Lösung in Arbeitsgruppen und Workshops, deren Architektur bewusst gestaltet ist. In der Gestaltung der eigentlichen Lösung muss man sich bewusst sein, dass nicht eine technische Lösung im Vordergrund steht, sondern das Bilden von neuem Verhalten und neuen Gewohnheiten der Menschen in der Organisation. Die Lösung soll so gestaltet sein, dass sie dieses Verhalten unterstützt.

Checkliste zur Gestaltung effektiver Lösungen

Voraussetzung und Planung der Lösungsgestaltung:

- Sie haben eine Priorisierung auf wenige Themenbereiche getroffen, wo Sie jetzt die Lösung gestalten, und sich bei dieser Priorisierung klar auf schnelle, für die Organisation relevante Erfolge fokussiert (Kap. 8).
- Die Veränderungsbereitschaft in der Organisation ist vorhanden (Kap. 6), die Vision (Kap. 7) und die Priorisierung (Kap. 8) sind positiv aufgenommen worden. Sie haben diese Tatsachen zum Beispiel durch einen Pulse Survey validiert.
- Sie halten diese Priorisierung in der Lösungsgestaltung ein, es wird nicht an zu vielen Themen gearbeitet und dafür gesorgt, dass bei den Themen, an denen gearbeitet wird, schnelle, relevante Ergebnisse folgen.
- Betroffene werden einbezogen, nicht nur aus der Perspektive der Erarbeitung der Lösung, sondern auch als Multiplikatoren für Überzeugungsarbeit und Umsetzung der Lösung in der Organisation.

Gestaltung von Arbeitsgruppen und Workshops

- Für die Arbeitsgruppen und die Workshops ist eine klare Architektur festgelegt, Verantwortung für den Prozess und die Resultate ist definiert.
- Teilnehmer werden standortübergreifend, funktionsübergreifend und über Hierarchien hinweg ausgewählt.
- Teilnehmer müssen können und wollen, d. h., sie müssen inhaltlich einen Beitrag leisten können, sozial kompetent und von ihrem Management unterstützt sowie selbst motiviert sein.
- Der Auftrag für die individuellen Arbeitsgruppen hat ein klares Ziel, übereinstimmend mit Vision und Priorisierung, mit einem klaren Fokus, nämlich schnelle und relevante Erfolge zu erzielen.
- In den Arbeitsgruppen wird die Problemstellung hinreichend analysiert, aber nicht ad absurdum getrieben. Der Fokus liegt auf dem Liefern des Resultates.

Die Lösung ist effektiv

- Die Lösung adressiert nicht nur die technische Seite, sondern definiert gezielt, welches kritische spezifische Verhalten in welcher konkreten Situation gezeigt werden soll.
- Die Lösung wird so gestaltet, dass das gewünschte Verhalten möglichst vom System so bestimmt wird, beispielsweise durch IT-Lösungen, Checklisten oder eine Veränderung des Umfeldes.
- Die Lösung ist komplett, beinhaltet alles, was zur Umsetzung nötig ist, also auch entsprechende IT-Lösungen, andere Tools und Trainingsmaterial.
- Die Lösung ist validiert, d.h., sie ist funktionsfähig und effektiv und somit bereit zur Umsetzung. Die Validierung ist beispielsweise durch Pilots durchgeführt worden.

Programmmanagement

- Erfahrenen Widerstand haben Sie analysiert, insbesondre bezüglich Veränderungsbereitschaft (Kap. 6), Zustimmung zur Vision (Kap. 7) und zur Priorisierung (Kap. 8), und entsprechende Maßnahmen getroffen, wie in jenen Kapiteln beschrieben.
- Sie sorgen für breite Kommunikation der Resultate der Arbeitsgruppen, beispielsweise mit Videos, und nutzen die Arbeitsgruppenteilnehmer gezielt für diese Kommunikation (vgl. Kap. 4.5).
- Projektmanagement (Kap. 5), Stakeholdermanagement (Kap. 4.4) und das Change-Team (Kap. 3) sind voll etabliert.
- Konstruktives Feedback zum Veränderungsvorhaben haben Sie aktiv gesucht und aufgenommen und entsprechende Änderungen vorgenommen.

10 Umsetzen: Neues Verhalten unternehmensweit lernen und anwenden

10.1 Einleitung: Die Umsetzung als Höhepunkt des Veränderungsvorhabens

Mit der Umsetzung erreichen wir den Höhepunkt des Veränderungsvorhabens. Die vorausgehenden Phasen mit dem Wecken der Veränderungsbereitschaft, der Vision, der Fokussierung und der Gestaltung der Lösung haben die Umsetzung vorbereitet. Und die nachfolgende Phase „Verankern“ stellt die Nachhaltigkeit dieser Umsetzung sicher, vgl. Abb. 10.1. Der Erfolg der Umsetzung ist somit wesentlich geprägt von der vorher geleisteten Arbeit, insbesondere der emotionalen Vorbereitung der Organisation, der Qualität und Umsetzungsbereitschaft der Lösung und der Verfügbarkeit von geeigneten Trainern. In diesem Kapitel geht es nun darum, den übergeordneten Umsetzungsplan zu erstellen, die einzelnen Trainings durchzuführen und durch Unterstützung und Kontrolle das neue Verhalten im Alltag zu festigen. Es geht darum, den Elefanten zu motivieren, den neuen Pfad zu gehen.

Einstiegsbeispiel – *was schiefgehen kann*

Es wird ein neuer Prozess eingeführt mit neuen Arbeitsweisen, unterstützt von einer neuen IT-Lösung. Die Einführung des neuen Prozesses wird als Erfolg gefeiert und ist bereits bei 90 % aller Mitarbeitenden im Einsatz. Wenn man aber nachgräbt, realisiert man, dass die IT-Lösung zu 90 % aller Mitarbeitenden ausgerollt wurde. Die Anwender haben aber Mühe in der Anwendung dieser IT-Lösung. Zudem ist das eigentliche neue Verhalten, das durch die IT-Lösung unterstützt werden soll, nicht klar und die Anwender äußern die Kritik, dass

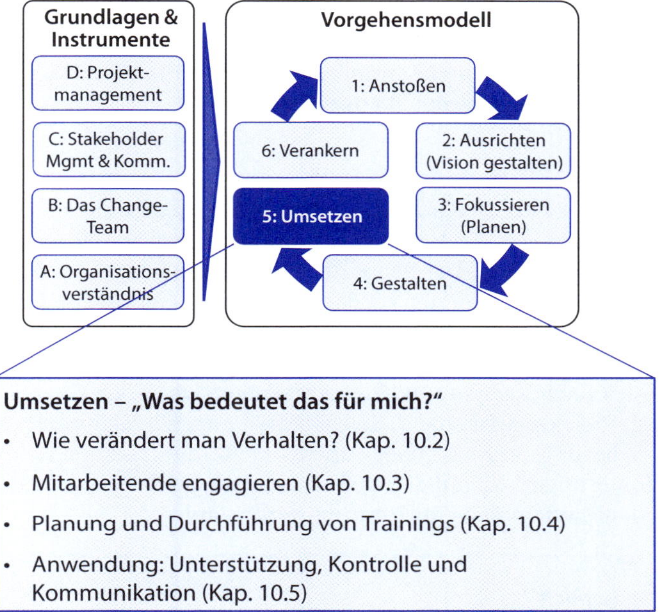

Abb. 10.1: Umsetzen – Neues Verhalten unternehmensweit lernen und anwenden

der neue Prozess schwerfälliger ist als der alte. Hier wurde das Veränderungsvorhaben zu stark auf Prozessdesign und IT-Tools reduziert und der Aspekt des Veränderns von Verhalten der Mitarbeitenden vernachlässigt.

Typische Fehler in der Umsetzung

- Lösungen werden umgesetzt, obwohl die Organisation nicht dafür bereit ist; es fehlt die Veränderungsbereitschaft (vgl. Kap. 6), die Überzeugungskraft der Vision (vgl. Kap. 7) oder die Prioritäten überzeugen nicht (vgl. Kap. 8).
- Lösungen werden umgesetzt, die ungeeignet sind. Die Lösung ist noch nicht genug ausgearbeitet oder inneffektiv (vgl. Kap. 9).
- Es fehlen ein überzeugender, abgestimmter und unterstützter Umsetzungsplan und das entsprechende Projektmanagement (vgl. Kap. 5).
- Es fehlen die Mittel zur effektiven Umsetzung, insbesondere überzeugende Trainer und das Trainingsmaterial.
- Die Lösungen werden kommuniziert und mechanisch implementiert. Aber es wird vergessen, dass Lösungen umsetzten heißt, neues Verhalten und neue Gewohnheiten der Menschen im Unternehmen zu bilden – wie im Einstiegsbeispiel oben demonstriert.
- In der Umsetzung schafft man es nicht, das Gefühl der Menschen anzusprechen. Die Organisation kann von der Lösung und vom neuen Verhalten nicht überzeugt werden.
- Die Lösung ist für die Anwender unklar; es ist nicht klar, wie das konkrete neue Verhalten aussehen soll.

- Ziel und Vorgehen sind nicht klar oder nicht überzeugend, wo und wann das Gelernte im Alltag angewendet werden soll.
- Es fehlen Unterstützung und Kontrolle des neuen Verhaltens. Das neue Verhalten wird im Alltag nicht konsequent angewendet.

Programmmanagement

Der Ausgangspunkt für die Umsetzung ist das Vorhandensein geeigneter Lösungen, Prozesse, Praktiken, Tools und dass diese Lösungen bereits validiert wurden, zum Beispiel durch Pilots. Die Phase der Umsetzung beinhaltet dabei nicht nur das Training und dessen Planung, sondern auch Unterstützung und Kontrolle nach dem Training, um sicherzustellen, dass das neue Verhalten auch angewendet wird und effektiv ist. In dieser Phase sind wiederum sämtliche Elemente der Grundlagen (Teil A des Buches) anzuwenden, insbesondere bezüglich Change-Team, Project-Steering, Projektmanagement, Stakeholdermanagement, Kommunikation etc. Insbesondere bezüglich Projektmanagement und Kommunikation stellt diese Phase höhere Anforderungen, da mit der Umsetzung eine große Anzahl von Aktivitäten einhergehen, die aufeinander abgestimmt werden müssen.

Aufbau des Kapitels

Im Folgenden wird zuerst auf die Grundlagen eingegangen, was beim Lernen von neuem Verhalten zu berücksichtigen ist, wie lernen und verlernen, die emotionale Veränderungskurve und der „Tipping Point“. Anschließend folgt das Engagieren der Mitarbeitenden in der Umsetzungsphase, die Planung und Durchführung von Trainings und schlussendlich das Follow-up mit Unterstützung, Kontrolle und Kommunikation, vgl. Abb. 10.1.

10.2 Grundlagen: Wie verändert man Verhalten?

Wie schon mehrfach gesagt, ist Veränderung in Unternehmen – oder jeglicher sozialen Systeme – das Verändern von Verhalten von Menschen. In diesem Abschnitt soll, basierend auf den entsprechenden Kapiteln von Teil A des Buches, vertieft werden, was diese Grundlagen für das Veränderungsvorhaben in der Phase der Umsetzung bedeuten.

Altes Verhalten verlernen, neues lernen

Bezugnehmend auf das 3-Phasen-Modell von Lewin (vgl. Kap 1.2) heißt Neues zu lernen, gleichzeitig Altes zu verlernen. Kennen Sie die chinesische Geschichte, in der ein Ratsuchender einen weisen Einsiedler in den Bergen aufsuchte und ihn um Rat fragte? Bevor der Einsiedler auf die Fragen des Gastes eingeht, offeriert er diesem ein Tasse Tee. Er gießt Tee in die Tasse ein und gießt und gießt und hört mit dem Eingießen auch nicht auf, als diese schon lange am Überlaufen ist. Verstört weist der Gast den Einsiedler auf sein Missgeschick hin. Dieser antwortet daraufhin ganz gelassen: „So wie ich diese Tasse leeren muss, bevor mehr Tee hineingeht, so musst du zuerst verlernen, bevor du Neues lernen kannst.“ Das Gleiche gilt im Veränderungsprozess in der Umsetzung; die Menschen müssen altes Verhalten verlernen, um neues lernen zu können.

Emotionale Bereitschaft schaffen – die emotionale Veränderungskurve

In der Veränderungskurve in Kapitel 4.3 haben wir diskutiert, wie jeder Mensch bei einer für ihn einschneidenden Veränderung durch eine emotionale Berg- und Talfahrt geht. Mit der Umsetzung nimmt nun die Anzahl der Personen, die aktiv in die Veränderung involviert sind, exponentiell zu. Was bedeutet dieses typische emotionale Muster für die Umsetzungsphase der Veränderung? Jeder Mensch erlebt diese Phase individuell, auch in ihrer Intensität. Gewisse Menschen sehen überhaupt keine Bedrohung in der Veränderung, anderen geht es an die Identität. Wenn Sie starke Reaktionen erleben, die Sie überraschen, sollten Sie herausfinden, was dieses Bedrohungsgefühl der Betroffenen auslöst. Auch das Timing ist individuell; einerseits gehen verschiedene Menschen unterschiedlich schnell durch diese Veränderung, andererseits spielt natürlich auch der Zeitpunkt, wann die Veränderung für den Betroffenen beginnt, eine Rolle. Dies ist häufig beim Management zu beobachten; das Management war von Anfang an dabei, hatte Zeit, die Veränderung emotional und rational zu verarbeiten – und ist dann überrascht, dass die Organisation, die ja noch gar nicht die Möglichkeit hatte, sich mit der Veränderung zu beschäftigen, so viel Widerstand zeigt. Geben Sie der Organisation Zeit, sich mit der Veränderung zu beschäftigen. Dies ist auch der Grund, von Anfang an zu kommunizieren, in Phase 1, dass Veränderung notwendig ist, und in Phase 2, wo die Veränderung hingehen soll (die Vision). Damit schaffen Sie die Voraussetzung, dass die Organisation in der Umsetzungsphase überhaupt imstande ist, neues Verhalten zu lernen. Je früher Menschen in die Veränderung einbezogen werden, desto sanfter wird die Veränderung empfunden, desto mehr können sie mitgestalten und werden nicht vor vollendete Tatsachen gestellt. Und je früher Menschen einbezogen werden, desto früher kommen sie in der Veränderungskurve in die Phase der Akzeptanz und sind damit erst bereit, neues Verhalten auszuprobieren.

Der „Tipping Point" – oder das Verhalten der Organisation

Hier geht es nicht nur um die Veränderungen des Verhaltens eines Einzelnen – sondern um Veränderungen auf der Ebene der Organisation, also zahlreicher Menschen. Dabei beeinflussen sich diese Menschen gegenseitig. Was machen sie, wenn sie nicht wissen, wie sie sich verhalten sollen? Sie schauen auf die anderen. Deshalb ist Veränderung so komplex; selbst wenn jemand der Veränderung positiv gegenübersteht, fragt er sich, wie das von seinen Kollegen wahrgenommen wird, wenn er der Veränderung folgt. Umgekehrt, wenn genug Leute der Veränderung folgen, wird es für die Verbleibenden immer schwieriger, ihr nicht zu folgen. Das Bild des Elefanten funktioniert auch hier; es ist viel einfacher, einen Elefanten zu überzeugen, einen neuen Pfad zu gehen, wenn gleichzeitig die ganze Herde diesen Pfad nimmt. Um Veränderung herbeizuführen, brauchen Sie also eine kritische Menge von Leuten, die diese Veränderung verkörpern. Unter Umständen kann es lange dauern, bis Sie diese kritische Menge erreicht haben, aber wenn Sie am sogenannten „Tipping Point" sind, dann „kippt" das Verhalten der Organisation und die Veränderung fasst Fuß in der ganzen Organisation. Derek Sivers, ein amerikanischer Entrepreneur, erläutert dies sehr anschaulich anhand einer im Internet verfügbaren Amateuraufnahme „Dancing Guy": Sie zeigt, wie einer an einem Art Open-Air Festival alleine für sich tanzt. Über die Zeit kommt ein zweiter, später ein dritter – und mit den zwei Nächsten, die kommen, ist der Tipping Point erreicht: Plötzlich strömen die Massen dazu, jeder will nun dabei sein. Deshalb ist es so wichtig, dass Sie Leute haben, die den Kern der Veränderung bilden und die sich trauen, als Erste „auf die Tanzfläche zu gehen". Wer eignet sich dazu besser als jene, die bei der Gestaltung der Veränderung dabei waren?

10.3 Mitarbeitende emotional engagieren

Emotionale Kommunikation

Jeder hat seine eigene Realität, er muss da abgeholt werden, wo er ist (vgl. Kap. 2.3). Es ist die Aufgabe des Change-Teams, die Geschichten im Kopf der Betroffenen zu verstehen und die alternative Realität der angestrebten Vision zu offerieren. Diese Geschichten zu verändern geht nur über Gefühle. Fakten können helfen, wenn aber Fakten und Gefühl im Konflikt sind, gewinnt immer das Gefühl. Dann werden Fakten gesucht oder konstruiert, um das Gefühl zu bestätigen. Appellieren Sie also in der Kommunikation an die Gefühle und verwenden Sie unterstützend einfache und klare rationale Argumente.

Das Gefühl finden – an die Identität appellieren

Wie finden Sie den emotionalen Zugang zu Ihren Leuten? Ein guter Ansatz ist, an ihre Identität zu appellieren. Beispielsweise im Bereich Umwelt, Gesundheit und Sicherheit an die Identität des verantwortungsvollen Bürgers zu appellieren – das funktioniert dann, wenn die entsprechenden Menschen das Selbstbild des verantwortungsvollen Bürgers haben. Das Gleiche gilt im beruflichen Umfeld, die meisten Menschen möchten professionell in ihrer Arbeit sein, einen „guten Job" machen. Insbesondere zählt zu diesen professionellen Werten, eine gute Arbeit für die Kunden zu leisten. Sie können also an die Identität des „guten Menschen" oder des „professionellen Menschen" appellieren.

Fallbeispiel Operational Excellence: *Einbezug der Kundenperspektive*

Im Fallbeispiel Operational Excellence haben wir immer am ersten Tag des Trainings eine Veranstaltung mit einem Kunden des lokalen Teams durchgeführt, wo er seine Erfahrung mit uns geteilt hat. Dies war immer sehr wichtig, nicht nur für jene Mitarbeiter, die nicht täglich im Kundenkontakt sind oder nur einen sehr schmalen Bereich davon sehen, sondern für alle. Damit haben wir die Kundenperspektive als einen wichtiger Pfeiler von Operational Excellence konkret vorgelebt und eine emotionale Bindung mit den Teams hergestellt, da diese Leute ein starkes Commitment zu ihren Kunden haben. Diese Auseinandersetzung mit der Kundensicht half dem Team nicht nur, diese entscheidende Perspektive besser zu verstehen, sondern stärkte auch die Bereitschaft für die Veränderung und die aktive Teilnahme im Veränderungsworkshop.

Barrieren überwinden

Neben dem Finden der Motivation für die Veränderung gilt es, auch die Barrieren zu adressieren, welche die Veränderung behindern und die Menschen am Status quo festhalten. Diese Barrieren sind Widerstände, deren Ursachen zu verstehen sind, um sie überwinden zu können – zum Beispiel durch gezielte Kommunikation. Im Folgenden ein paar mögliche Barrieren:

- Zustand der Starre: verfestigte Gewohnheiten, keine Erfahrungen mit Veränderungen. Angst vor der Veränderung. Häufig haben Leute ein Selbstbild, welches sie kleiner macht, als sie sind, und sie lähmt, Neues auszuprobieren.
- Zu viele negative Erfahrungen mit Veränderungen gemacht, zu viele Enttäuschungen erlitten.
- Hohe emotionale Bindung an den jetzigen Zustand, man hat sich mit ihm identifiziert. Beispielsweise da man selbst viel in ihn investiert hat, vielleicht ein „Architekt" des jetzigen Zustandes ist oder über langjährige Arbeit in diesem Zustand sich mit ihm identifiziert hat.

Um diese Barrieren zu überwinden, kann es helfen, Leute aus der Organisation einzubeziehen, die selbst durch solche Veränderungen gegangen sind und das entsprechende Selbstvertrauen haben, um den Menschen in der Transformation zu helfen. Diese Leute haben in den Augen der Betroffenen häufig eine höhere Glaubwürdigkeit als das Change-Team oder das Management.

Bedenken ernst nehmen

Nehmen Sie die Bedenken der Menschen im Veränderungsprozess ernst. Je früher Sie diese Bedenken erkennen und adressieren, desto einfacher und effizienter können Sie damit umgehen. Wenn Sie diesen Grundsatz von Anfang an befolgt haben – im Wecken der Veränderungsbereitschaft, in der Entwicklung der Vision und insbesondere im Entwickeln der einzelnen Lösungen und der entsprechenden Pilots, dann sollten Sie in der Umsetzung nicht eine Wand des Widerstandes erfahren. Falls dem trotzdem so ist, muss in der Umsetzung die Reißleine gezogen werden, um dafür zu sorgen, dass zuerst die Voraussetzungen gegeben sind, insbesondere bezüglich der emotionalen Bereitschaft der Organisation und der Qualität der Lösung.

Widerstand von Vorgesetzten adressieren

Trotz all der Vorbereitungsarbeit, um das Management zu beteiligen und emotional ins Boot zu holen, haben Sie in dieser Phase mit – hoffentlich nur vereinzeltem – Widerstand von Vorgesetzten zu rechnen, da mit der Umsetzung die Veränderung jetzt für die Organisation Realität wird. Seien Sie sehr hellhörig, vom wem dieser Widerstand kommt. Kommt er z. B. vom lokalen Management, das bisher noch nicht involviert war? Arbeiten Sie deshalb eng mit diesem lokalen Management in der Vorbereitung der Umsetzung zusammen. Wer sind Beeinflusser dieses ablehnenden Managers? Gibt es starke Unterstützer des Veränderungsvorhabens, die einen guten Zugang zu diesem Manager haben, die Sie nutzen können? Nutzen Sie Ihr Stakeholdermanagement. Welches auch immer Ihr Lösungsansatz ist, Sie dürfen diesen Widerstand nicht ignorieren.

Gruppen von Überzeugten fördern und einsetzen – den „Tipping Point" aktiv managen

Wie unter dem Abschnitt „Tipping Point" besprochen, ist es wichtig, dass Sie eine kritische Größe einer Gruppe bilden, die von der Veränderung überzeugt ist und einen „Sog" für diese Veränderung verursacht. Diese Gruppe braucht anfangs einen „geschützten Raum", damit sie sich ohne den Einfluss des Bestehenden formieren kann. Auch das Durchführen eines Pilotprojektes eignet sich gut, diesen Raum zu kreieren, wenn die richtigen Leute in diesem Piloten sind. Es ist wichtig, dass sich diese Gleichgesinnten gegenseitig unterstützen und gemeinsam Erfolg haben. Wenn diese Gruppen stark genug sind, bringen sie den „Tipping Point" hervor und die Veränderung im Unternehmen gewinnt stark an Momentum. Zeigen Sie in der Kommunikation, dass schon viele das neue Verhalten anwenden. Lassen Sie diese Leute selbst zu Wort kommen. Wenn der „Herdentrieb" am Anfang der Veränderung ein Hindernis ist, wird er jetzt zu einem Verstärker.

Fallbeispiel Organisationsgestaltung: *Engagement der Betroffenen mit Pulse Survey erfassen*

In der Umsetzungsphase des Fallbeispiels Organisationsgestaltung des Papiermaschinenherstellers haben wir mit einem Pulse Survey gearbeitet, um zu verstehen, wie die Veränderung „ankommt". Wir haben alle Betroffenen, ca. 1000 Leute, dazu eingeladen und erreichten einen Rücklauf von 30 %. Mit dem Pulse Survey wollten wir abfragen, ob die Leute dem Grund der Veränderung und der Vision zustimmen und ob sie die neue Organisation verstanden haben und ihr zustimmen. Wir wollten lernen, was wir am Inhalt und an unserem Vorgehen verbessern konnten – und in beiden Bereichen fanden wir klares Verbesserungspotenzial. Da wir den Pulse Survey etwa zur Halbzeit der Umsetzung gemacht haben, die Hälfte der Organisation also noch nicht in spezifischen Trainings war, konnten wir auch den positiven Einfluss des Trainings auf das Feedback sehen.

10.4 Neues Verhalten lernen: Planung und Durchführung von Trainings

Praxistipp: *Planung der Umsetzung*

Nach den allgemeinen Überlegungen zum emotionalen Engagement der Mitarbeitenden möchte ich nun zur Planung und Durchführung der Trainings kommen und mit der Planung beginnen. Zuerst einige Praxistipps zur Erstellung des Umsetzungsplans:

- Bauen Sie viele Milestones ein, kreieren Sie kleine Schritte. Das macht die Veränderung besser verdaubar und ermöglicht frühe Erfolgserlebnisse. Projektmanagement und Kontrolle sind damit ebenfalls einfacher.
- Berücksichtigen Sie im Umsetzungsplan das Element des „Tipping Points"; anstelle überall ein bisschen zu machen, stellen Sie sicher, dass Sie innerhalb einer Gruppe – zum Beispiel an einem Standort – schnell eine kritische Menge von Leuten erreichen, die das neue Verhalten anwenden.
- Berücksichtigen Sie im Umsetzungsplan nicht nur das Training, sondern auch den Follow-up, wo und wie das neue Verhalten in der Praxis angewendet werden soll. Und berücksichtigen Sie, dass es viel Zeit, Unterstützung und Kontrolle braucht, bis neues Verhalten sitzt.

- Seien Sie unnachgiebig und stellen Sie sicher, dass die Lösung (inkl. IT-Lösungen) und das Trainingsmaterial vor dem ersten Training wirklich fertig sind und die gewünschte Qualität haben. Stellen Sie sicher, dass die Trainingsteilnehmer das Neue verstehen und auch anwenden können.
- Bringen Sie wiederum die externe Perspektive, insbesondere die Kundenperspektive, ein.
- Planen Sie Training und Umsetzung so, dass unmittelbar nach dem Training die Anwendung des gelernten neuen Verhaltens im Alltag folgt. Am besten entscheiden Sie im Training mit den Teilnehmern zusammen, in welchem Bereich das Neue unmittelbar umgesetzt wird: Ist es etwas, das sofort auf alle Bereiche angewendet wird, oder gibt es eine Übergangsphase?
- Planen Sie die Sequenz der Trainings in Abhängigkeit von der Verfügbarkeit der lokal geeigneten Trainer und so, dass Sie von den ersten Trainingssessions für die folgenden lernen können.
- Arbeiten Sie mit dem lokalen Management zusammen: Planen Sie die lokalen Trainings immer mit dem lokalen Management und beziehen Sie es aktiv mit ein. Es ist wichtig, dass das lokale Management und das globale Change-Team am gleichen Strang ziehen. Auch in der Umsetzung gilt hier das gleiche Prinzip wie bei den Workshops zur Lösungsgestaltung; das lokale Management soll die übergeordnete Zielsetzung und Relevanz kommunizieren sowie am Schluss das Erreichte würdigen und die konkreten Umsetzungsziele für diesen Standort verabschieden und kommunizieren.
- Holen Sie Feedback von den Teilnehmern ein, um Inhalt und Umsetzung kontinuierlich zu verbessern. Holen Sie gleichzeitig aber auch explizites Feedback zum Veränderungsvorhaben als Ganzes ein, insbesondere bezüglich Veränderungsmotivation und Vision.

Fallbeispiel Operational Excellence: *Umsetzungsplanung*

Das Fallbeispiel Operational Excellence im Unternehmen für Metallgewinnungsanlagen beinhaltet einen ersten Satz von Praktiken im Bereich Projektmanagement, die parallel entwickelt und dann als Bündel global umgesetzt wurden. Die Leitung und Koordination der einzelnen Trainingssessions erfolgte durch Trainer vom zentralen Change-Team, unter Einbezug des lokalen Managements und insbesondere jener Leute des lokalen Managements, die Teil des globalen Entwicklungsteams einer oder mehrerer dieser Praktiken waren. Wo wir lokal niemanden gefunden hatten, haben wir den entsprechenden „Praxis-Leader" via Video dazugeschaltet.

Der Umsetzungsplan, mit Stationen über die ganze Welt, sah aus wie ein Linienplan der Tube in London, mit einer Station nach der anderen und dem entsprechenden Datum. Das Team an jeder „Station" hat auch einen Gruß für das nächste Team mit Flipchart-Zeichnungen, Fotos oder Video gemacht; beispielsweise in Südafrika einen Gruß in allen elf amtlichen Landessprachen für das folgende Team in Kanada. Dies gab uns jeweils einen positiven emotionalen Einstieg am neuen Ort, half uns, eine globale Gemeinschaft zu bilden, und es gab auch die Botschaft, dass „alle" das machen. Es war unser Ziel, nicht nur professionelle Trainings durchzuführen, sondern wir haben das auch unter aktiver Teilnahme von wichtigen Managementvertretern global und lokal gemacht – beides hat der Organisation eine klare Botschaft geschickt, dass dies für das Unternehmen wichtig ist und es auch ernst mit der Umsetzung ist.

Gestalten der einzelnen Trainings

Welche Elemente sind nun konkret in einer Trainingsveranstaltung nötig, um neues Verhalten zu lernen? Folgende Elemente sind in der Umsetzung zu berücksichtigen:

1. Emotionale Bereitschaft schaffen: All die vorausgehenden Phasen des Veränderungsprozesses, wie auch reflektiert in Lewins „Auftauen" und der emotionalen Veränderungskurve, haben die Aufgabe, diese emotionale Bereitschaft zu schaffen. In der Umsetzung muss auf dieser Vorarbeit aufgebaut und sichergestellt werden, dass in den einzelnen Trainingsveranstaltungen die Teilnehmer emotional abgeholt werden, vgl. Kap. 10.3. Lassen Sie die Teilnehmer beispielsweise durch Videos erleben, welches der Nutzen – z. B. Kundennutzen – der Veränderung ist. Machen Sie das „Warum" der Veränderung erlebbar, wie beispielsweise in den früher erwähnten Fällen mit dem „Handschuh-Schrein" oder dem „Project-Steering"-Video. Das „Warum" der Veränderung, warum ein neues Verhalten zu erlernen ist, soll für die Teilnehmer emotional überzeugend sein, sie müssen motiviert sein, um lernen zu können.
2. Neues Verhalten verstehen: Die neue Arbeitsweise ist zu erklären und es ist sicherzustellen, dass sie auch verstanden wurde. Ist das explizit gewünschte Verhalten klar definiert? Wie stellen Sie sicher, dass es auch verstanden wird? Ist das Trainingsmaterial überzeugend? Werden Fragen der Teilnehmer antizipiert? Stellen Sie sicher, dass das Wissen nicht nur vermittelt, sondern auch verstanden wird.
3. Neues Verhalten üben: Wissen genügt nicht, bereits im Training ist das neue Verhalten zu üben in Situationen, die der täglichen Realität so nah wie möglich kommen. Beispielsweise durch Rollenspiele, Anwendung auf einen konkreten Fall des Arbeitsalltages etc.
4. Anwendung des neuen Verhaltens im Alltag vereinbaren: Bereits im Training ist zu klären, wie, wann und wo das neue Verhalten im Alltag angewendet werden soll. Dieser Aufruf zur Handlung muss klar und deutlich sein. Dazu kommen dann auch Unterstützung und Kontrolle, die im nächsten Unterkapitel beschrieben werden.

Planung von Trainern und Trainingsmaterial – der Nutzen der frühen Beteiligung

Zwei zentrale Stützen für eine erfolgreiche Umsetzung der Veränderung sind die Trainer und das Trainingsmaterial. Trainer müssen einerseits von der Organisation akzeptiert werden und mit der praktischen Situation im Unternehmen vertraut sein, andererseits haben sie die neue Lösung, das neue Verhalten im Detail zu kennen und motivierend zu vermitteln. Am besten geeignet dazu sind Leute des mittleren Managements oder andere Schlüsselpersonen, welche die Anerkennung der Organisation besitzen und die bereits in der Gestaltungsphase die Lösung mitentwickelt haben. Auch hier sieht man wieder die Bedeutung der Beteiligung von Schlüsselleuten bereits in frühen Phasen des Veränderungsprozesses. Haben Sie das nicht gemacht, fehlt Ihnen dieser Pool von Multiplikatoren für die Umsetzung. Die Trainer jetzt durch „Train the Trainer"-Veranstaltungen auszubilden, ohne dass sie vorher in der Entwicklung der Lösung dabei waren, ist nur halb so wirkungsvoll.

Das Gleiche gilt für das Trainingsmaterial, das bereits in der Gestaltungsphase zu erstellen ist, also von den gleichen Leuten, die dann auch das Training halten.

10.5 Neues Verhalten anwenden: Unterstützung, Kontrolle und Kommunikation

Mit dem Durchführen der Trainings ist die Umsetzung aber noch nicht abgeschlossen. Es ist dafür zu sorgen, dass das neue Verhalten im Alltag auch angewendet wird und die Mitarbeitenden den Nutzen von diesem neuen Verhalten erleben. Folgende zwei Elemente kommen also zur vorausgehenden Umsetzungsliste dazu:

5. Neues Verhalten konsequent im Alltag anwenden – Unterstützung und Kontrolle: Wie unterstützen Sie die Menschen, das neue Verhalten anzuwenden? Wie stellen Sie sicher, dass dieses auch angewendet wird, und wie greifen Sie ein, falls das neue Verhalten nicht gelebt wird?
6. Nutzen des neuen Verhaltens erleben: Wie können Sie den Nutzen des neuen Verhaltens für die Betroffenen erlebbar machen? Zum Beispiel durch zufriedene Kunden? Wie können Sie diesen Nutzen durch Kommunikation durch die ganze Organisation hindurch erlebbar machen?

Neues Verhalten anwenden – Unterstützung und Kontrolle

Mit dem Training ist ein neues Verhalten noch lange nicht umgesetzt, jetzt kommt die anspruchsvollste Phase, nämlich das Anwenden des neuen Verhaltens im Alltag. Wie beim Lernen eines Instrumentes braucht es viel Übung, bis das neue Verhalten sitzt.

- Wie unterstützen Sie die Menschen, das neue Verhalten anzuwenden, z. B. durch Coaching? Können die Trainer diese Rolle wahrnehmen?
- Wie stellen Sie sicher, dass das neue Verhalten auch angewendet wird? Haben Sie ein entsprechendes Monitoring, KPIs? Wirkungsvoll ist es, sich die Teams selbst überwachen zu lassen, wie sie die Veränderung anwenden, und dies – einem Lean-Prinzip folgend – am besten visuell für alle sichtbar zu dokumentieren, beispielsweise an einer Pinnwand.
- Wie greifen Sie ein, falls das neue Verhalten nicht gelebt wird? Hier müssen Sie konsequent sein, sonst verlieren Sie Glaubwürdigkeit – Ihre eigene und die des Veränderungsvorhabens.

Hier zeigt es sich auch, wie effektiv Ihre Lösung ist und wie stark die implementierte Lösung das richtige Verhalten vorgibt (vgl. Kap. 9). Es braucht viel Zeit, damit sich aus diesem Verhalten Gewohnheiten bilden und somit das Verhalten nachhaltig ist. Häufig wird diese Phase unterschätzt – und dann wundert man sich, dass die Organisation wieder in die alten Gewohnheiten zurückfällt.

Fallbeispiel Einkaufstransformation: *Unterstützung und Kontrolle*

Auch im Fallbeispiel der Einkaufstransformation im Unternehmen für Stromerzeugungsanlagen haben wir neue Praktiken eingeführt. Für jede Praxis gab es einen Praxis-Leader und das Einkaufs-Leadership-Team als das Change-Team hat das Veränderungsprogramm geleitet. Durch Praxis-Leader und Change-Team haben wir Unterstützung in der Umsetzung geboten und die Anwendung in konkreten Fällen überprüft. Daneben gab es einen monatlichen Call mit jedem Leiter der lokalen Einkaufsteams und es wurde Praxis für Praxis durchgegangen, wo die Anwendung des neuen Verhaltens steht, mit einem einfachen Ampelsystem beurteilt, und wo nötig, wurden Unterstützungsmaßnahmen vereinbart. Damit hatten wir einen monatlichen Statusreport der Umsetzung, der auch entsprechend kommuniziert wurde. Durch diese Unterstützung und die Kontrolle haben wir sichergestellt, dass das neue Verhalten sich im Alltag auf Dauer etablieren konnte.

Anerkennung des Erreichten – Kommunikation von Erfolgen

Bestärken Sie die Veränderung durch Anerkennung auch kleiner Schritte in die richtige Richtung! Feiern Sie Erfolge, belohnen Sie die Anwendung des neuen Verhaltens. Fokussieren Sie sich in Ihrer Kommunikation nicht, wie groß und mühsam die Reise noch sein wird – um damit die Menschen nicht zu entmutigen –, sondern kommunizieren Sie das Erreichte, das gibt Anerkennung und Zuversicht für die nächsten Schritte. Kreieren Sie dazu auch Events, an denen Sie das Erreichte zelebrieren. Nutzen Sie die Gruppendynamik solcher Events für eine positiv verstärkende Wirkung.

Fallbeispiel Operational Excellence: *Projektmanagement-Summit*

Am Übergangspunkt von „Gestalten" zu „Umsetzen" haben wir im Fallbeispiel Operational Excellence ein Projektmanagement-Summit durchgeführt, eine Veranstaltung, zu der wir eine große Zahl unserer Projektmanager aller Standorte eingeladen haben. Allein die Tatsache, dass wir diesen Aufwand betrieben haben, das erste Mal in der Unternehmensgeschichte überhaupt, dass Projektmanager außerhalb eines spezifischen Kundenprojektes standortübergreifend zusammenkamen, war ein klares Zeichen. Auch, dass über diese paar Tage die Hälfte der globalen Geschäftsleitung zeitweise dabei war. Das Ziel dieser Veranstaltung war, eine globale Gemeinschaft zu bilden (was auch operativ nötig ist, denn die meisten Projekte werden global über mehrere Standorte abgewickelt), durch gezielt gestaltete Workshops Erfahrungen auszutauschen, die neuen Projektmanagement-Praktiken im Rahmen von Operational Excellence zu trainieren und zu vereinbaren, in welchen laufenden oder gerade startenden Kundenprojekten welche Praktiken umgesetzt werden sollten. Damit hatten wir dafür gesorgt, dass weitere Schlüsselleute an allen Standorten bereits involviert waren, bevor wir an die Umsetzung an diesen Standorten gingen. Auch haben wir die Gelegenheit genutzt, um gemeinsam Erfolge zu feiern. Insbesondere haben wir mit entsprechender Zeremonie Auszeichnungen vergeben, basierend auf vorbildlicher Umsetzung der Unternehmenswerte in Kundenprojekten. Dies war nicht nur emotional wichtig für die Teilnehmer am Event und natürlich besonders für die Empfänger der Auszeichnungen, sondern mit den entsprechenden Fotos und Videos auch für die Teilnehmer der Trainings später während der Umsetzung in den Workshops an den einzelnen Standorten. Damit konnten Emotionen positiv angesprochen werden.

Bleiben Sie ehrlich

Nicht alles im Veränderungsprozess wird klappen, nicht alle Ziele werden erreicht. Reden Sie den Status Ihrer Resultate nicht schön. Die Organisation weiß es sowieso besser und Sie verlieren nur das Vertrauen. Stehen Sie zu Fehlern und lernen Sie, was Sie anders machen können. Widerstehen Sie auch der Versuchung, den erfolgreichen Abschluss einer Veränderung zu früh auszurufen. Halten Sie Ihre Kommunikation glaubwürdig – und lassen Sie sie nicht zu „Propaganda“ verkommen. Haben Sie die Glaubwürdigkeit einmal verloren, dann glauben Ihnen die Leute auch nicht mehr die wirklichen Erfolge.

Nutzen des neuen Verhaltens erleben

Wie eingangs dieses Unterkapitels erwähnt, muss mit dem Anwenden des neuen Verhaltens auch der Nutzen dieses Verhaltens erlebt werden: nicht nur für die direkt Betroffenen, sondern durch entsprechende Kommunikation auch für die gesamte Organisation. Beispielsweise in der Einkaufstransformation; Feedback von Kunden, die sich über die ausgezeichnete Qualität der Lieferung vom neuen strategischen Partner bedanken, oder das Gewinnen von neuen Aufträgen, die nur dank der geleisteten Einkaufseinsparungen möglich waren. Dies sind äußerst wichtige Kommunikationselemente; wir haben dazu beispielsweise ein sehr erfolgreiches Video mit einem zufriedenen Kunden gemacht. Hier schließt sich auch der Kreis mit Kapitel 8, „Planen für frühe, relevante Erfolge“: Es sind diese relevanten Erfolge, die jetzt als Resultat der Veränderung zu kommunizieren sind. Dies ist wichtig, um den Menschen zu bestätigen, dass sie auf dem richtigen Weg sind.

10.6 Zusammenfassung: Neues Verhalten unternehmensweit lernen

Der Elefant muss lernen, einen neuen Pfad zu begehen. Um dies zu erreichen, ist es nötig, entsprechende Grundlagen zu berücksichtigen, wie Lernen und Verlernen, die emotionale Veränderungskurve und den „Tipping Point“. Der Schlüssel zum Erfolg ist wiederum, die Mitarbeitenden emotional zu engagieren durch das Verstehen ihrer Wahrnehmung, ihr Gefühl zu finden, beispielsweise durch Einbezug der Kundenperspektive, und Barrieren und Bedenken zu adressieren. Um das neue Verhalten zu lernen, sind motivierte und qualifizierte Trainer und gutes Trainingsmaterial nötig – für beides ist bereits in den vorgelagerten Phasen zu sorgen. Gutes Training reicht aber nicht aus, sondern die Organisation hat das neue Verhalten auch im Alltag anzuwenden. Dazu braucht sie Unterstützung und Kontrolle. Nur so ist sichergestellt, dass der Elefant auch tatsächlich den neuen Pfad nimmt und auf ihm bleibt.

Checkliste zur erfolgreichen Umsetzung der Lösung und zum Lernen des neuen Verhaltens

Voraussetzung

- Sie haben sichergestellt, dass die Organisation emotional für die Umsetzung bereit ist; insbesondere haben Sie Veränderungsbereitschaft (vgl. Kap. 6), eine Vision (vgl. Kap. 7) und Umsetzungsprioritäten (vgl. Kap. 8), die Zustimmung finden. Sie haben das z. B. durch Pulse Surveys validiert.
- Die Lösung, die umgesetzt werden soll, ist effektiv in ihrem Design ausgearbeitet, das Trainingsmaterial vorhanden und die Lösung wurde, z. B. durch Pilots, validiert (vgl. Kap. 9).

Planung der Umsetzung

- Sie haben überzeugende Trainer, am besten Personen aus der Linie, die bereits in der Gestaltung der Lösung dabei waren.
- Sie planen kleine Schritte, um so schnelle Erfolge zu ermöglichen – gleichzeitig bauen Sie genug Zeit ein, dass das neue Verhalten gelernt und angewendet werden kann.
- Sie planen die Umsetzung so, dass Sie möglichst schnell Bereiche finden, wo Sie eine kritische Menge von Leuten haben, die das neue Verhalten schon anwenden, und somit den „Tipping Point"erreichen.
- Sie planen die Umsetzung mit dem lokalen Management und beziehen es im Training mit ein, um dessen Unterstützung sicherzustellen.

Gestaltung des Trainings

- Sie holen die Leute emotional ab, wo sie sind, insbesondere auf ihrer individuellen Veränderungskurve. Sie finden das Gefühl der Leute, beispielsweise appellieren Sie an ihre Identität, schaffen Bezug zu den Kunden. Sie adressieren vorhandene Barrieren.
- Das neue Verhalten ist definiert, wird klar vermittelt, von den Trainingsteilnehmern aufgenommen und auch verstanden.
- Sie üben das neue Verhalten im Training.
- Es wird in den Trainings klar vereinbart, wie und wo das neue Verhalten in der Praxis angewendet wird.

Neues Verhalten anwenden: Unterstützung und Kontrolle

- Offerieren Sie Unterstützung für die Organisation, um das neue Verhalten im Alltag anzuwenden.
- Überwachen Sie mit geeignetem Monitoring und KPIs, dass das neue Verhalten auch angewendet wird.
- Nicht-Anwenden des neuen Verhaltens führt zu klaren Konsequenzen.

Erfolg zelebrieren

- Sie kommunizieren die Erfolge.
- Sie machen den direkt Betroffenen wie der weiteren Organisation den Nutzen des neuen Verhaltens klar, insbesondere auch den Nutzen für den Kunden.
- Sie nutzen und kreieren Events, um die Gemeinschaft in der Anwendung des neuen Verhaltens zu unterstützen.

Programmmanagement

- Ihr Change-Team ist in Höchstform, um die Umsetzung zu begleiten (vgl. Kap. 3.4 und 3.5).
- Sie haben die richtigen Projektmanagement-Fähigkeiten, um die Umsetzung zu planen und zu realisieren (vgl. Kap. 5).
- Sie adressieren Widerstand von Vorgesetzen in der Umsetzung direkt.
- Sie bleiben ehrlich; sie schönen die erreichten Resultate nicht und erklären den Erfolg nicht zu früh.

11 Verankern: Neues Verhalten festigen und Veränderungsmomentum weiterführen

11.1 Einleitung: Neues Verhalten ist zerbrechlich

Mit der Umsetzung ist das Veränderungsvorhaben noch nicht abgeschlossen, es braucht eine Verankerung des neuen Verhaltens, vgl. Abb. 11.1. Sehr häufig scheitern Veränderungsprojekte noch in dieser letzten Phase, in der das neue Verhalten noch sehr zerbrechlich ist, da ihr Erfolg von einer Person oder von ganz wenigen Schlüsselleuten abhängig ist. Beispielsweise verlässt der Change-Champion oder ein aktiv unterstützender CEO das Unternehmen, es gibt eine Reorganisation und das Ganze wird über Bord geschwemmt, ein neuer CEO setzt neue Prioritäten oder das neue Verhalten läuft der bestehenden Kultur so zuwider, dass es sich nicht langfristig halten kann. Selbst wenn sich auf operativer Ebene neue Gewohnheiten gebildet haben, sind diese sehr zerbrechlich und können durch die dominante Kultur und größere Veränderungen im Unternehmen rückgängig gemacht werden. In diesem Kapitel geht es deshalb darum, wie Rahmenbedingungen gesetzt werden können, beispielsweise bezüglich Systemen und HR-Prozessen, um die neuen Gewohnheiten nachhaltig zu verankern. Dabei wird ein spezielles Augenmerk auf die Rolle der Unternehmenskultur gelegt, wie sie einerseits das Veränderungsvorhaben beeinflusst, andererseits aber auch durch dieses selbst beeinflusst wird. Schlussendlich geht es darum, das Veränderungsprojekt erfolgreich abzuschließen und dessen Inhalt Alltag werden zu lassen. Um das Bild des Elefanten zu verwenden: In diesem Kapitel geht es darum, die Umgebung des Pfades so zu gestalten, dass der Pfad bestehen bleibt und auch der Elefant auf diesem nicht abgelenkt wird. All dies gilt nicht nur für den Inhalt des Veränderungsvorhabens, sondern auch für die Veränderungsfähigkeit selbst. Finden Sie einen Weg, das erreichte Momentum für weitere Veränderungen zu nutzen und die erworbene Veränderungsfähigkeit als Kernkompetenz des Unternehmens weiterzuentwickeln.

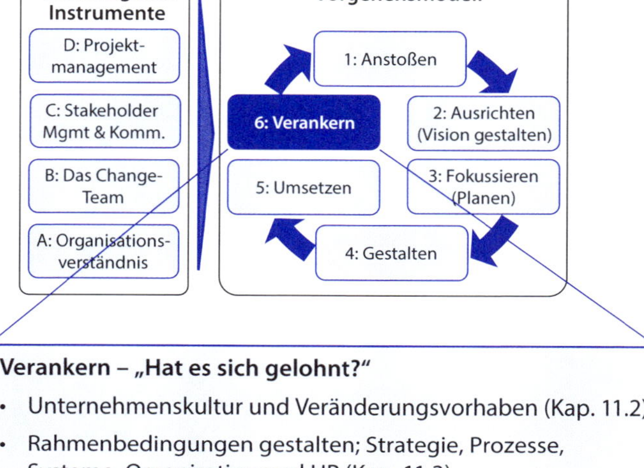

Verankern – „Hat es sich gelohnt?“

- Unternehmenskultur und Veränderungsvorhaben (Kap. 11.2)
- Rahmenbedingungen gestalten; Strategie, Prozesse, Systeme, Organisation und HR (Kap. 11.3)
- Veränderungsprojekt übergeben und abschließen (Kap. 11.4)
- Veränderungsmomentum weiterführen (Kap. 11.5)

Abb. 11.1: Verankern – Neues Verhalten festigen und Veränderungsmomentum weiterführen

Einstiegsbeispiel – *was schiefgehen kann*

In einem Veränderungsvorhaben werden erfolgreich neue Praktiken und Verhaltensweisen eingeführt. Diese wurden gemeinsam mit dem operativen Mittelmanagement entwickelt und auch durch dieses implementiert. Die operative Organisation nimmt diese neuen Praktiken mehrheitlich positiv auf und fängt an, diese systematisch anzuwenden. Doch dann gibt es eine massive Reorganisation. Diese Reorganisation beschäftigt nicht nur das Management und die operative Organisation stark, sondern das Change-Team als solches wird auch aufgelöst. Damit entfällt die Unterstützung für die Organisation in diesen neuen Praktiken und die Kontrolle, dass diese Praktiken auch angewendet werden. Durch diese Veränderungen versanden die meisten der eingeführten neuen Praktiken wieder. Sie waren noch zu schwach, um ohne unterstützende Rahmenbedingungen in einem schwierigen Umfeld zu bestehen.

Typische Fehler in der Verankerung

- Management und Change-Team sind sich der Notwendigkeit dieser Phase nicht bewusst, sehen das Veränderungsvorhaben nach dem Umsetzen als beendet an und entziehen dem neuen Verhalten somit die Möglichkeit, sich weiter zu etablieren.

- Das neue Verhalten wird durch Veränderungen, insbesondere Reorganisation und Wechsel von Schlüsselleuten, davongeschwemmt.
- Die Kraft der dominanten Unternehmenskultur wird unterschätzt. Trotz anfänglicher Erfolge ist das neue Verhalten nicht nachhaltig und versandet langsam.
- Die neuen Praktiken und Verhalten werden nicht in Strategie, Business-Prozessen und Organisation verankert.
- Das neue Verhalten wird nicht in HR-Prozessen wie Zielsetzung, Leistungsbeurteilung und Schulung neuer Mitarbeiter integriert. Insbesondere fehlen Konsequenzen für Mitarbeiter und Management, die sich nicht an das neue Verhalten halten.
- Das Momentum, das in diesem Veränderungsvorhaben erreicht wurde, wird nicht für weitere Veränderungen genutzt.
- Die aufgebaute Veränderungskompetenz zerfällt wieder nach Abschluss des Veränderungsprojektes.

Programmmanagement

Viele Aktivitäten dieser Phase der „Verankerung" können parallel zur vorausgehenden Phase „Umsetzen" durchgeführt werden, je nach Verfügbarkeit der Ressourcen. Insbesondere sind früh genug die geeigneten Zeitfenster zur Gestaltung der Rahmenbedingungen zu identifizieren, seien es jährlich wiederkehrende unternehmensweite Aktivitäten wie Planung und HR-Prozesse, Reorganisationen oder Prozess- und Systementwicklungen.

Aufbau des Kapitels

Im Folgenden wird die Bedeutung der Unternehmenskultur zur Verankerung des neuen Verhaltens besprochen und die Gestaltung der entsprechenden Rahmenbedingungen; zuerst im Bereich Strategie, Business-Prozesse und Organisation, dann im Bereich der HR-Prozesse. Anschließend wird diskutiert, wie das Veränderungsprojekt erfolgreich übergeben und abgeschlossen wird und wie die gewonnene Veränderungsfähigkeit im Unternehmen weiter genutzt und entwickelt werden kann, vgl. Abb. 11.1.

11.2 Grundlage: Gegenseitige Beeinflussung von Unternehmenskultur und Veränderungsvorhaben

„Culture eats strategy for breakfast"

Kultur wird hier verstanden als Unternehmenskultur, als Werte und Normen, die das Verhalten einer Gruppe von Leuten im Unternehmen prägen. Die Kultur zeigt sich darin, was unter den Menschen dieser Gruppe als spontan akzeptiertes Verhalten gilt – spontan als automatisch, aus dem Gefühl heraus und nicht durch langes Überlegen, wie der Elefant, der nicht tut, was der Reiter sagt. Die Kultur ist somit die tiefste Schicht einer Organisation, sie prägt alles, was im Unternehmen passiert. Dies kommt sehr schön im Ausdruck zur Geltung „Culture eats strategy for breakfast"; was immer Sie im Unternehmen erreichen wollen, es ist schlussendlich die Kultur, die entscheidet, wie sich die Organisation verhält. Die Kultur ist der Elefant, die Strategie und alle Vorsätze sind der Reiter – und im Zweifelsfalle gewinnt immer der Elefant.

Kultur und Veränderungsvorhaben

Unternehmenskultur steht am Anfang und am Schluss jedes Veränderungsvorhabens. Jede Veränderung trifft am Anfang auf die bestehende Unternehmenskultur. Entweder frisst die Kultur das Veränderungsvorhaben auf, d. h., das Veränderungsvorhaben scheitert, weil zu schwach und nicht kompatibel mit der Kultur. Oder die Kultur wird durch das Vorhaben gestärkt, wenn es z. B. darum geht, eine vorhandene Kultur der Kundenorientierung mit entsprechenden Organisationen und Prozessen noch tiefer zu verankern. Oder die Kultur – zum Beispiel fehlende Kundenorientierung – wird durch das Veränderungsvorhaben gezielt verändert. Dies ist der Grund, dass Veränderungen, die der bestehenden Kultur zuwiderlaufen und diese verändern sollen, die schwierigsten Veränderungen überhaupt sind. Umgekehrt beeinflusst jede Veränderung auch die Unternehmenskultur.

Kulturveränderung als Resultat des Veränderungsprozesses, nicht umgekehrt

Häufig ist das Ziel eines Veränderungsvorhabens, die Kultur des Unternehmens bewusst zu verändern; es gibt zu wenig Kooperation, zu wenig Kundenfokus, zu wenig Resultatorientierung etc. Häufig wird dies aber mit der falschen Logik angegangen: Es wird ein Kultur- oder Werteprogramm gestartet, um die „richtige" Kultur zu entwickeln. Man glaubt, wenn einmal die Kultur „richtig" ist, kommen automatisch die richtige Vision und Strategie sowie das richtige Verhalten. So funktioniert es aber meist nicht. Die Kultur ändert sich erst, wenn eine neue Verhaltensweise über eine längere Zeit gelebt wird. Beispielsweise wenn neue Praktiken eingeführt werden, um die Abwicklung stärker im Verkauf einzubinden: Wenn die Praktiken entsprechend definiert sind und tatsächlich gelebt werden, führen sie zu einem intensiven Zusammenarbeiten von Verkauf und Abwicklung. Und aus diesem Verhalten resultiert dann eine Kultur der Kooperation. Es macht keinen Sinn, Verkauf und Abwicklung in einen Kulturworkshop zu setzen und zu instruieren, sie sollen jetzt mehr kooperieren, ohne die Arbeitsweise und das Umfeld so zu gestalten, dass es Kooperation verlangt und ermöglicht. Kulturveränderung folgt der Verhaltensveränderung – und nicht umgekehrt. In einem Veränderungsprozess kommt die gewünschte Kultur am Schluss, als Resultat, nicht am Anfang.

Veränderung auf Werten aufbauen

Werte und Kultur sind essenziell für das Veränderungsvorhaben und von Anfang an zu berücksichtigen. Es genügt aber nicht, diese neuen Werte in Postern, Videos, Meetings etc. zu propagieren und dann zu glauben, dass die Kultur sich ändert. Diese Werte haben integraler Bestandteil des Veränderungsprozesses zu werden, sie müssen in die Vision, in die neuen Arbeitsweisen und in die neuen Gewohnheiten einfließen. Umgekehrt müssen Sie selbst diese Werte, auf denen die Veränderung implizit oder explizit basiert, im Veränderungsvorhaben vorleben. Stellen Sie insbesondere auch sicher, dass jene Personen, die eine aktive Rolle im Veränderungsvorhaben übernehmen, diese Werte ebenfalls repräsentieren. In der

Phase des „Verankerns" geht es nun darum, zu identifizieren, welches kritische Aspekte der Unternehmenskultur für das neue Verhalten sind, und abzuleiten, welche Rahmenbedingungen Sie gestalten können, um jene zu beeinflussen. Damit wird aus einem neuen Verhalten eine neue Gewohnheit.

11.3 Rahmenbedingen gestalten: Strategie, Prozesse, Systeme, Organisation und HR

Wie können Sie sicherstellen, dass das neue Verhalten in Gewohnheit übergeht und diese Gewohnheit von allen Seiten des Unternehmens unterstützt wird? Wie können Sie dem Elefanten das Leben einfacher machen? Indem Sie nicht nur einen klaren Pfad vorbereiten, sondern die Umgebung auch so gestalten, dass der Pfad aufrechterhalten bleibt und der Elefant keine Ablenkungen auf dem Pfad hat, indem Sie Rahmenbedingungen setzen, die auf das neue Verhalten einen positiven Einfluss haben. Dazu zählen insbesondere Strategie, Business-Prozesse, Strukturen und HR-Prozesse.

Verankerung in der Unternehmensstrategie

Bereits bei der Erstellung der Vision des Veränderungsvorhabens sind wir von der Unternehmensstrategie ausgegangen. Jetzt gilt es sicherzustellen, dass das realisierte Vorhaben wiederum in der Strategie verankert wird. Dies ist deshalb so wichtig, da die Strategie die Basis bildet für alle weiteren Aktivitäten des Unternehmens: den Planungsprozess und somit für Ziele und Ressourcen, als Basis für die Gestaltung von Prozessen und Organisation sowie als Ausgangspunkt für interne Kommunikation und Management-Events. Durch die Verankerung in der Unternehmensstrategie ist das neue Verhalten automatisch Bestandteil der Unternehmensagenda – was auch im Umgang mit den letzten noch vorhandenen Kritikern auf Managementebene hilft.

Anpassung von Business-Prozessen und Systemen

In einem Veränderungsvorhaben gestalten Sie meist Prozesse, Praktiken und IT-Systeme. Dies normalerweise aber nur in einem Bereich des gesamten Unternehmens und natürlich unter Berücksichtigung der entsprechenden Schnittstellen. Reflektieren Sie jetzt, wie das Gesamtsystem das neue Verhalten beeinflusst – und planen Sie entsprechende Aktionen. Am einfachsten ist es, wenn Veränderungen in diesen anderen Bereichen gerade initialisiert werden, dann können die entsprechenden Anforderungen direkt eingebracht werden. Ansonsten sind gezielt die kritischsten Bereiche zu identifizieren und eine Anpassung anzustoßen.

Fallbeispiel Einkaufstransformation: *Business-Prozesse und Systeme*

In der Einkaufstransformation des Herstellers von Stromerzeugungsanlagen ging es v. a. darum, neue Praktiken im Bereich Einkauf einzuführen, mit den entsprechenden Prozeduren und Tools. Das war aber nicht genug: Diese Praktiken zielten ja darauf ab, die Einkaufstätigkeit viel proaktiver über die gesamten Geschäftsaktivitäten zu gestalten, d. h., es wurden fast sämtliche Prozesse und einige IT-Systeme, insbesondere das ERP (Enterprise Resource Planning), davon beeinflusst. Beispielsweise mussten Einkaufsaspekte in Produktmanagement und -entwicklung, Verkauf, Projektmanagement und Engineering berücksichtigt werden. Gleichzeitig zur Einkaufstransformation lief auch ein Veränderungsprogramm zur Harmonisierung und Weiterentwicklung der unternehmensweiten Prozesse und unterstützenden IT-Landschaft. In diesem Prozessvorhaben wurde der Einkauf ein wichtiger Partner, um die neue Einkaufsphilosophie und -praktiken unternehmensweit in den Prozessen und Systemen zu verankern. Diese gemeinsame Arbeit mit den Partnern von anderen Funktionen war gleichzeitig eine sehr wichtige und wirkungsvolle Plattform, um einen konstruktiven Dialog zu führen, was diese neue Einkaufsphilosophie und -praktiken im täglichen Alltag, im täglichen Verhalten der gesamten Organisation bedeuteten. Diese übergeordnete Prozessharmonisierung wurde so zu einem wesentlichen Motor der Veränderung.

Anpassung der Organisation

Nachdem Strategie und Prozesse überarbeitet sind, ist zu analysieren, ob die Organisationsstruktur passt – und zwar in dieser Reihenfolge. Aus meiner Sicht wird in Unternehmen zu häufig versucht, Probleme über die Veränderung der Organisation zu lösen, ohne sich wirklich klar zu sein, ob und wie damit die Wurzeln der Probleme adressiert werden. Wann immer die zu lösenden Probleme mit dem Verhalten der Organisation zu tun haben – was praktisch immer der Fall ist –, hat die Veränderung auf das Verhalten zu zielen, also zuerst über die gewünschten Prozesse und Praktiken – und erst dann, welche Organisationstruktur es braucht, um dieses spezifische Verhalten zu fördern. „Form follows function" – die Organisation hat dem Prozess zu folgen – und nicht umgekehrt. Auf diese Art und Weise angewendet kann die Organisation gezielt so gestaltet werden, dass sie die gestellten Unternehmensziele und das gewünschte Verhalten unterstützt. Dies ist auch der Ansatz, den wir im Fallbeispiel Organisationsgestaltung des Papiermaschinenunternehmens angewendet haben.

Zielsetzung und Bonusstrukturen

Es gibt eine umfangreiche Diskussion über die Wirksamkeit von finanziellen Anreizen. Klar ist, dass falsche Bonussysteme und -ziele einen negativen Einfluss haben. Unabhängig davon, was für ein Bonussystem Sie haben: Stellen Sie sicher, dass diese Ziele förderlich sind für das neue Verhalten. Dies gilt insbesondere, wenn Sie ein Bonussystem haben, das stark auf individuellen Zielen basiert; stellen Sie sicher, dass die Ziele nicht nur funktional erstellt werden, sondern funktionsübergreifend. Beispielsweise Ziele zu Einkaufseinsparungen im Fallbeispiel Einkaufstransformation; es wäre falsch gewesen, diese Ziele nur dem Einkauf vorzugeben, sondern sie wurden praktisch für die gesamte Organisation verwendet, inklusive Produktentwicklung, Verkauf, Engineering, Projektmanagement und natürlich Einkauf – all diese Funktionen haben einen wesentlichen Einfluss durch ihr Verhalten auf die Einkaufseinsparungen. Diese funktionsübergreifende Zielsetzung war auch wichtig, um diesen Funktionen aufzuzeigen, wie groß ihr Einfluss auf den Einkauf ist und somit eine wichtige Diskussionsplattform für die Veränderung.

Leistungsbeurteilung, Beförderung und Umgang mit ungewünschtem Verhalten

Wie die Leistungen von Personen beurteilt werden und wer aufgrund von welchen impliziten oder expliziten Kriterien befördert oder gemahnt wird, spielt eine essenzielle Rolle auch aus der Perspektive von Veränderungsvorhaben. Es sind Leute zu befördern, die nicht nur Erfolg haben, sondern auch die Werte des Unternehmens und somit das gewünschte Verhalten verkörpern. Umgekehrt, wenn eine Person sich nicht nach den Werten verhält, muss dies auch Konsequenzen haben. Das ist nicht nur wichtig aus der inhaltlichen Perspektive, sondern auch durch die Signalwirkung in die Organisation: Die Beförderung der falschen Person oder das Ignorieren des falschen Verhaltens zeigt der Organisation sofort, dass man es mit den entsprechenden Werten und dem gewünschten Verhalten nicht ernst nimmt, dass trotz der schön formulierten Kriterien und Werte anscheinend andere Argumente in Personalfragen den Ausschlag geben. Stellen Sie also sicher, dass die richtigen Kriterien im Beförderungsprozess definiert sind und, noch wichtiger, dass diese auch eingehalten werden, z. B. dadurch, dass Beförderungen mehr organisationseinheitübergreifend und funktionsübergreifend beschlossen werden. Adressieren Sie Personen, die sich offensichtlich nicht den Werten entsprechend verhalten.

Einführung neuer Mitarbeiter

Was bei der Beförderung gesagt wurde, gilt ebenfalls für die Selektion neuer Mitarbeiter. Dazu kommt, dass Sie bei neuen Mitarbeitenden eine große Chance haben, diese zu prägen; sie wollen sich ja an der neuen Gruppe orientieren und von dieser akzeptiert werden. Machen Sie also diese neuen Mitarbeitenden vertraut mit den Werten des Unternehmens und wie diese konkret im Arbeitsalltag in den entsprechenden Prozessen und Praktiken gelebt werden. Und wenn Sie das machen, denken Sie wiederum daran, diese Praktiken nicht nur rational zu erklären, sondern emotional erlebbar zu machen, mit Animation, mit Videos von Mitarbeitenden und Kunden.

11.4 Veränderungsprojekt erfolgreich übergeben und abschließen

Wenn Unterstützung und Kontrolle erfolgreich verlaufen, der Nutzen der Veränderung in der Organisation erlebbar ist – beides vgl. Kap. 10.4 – und die Rahmenbedingungen so gestaltet sind, dass sie das neue Verhalten unterstützen, können Sie das Veränderungsprojekt abschließen.

Graduelle Projektübergabe

Wie in Kapitel 5.2 „Lebensphasen eines Veränderungsprojektes" beschrieben, ist die Projektübergabe vom Change-Team an die Linienorganisation ein mehr gradueller Prozess. Im Gegensatz zu typischen technischen Projekten wird ein Veränderungsprojekt nicht durchgeführt und am Schluss „einfach" übergeben, sondern die Veränderung wird kontinuierlich in der Organisation durchgeführt, die Verantwortung graduell vom Change-Team an die Linie übergeben. Dies bedeutet im Idealfall, dass sich nach Abschluss der „Verankerungs"-Phase das Change-Team zurückziehen kann, ohne dass sich dadurch etwas ändert, und das neue Verhalten weiterlebt und sich positiv weiterentwickelt.

Unterstützung und Kontrolle an die Linie übergeben

Die letzten Aktivitäten, die vom Change-Team an die Linie übergeben werden, sind Unterstützung und Kontrolle. Diese müssen voll in den Business-Prozess integriert und dem operativen Management übergeben werden. Insbesondere muss das Monitoring so in den Business-Prozess übernommen werden, dass auch im Geschäftsalltag nach Abschluss des Projektes die wichtigsten Kenngrößen verfolgt werden, um somit jederzeit, wenn nötig, eingreifen zu können. Ein Monitoring beispielsweise aufgebaut auf der Logik der Balanced Scorecard; also die Resultate in Bezug auf Kunden, Finanzen, Prozess und Potenzial zu messen.

Fallbeispiel Einkaufstransformation: *Monitoring*

Für die Einkaufstransformation im Projektgeschäft des Stromerzeugungsanlagenbauers haben wir folgende Kenngrößen definiert, basierend auf der Balanced Scorecard:

- **Kundenresultate:** On time delivery der eingekauften Produkte und Komponenten sowie Kundenzufriedenheit bezüglich der eingekauften Produkte und Komponenten.
- **Finanzielle Resultate:** Einkaufseinsparungen absolut (gegenüber vergleichbarem Einkaufsumfang in vorausgehenden Projekten) und Einkaufseinsparungen gegenüber Projektbudget.
- **Prozess:** Prozess-Compliance (Wird der Prozess befolgt?), Milestone-Compliance (Werden die einzelnen Milestones in der richtigen Qualität und Zeit erfüllt?), Prozentsatz des proaktiven Einkaufsvolumens (Prozentsatz des Einkaufsvolumens, für das eine Einkaufsstrategie definiert, vereinbart und umgesetzt wurde, mit definierten und freigegebenen globalen Partnern).
- **Potenzial:** Mitarbeiterzufriedenheit, Trainings-/Qualifikationslevel.

Dies ist natürlich eine sehr subjektive Auswahl aus einer Unzahl von möglichen Messgrößen – wichtig ist, immer jene zu wählen, die wirklich relevant sind als Steuerungsgröße für die spezifische Situation.

Projektabschluss

Nachdem das Projekt an die Organisation übergeben wurde, kann es durch das Project-Steering abgeschlossen werden, vgl. Kap. 5.2. Dazu sind nochmals Aufwand und Resultat zu überprüfen, Lessons Learned für die Zukunft zu sichern – und sich beim Change-Team zu bedanken und es neuen Aufgaben zuzuführen.

11.5 Veränderungsmomentum weiterführen

Momentum ausbauen – den Kreis schließen

Wenn Sie mit einem Veränderungsvorhaben diese Phase erreicht haben, dann haben Sie ein starkes Momentum generiert. Mit Sicherheit haben Sie ebenfalls weitere Bereiche identifiziert, wo Sie durch Veränderung Kundenzufriedenheit, Umsatz und Gewinn steigern können. Nutzen Sie also dieses Momentum, um weitere Bereiche anzugehen, den Aktionsradius auszuweiten. Das heißt, starten Sie den

Veränderungsprozess wieder von vorne. Nur haben Sie jetzt den großen Vorteil, dass Sie Momentum haben. Nutzen Sie es. Pflegen Sie dieses Momentum als etwas sehr Kostbares – ist es einmal verloren, ist es sehr schwierig wieder aufzubauen.

Veränderungsfähigkeit institutionalisieren; vom Projekt zur unternehmerischen Fähigkeit

Diese Fähigkeit, Veränderungen im Unternehmen erfolgreich umzusetzen, ist eine absolute Kernfähigkeit. Zusätzlich ist es auch ein Alleinstellungsmerkmal, da diese Fähigkeit von wenigen Unternehmen beherrscht wird, wie all die gescheiterten oder weit hinter den Erwartungen zurückbleibenden Veränderungsvorhaben zeigen. Haben Sie in einem Veränderungsprojekt diese Fähigkeit jedoch entwickelt, sollten Sie sich Gedanken machen, wie Sie diese Fähigkeit sichern und weiterentwickeln, um sie weiter im Unternehmen einsetzen zu können. Wie Sie also von einem einzelnen Veränderungsprojekt zu einer Veränderungsfähigkeit des Unternehmens gelangen, mit entsprechenden Ressourcen, Prozessen, Praktiken. Beispiele für diese institutionalisierte Veränderungsfähigkeit sind Project Management Office (für interne Projekte), Lean Promotion Office oder die kontinuierliche Verbesserung. Welche Form auch immer Sie wählen, entscheidend ist, dass Sie nicht in jedem Veränderungsprojekt wieder bei null anfangen, sondern dass die Erfahrungen von früheren Vorhaben systematisch einfließen und eine Veränderungsfähigkeit aufgebaut wird. Wie bei einem Kundenauftrag, wo Sie auch nicht jedes Mal von null anfangen.

11.6 Zusammenfassung: Neues Verhalten festigen und Veränderungsmomentum weiterführen

Mit der Umsetzung von Lösungen und dem Lernen des neuen Verhaltens ist das Veränderungsvorhaben noch nicht abgeschlossen. Falls das neue Verhalten nicht gefestigt wird, besteht die Gefahr, dass es langsam von der dominanten Unternehmenskultur erdrückt wird oder durch Reorganisation oder den Abgang von Schlüsselpersonen davongeschwemmt wird. Das neue Verhalten ist durch die Gestaltung von Rahmenbedingungen nachhaltig zu festigen und in der Kultur zu verankern. Wichtige Rahmenbedingungen sind das Verankern des neuen Verhaltens in der Unternehmensstrategie, in den Business-Prozessen und IT-Systemen, den Organisationsstrukturen und im Monitoring der normalen Business-Prozesse. Ebenfalls eine entscheidende Rolle spielen die HR-Prozesse wie Bonussysteme, Leistungsbeurteilung, Einarbeitung neuer Mitarbeiter und insbesondere die Konsequenzen für Personen, die sich nicht an die neuen Werte und Normen halten. Weiter muss auch die Veränderungsfähigkeit verankert werden, damit das erreichte Momentum für weitere Veränderungen genutzt wird und diese Fähigkeit als Kernkompetenz erkannt und im Unternehmen institutionalisiert wird. Schlussendlich geht es darum, aus dem Veränderungsprojekt Alltag werden zu lassen. Wenn das neue Verhalten in Gewohnheit übergegangen ist und die zugrunde liegenden Werte und Normen Teil der Kultur geworden sind, dann ist die Veränderung nachhaltig implementiert, das Ziel erreicht.

Checkliste zum Verankern: *Neues Verhalten festigen und Veränderungsmomentum weiterführen*
Voraussetzung: • Sie haben die neuen Lösungen inklusive der neuen Tools erfolgreich implementiert. Die Organisation hat das neue Verhalten gelernt. Durch Unterstützung und Kontrolle stellen Sie sicher, dass das neue Verhalten gelebt wird. (vgl. Kap. 10)
Gegenseitige Beeinflussung von Unternehmenskultur und Veränderungsvorhaben: • Sie haben erkannt, dass Sie Kultur nur durch Verhalten verändern können – und nicht umgekehrt. • Sie haben die dominante Kultur des Unternehmens verstanden – und wie die Werte und Normen des neuen Verhaltens aus dem Veränderungsvorhaben dazu passen. • Falls ihr Veränderungsvorhabens die Kultur des Unternehmens beeinflussen soll, sind Sie sich der enormen Kräfte bewusst, die Sie daran hindern wollen, und des Aufwands, den Sie betreiben müssen, um in dieser Phase das neue Verhalten zu verankern.
Strategie, Business-Prozesse, Organisation und HR-Prozesse als Rahmenbedingungen zur Verankerung des neuen Verhaltens: • Sie verankern das neue Verhalten in der Unternehmensstrategie. • Sie passen Business-Prozesse und IT-Systeme entsprechend an. • Sie passen Organisationsstrukturen, wo nötig, an, um gezielt das neue Verhalten zu fördern. • Sie gestalten Ziel- und Bonussysteme, die das neue Verhalten fördern. • Das neue Verhalten fließt in die Leistungsbeurteilung und als Beförderungskriterium ein. • Auf Verstöße gegen das neue Verhalten folgen Konsequenzen. • Neue Mitarbeiter werden in das neue Verhalten systematisch eingeführt.
Veränderungsprojekt erfolgreich übergeben und abschließen: • Sie transferieren „Unterstützung und Kontrolle" des neuen Verhaltens an die Linie als Teil des normalen Business-Prozesses. • Sie schließen das Projekt formell ab und sprechen Ihrem Change-Team Dank und Anerkennung aus und führen es neuen (Veränderungs-) Aufgaben zu.
Veränderungsmomentum weiterführen: • Sie nutzen das erreichte Momentum für weitere Veränderungen. • Sie institutionalisieren die erworbene Veränderungsfähigkeit als Kernkompetenz Ihres Unternehmens.
Programmmanagement: • Sie bleiben am Ball: Diese Phase ist vielleicht nicht die spannendste oder arbeitsintensivste – aber sehr wichtig für den nachhaltigen Erfolg der Veränderung und um das Veränderungsmomentum weiterzuführen.

12 Zusammenfassung und Ausblick

12.1 Grundverständnis von Unternehmen und Veränderungen

Veränderungen sind essenziell, scheitern aber häufig

Veränderung und Transformation spielen für Unternehmen eine überlebenswichtige Rolle. In einem sich konstant verändernden Umfeld müssen sich auch Unternehmen konstant verändern. Trotz dieser zentralen Bedeutung scheitern aber über 70 % der Veränderungsvorhaben. Diese hohe Misserfolgsquote trifft auf die unterschiedlichsten Arten von Veränderungen zu, seien es Strategie, Organisation oder Prozesse, und auch unabhängig von Themen wie Digitalisierung, Kundenorientierung, Innovation oder Globalisierung. Dabei irritiert, dass die Erfolgsquote so schlecht ist, obwohl Transformation und Veränderung seit Jahren weit oben auf der Agenda von CEOs und Beratern stehen.

Problematik: Konzeption versus Umsetzung

Einer der Gründe für das Scheitern von Transformationen liegt im häufig falschen Fokus auf der Konzeption des Inhalts der Transformation anstatt auf deren Umsetzung. Es ist aber genau die Umsetzung, die in der Praxis entscheidend für den Erfolg ist. Um Warren Bennis, einen Pionier der Leadership-Forschung zu zitieren: „Leadership ist die Fähigkeit, Vision in die Realität umzusetzen." Die Lösung liegt jedoch nicht darin, wie Visionen und Strategien besser umgesetzt werden können. Vielmehr geht es darum, das Kreieren des Inhaltes und dessen Umsetzen nicht als zwei separate Aktivitäten zu sehen, sondern – wie in diesem Buch dargestellt – als einen einzigen integrierten Transformationsprozess, der beim Anstoß für eine Veränderung ansetzt und dann bis zu deren nachhaltiger Implementierung führt.

Grund des Scheiterns: Mechanistisches Organisationsverständnis

Der eigentliche Grund des Scheiterns – auch des fehlenden Fokus auf die Umsetzung – ist das Grundverständnis des Managements bezüglich Organisationen. Es ist dieses Grundverständnis bezüglich Organisationen, Menschen, Führen und Veränderung, das wesentlich über Erfolg und Misserfolg von Transformationen entscheidet. Das häufig anzutreffende mechanistische Organisationsverständnis ist speziell problematisch für Veränderungen in modernen, komplexen und wissensbasierten Unternehmen. Dieses Verständnis, dass die Organisation wie eine Maschine funktioniert, führt dazu, dass Veränderungen top-down angeordnet werden. Das mechanistische Verständnis von linearen Ursache-Wirkungs-Ketten, einer dem Management bekannten objektiven Realität, dass Menschen primär rational handeln, der Fokus auf Objekte und das Primat der Effizienz stehen einem Erfolg von organisatorischen Veränderungen aber im Weg.

Das Unternehmen als soziales System

Der mechanistische Ansatz scheitert, weil er den Faktor Mensch nicht berücksichtigt. Es sind aber die Menschen im Unternehmen mit ihrem Verhalten und ihren Interaktionen, die das System Unternehmen prägen; das Unternehmen ist ein soziales System. Dieses ist geprägt von vielfältigen Wechselwirkungen zwischen Ursachen und Wirkungen, den unterschiedlichsten Sichtweisen auf die Realität, ja, von der eigentlichen Konstruktion der Realität durch die einzelnen Menschen und der Erkenntnis, dass Menschen – auch in Unternehmen – primär emotional handeln.

Veränderung ist Veränderung von Verhalten

Mit dem Menschen als wesentlicher Faktor des Systems Unternehmen werden Veränderungen im Unternehmen zu Veränderungen von Wahrnehmung, Gefühlen, Denken und schlussendlich dem Handeln dieser Menschen. Eine Veränderung ist erst dann „angekommen", wenn sich das Verhalten der Mitarbeitenden in den entsprechenden spezifischen beruflichen Situationen verändert hat. Das Entscheidende ist somit nicht die Strategie, die Organisationsstruktur, die Prozessdefinition, sondern wie sich die Mitarbeitenden aufgrund dieser Strategien, Strukturen und Prozesse verhalten. Was somit den Erfolg oder Misserfolg von Transformationen bestimmt, ist die Fähigkeit, das Verhalten der Mitarbeitenden gezielt zu beeinflussen.

Frühe Beteiligung der Betroffenen – Change Management in sozialen Systemen

Wie kann nun aber das Verhalten von Mitarbeitenden beeinflusst werden? Erstens braucht Verändern von Verhalten viel Zeit und Effort, um das bestehende Verhalten „aufzutauen" und das neue Verhalten wieder „einzufrieren" (vgl. Lewin, 1947). Zweitens sind Menschen nur gewillt, ihr Verhalten zu ändern, wenn sie emotional überzeugt sind, wenn sie für die Veränderung gewonnen werden. Drittens sind Unternehmen als soziale Systeme äußerst komplex, dies führt dazu, dass Unternehmen auch nicht von einer Gruppe alleine – sei es auch das Topmanagement – optimal gestaltet werden können, sondern nur durch die Berücksichtigung möglichst unterschiedlicher Perspektiven. All diese Tatsachen führen dazu, dass Veränderungen in einem Unternehmen dann erfolgversprechend sind, wenn die Mitarbeitenden von Anfang an und möglichst breit in den Veränderungsprozess einbezogen werden. Dieser frühe Einbezug dient nicht nur dazu, den Mitarbeitenden die nötige Zeit zu geben, sich auf die Veränderung vorzubereiten („aufzutauen") und sie emotional zu gewinnen, sondern auch, um durch ihre Perspektive zu einem besseren Verständnis der Situation und zu besseren Lösungen zu kommen. Somit wird die frühe Beteiligung der Betroffenen zum Erfolgsfaktor in Transformationen.

Change Management im Lichte der Evolution von Unternehmen

Eines der Hauptargumente dieses Buchs ist, dass für erfolgreiches Change Management das Unternehmensverständnis als soziales System entscheidend ist. Ich möchte dieses Argument im Lichte der Evolution von Unternehmensarten beleuchten und mich dazu auf Frederic Laloux (Laloux, 2015) beziehen. Laloux zeigt auf, wie sich Organisationsformen über die Zeit entwickelt haben; von den ersten Organisationen, basierend auf der Ausübung von Macht und Gewalt (beispielsweise Stammesorganisationen), über Organisationen, die formalisiert, strikt hierarchisch und bewahrend sind (typisch für Bürokratien), zu Leistungsorganisationen mit ihrer Konkurrenz- und Gewinnorientierung sowie Organisationen mit einem erhöhten Fokus auf Unternehmenskultur und Empowerment. Laloux argumentiert, dass wir an der Schwelle zu einer neuen Organisationsform sind, die er „Teal" nennt. Das „Teal"-Paradigma betont das Prinzip der Selbstorganisation und betrachtet die Organisation als eigenständige Kraft mit eigenem Zweck und nicht nur als Vehikel für die Erreichung der Ziele des Managements. Die „Teal"-Organisation integriert dabei Aspekte der Kulturen der vorausgehenden Organisationen und geht gleichzeitig darüber hinaus.

Was bedeuten diese Organisationsformen nun für das Change Management? In den niedrigeren Entwicklungsstufen mit weniger komplexen Organisationen ist das mechanistische Verständnis zielführend, da die meisten Veränderungen tatsächlich top-down implementiert werden konnten. Die heute dominante Form, die Leistungskultur, ist bestimmt durch das Bild des Unternehmens als Maschine – aber gerade hier versagt Change Management, basierend auf der mechanistischen Kultur. Die Bedeutung des einzelnen Menschen, um diese Unternehmen im täglichen Kampf des Wettbewerbs bestehen zu lassen, die Komplexität und Dynamik des Umfeldes bedingen ein Veränderungsvorgehen, das auf dem Faktor Mensch basiert und somit auf dem Verständnis des Unternehmens als soziales System. Und wie ist es nun mit den „Teal"-Unternehmen? Diese basieren auf dem Verständnis des Unternehmens als soziales System. Laloux stellt aber fest (Laloux, 2015, S. 214 ff.), dass „Teal"-Pioniere nie über Change Management sprechen, ja, dass Veränderung natürlich und kontinuierlich passiert. Die meisten früheren Organisationsformen, insbesondere auch das Maschinenverständnis der Leistungsorganisation, sind primär statisch, Veränderungen stellen Störungen dar, die ein notwendiges Übel sind, um sich dem verändernden Umfeld anzupassen. Im Gegensatz dazu sind „Teal"-Organisationen als lebendige, sich selbst organisierende Systeme in kontinuierlichem

Fluss. Somit kann man sagen, dass die in diesem Buch beschriebenen Prinzipien des Change Managements in einer „Teal“-Organisation voll aufgehen – und Change Management damit als separate Tätigkeit in einer „Teal“-Organisation tatsächlich überflüssig wird.

12.2 Beteiligung der Mitarbeitenden in der Praxis

Der Change-Management-Ansatz dieses Buches ist in 10 Komponenten umgesetzt: Die in Teil A beschriebenen Grundlagen und die 3 Instrumente und die in Teil B beschriebenen Phasen des Veränderungsprozesses. Zusammenfassend sind die 3 Instrumente erstens das Führen und Entwickeln des Change-Teams als treibende Kraft der Veränderung, zweitens Stakeholdermanagement und Kommunikation, um die Menschen im Unternehmen für die Veränderung zu gewinnen, und drittens Projektmanagement und Governance, um die Veränderung auf Kurs zu halten. Die Grundlagen und 3 Instrumente sind dabei bewusst getrennt von den einzelnen Phasen des Vorgehensmodells, da sie über das ganze Veränderungsvorgehen angewendet werden. Beispielsweise ist Management und Mitarbeitende über Stakeholdermanagement und Kommunikation zu gewinnen nicht eine Phase des Veränderungsvorhabens, sondern ist wichtiger und integraler Bestandteil einer jeden Phase. Jede Phase hat dabei ihre spezifischen Bedürfnisse und Schwerpunkte für diese Instrumente, die dann auch in den entsprechenden Phasen beschrieben wurden. Abschließend werden die wichtigsten Aspekte des Beteiligens der Betroffenen über diese 6 Phasen zusammengefasst:

Phase 1/Anstoßen: Handlungsbedarf klären und Motivation wecken

Die Aufgabe des „Anstoßens“ ist es, die Lücke zu identifizieren zwischen dem, was ist, und dem, was sein könnte, und Motivation zum Schließen dieser Lücke zu erzeugen. Motivation entsteht aber nicht durch das rationale Verstehen des „Warum“ der Veränderung, des „Business Cases“, sondern nur, wenn die Gefühle der Menschen angesprochen werden. Das gilt nicht nur für das Topmanagement, sondern auch für die Mitarbeitenden, was häufig vergessen wird. Und das „Auftauen“ für eine Veränderung braucht Zeit. Umgekehrt muss das Management auch gewillt sein, auf die Stimmen der Organisation zu hören und gemeinsam auf eine „Entdeckungsreise“ zu gehen, um die Situation aus möglichst vielen Perspektiven zu verstehen. Deshalb müssen die Mitarbeitenden von Anfang an einbezogen werden, noch bevor eine Vision kreiert und kommuniziert wird.

Phase 2/Ausrichten: gemeinsam eine attraktive Vision gestalten

Beim „Ausrichten“ ist nicht so sehr die Vision zu kommunizieren, sondern die Organisation zu engagieren und gemeinsam die Vision zu entwickeln. Durch die Beteiligung der Mitarbeitenden wird die Vision ausgewogener und stößt in der Organisation auf höhere Akzeptanz. Menschen, die in der Entwicklung involviert sind, brauchen keine Kommunikationsveranstaltungen. Dazu muss die Vision für die Betroffenen emotional attraktiv sein. Die Vision muss Kopf und Herz der Menschen ansprechen.

Phase 3/Fokussieren: planen für frühe, relevante Erfolge

Veränderungen sind schwer; sie sind anstrengend und drohen zu scheitern. Die Mitarbeitenden verlieren schnell die Motivation und den Glauben an die Veränderung, selbst wenn es Ihnen gelungen ist, sie in den zwei vorausgehenden Phasen zu engagieren. Deshalb ist es wichtig, für schnelle Erfolge zu planen. Nicht irgendwelche Erfolge, sondern solche, die für die Mitarbeitenden relevant sind und ihnen somit Energie und Motivation geben, die Veränderung weiterzugehen der Vision entgegen.

Phase 4/Gestalten: effektive Lösung und Verhalten erarbeiten

Um die Lösung und das gewünschte Verhalten zu erarbeiten, gibt es keinen besseren Weg, als das gemeinsam mit den Menschen – operatives Management und Mitarbeitende – zu tun, die dann diese Lösung und dieses Verhalten im täglichen Berufsalltag leben werden. Mit dem Engagieren dieser Menschen in den vorausgehenden Phasen legen Sie die Basis für diese Zusammenarbeit. Damit erhöhen Sie nicht nur die Qualität und Praktikabilität der Lösung, sondern Sie gewinnen gleichzeitig die Zustimmung der Organisation und haben die geeigneten Ressourcen, um in der nächsten Phase die Lösung umzusetzen.

Phase 5/ Umsetzen: neues Verhalten unternehmensweit lernen

In der Phase „Umsetzen“ wird die Lösung im Unternehmen realisiert und die Mitarbeitenden lernen das neue Verhalten. Die Mitarbeitenden, die aktiv in den vorausgehenden Phasen involviert waren, insbesondere im Gestalten der Lösung, nehmen hier eine aktive Rolle als Trainer ein. Hier zeigt sich auch, wie gut die Mitarbeitenden in den früheren Phasen involviert waren, wie gut das „Auftauen“ stattgefunden hat, insbesondere ob die Organisation der Notwendigkeit zur Veränderung, der Vision der Veränderung und den konkreten Lösungen rational und emotional zustimmt. Nur mit dieser Überzeugung sind Menschen bereit, Neues zu lernen.

Phase 6/Verankern: neu Gelerntes zur Gewohnheit machen

Sehr häufig wird nach der Umsetzung und dem Lernen von neuem Verhalten die Transformation als erfolgreich beendet – und scheitert noch kurz vor Schluss. Was passiert? Alte Gewohnheiten sind stark und ohne Maßnahmen wird das Neue keine Chance haben. Es braucht das „Einfrieren“. Dies geschieht durch Überwachung und Unterstützung, beispielsweise dadurch, dass die Anwendung des neuen Verhaltens gemessen wird und Abweichungen thematisiert werden. Unterstützt wird dadurch, dass Rahmenbedingungen – wie Strategie, Business-Modell, Prozesse und Tools, insbesondere auch die Personalprozesse und -tools – so gestaltet werden, dass das neue Verhalten gefördert wird. Schlussendlich geht es darum, die Kultur zu beeinflussen und aus neuem Verhalten neue Gewohnheiten zu machen.

Die Überlappung der einzelnen Phasen

Der Einfachheit halber wurde das Vorgehensmodell in 6 klar getrennten Phasen sequenziell dargestellt. In der Realität werden sich diese Phasen aber stark überlappen: Beispielsweise Phase 3: Fokussieren/Planen: Es macht Sinn, einzelne

Veränderungsaktionen zu initialisieren, um schnelle Resultate zu erzielen, bevor Anstoßen und Ausrichten abgeschlossen sind. Oder gewisse Elemente der Lösung bereits umzusetzen, bevor die Lösung als Ganzes fertig gestaltet wurde. Die Phase Verankern kann zu einem großen Teil schon während der Umsetzung oder noch früher begonnen werden. Diese Überlappungen sind wichtig, weil Sie damit die Zeitdimension der Veränderung gestalten können – beschleunigen oder verlangsamen, je nach Situation – und somit auch aktiv das Momentum der Veränderung gezielt beeinflussen können. Wichtig ist, zu erkennen, dass das Ende jeder Phase einen Meilenstein darstellt und dass somit bei Überlappungen sichergestellt wird, dass trotzdem die Voraussetzungen, und insbesondere die Bereitschaft der betroffenen Menschen, für die entsprechenden Aktivitäten der nächsten Phase gegeben sind. Es gilt also, die Phasen des Veränderungsvorgehens flexibel und bewusst an die Situation angepasst überlappen zu lassen.

Konstante Veränderung und Veränderungsfähigkeit als Wettbewerbsvorteil

In Phase 6 des Vorgehensmodells – „Verankern" – geht es nicht nur um den erfolgreichen Abschluss eines Veränderungsprojektes, sondern auch darum, die gewonnene Veränderungsfähigkeit für weitere Veränderungsvorhaben zu nutzen, also wieder in Phase 1 des nächsten Veränderungsprozesses zu gehen. Gerade in einer sich konstant verändernden Welt kann das Ziel nicht ein stabiles – starres – Unternehmen sein, sondern eines, das sich selbst konstant weiterentwickelt. Der in diesem Buch vertretene Ansatz ist, dass diese Weiterentwicklung in vielen Schritten, einer auf dem anderen aufbauend, geschehen soll und diese Schritte als Veränderungsvorhaben geführt werden. Ja, es geht darum, diese Veränderungsfähigkeit selbst als eine Kernkompetenz des Unternehmens zu erkennen und Wege zu finden, diese in der Unternehmenskultur zu verankern und weiterzuentwickeln. Somit wird diese Veränderungsfähigkeit ein Alleinstellungsmerkmal und ein Wettbewerbsvorteil für das Unternehmen.

„It's the people, stupid"

Die Fähigkeit, sich als Unternehmen konstant weiterzuentwickeln und Strategien nicht nur zu konzipieren, sondern auch erfolgreich umzusetzen, ist eine Grundvoraussetzung für den langfristigen Erfolg von Unternehmen. Diese Aufgabe ist nicht einfach, wie das Scheitern von so vielen Transformationen zeigt. Um Unternehmenstransformationen zum Erfolg zu führen, ist es unerlässlich – so der Kerngedanke dieses Buches –, die Mitarbeitenden von Anfang an in diesem Prozess zu engagieren. Es sind die Menschen eines Unternehmens die dessen Erfolg ausmachen. „It's the people, stupid."

Literaturverzeichnis

Backhausen, Wilhelm (2009): Management 2. Ordnung. Chancen und Risiken des notwendigen Wandels. Wiesbaden, Gabler.

Bertalanffy, Ludwig von (1976): General System Theory. Foundation, Development, Application. New York, Braziller.

Bruch, Heike, und Vogel, Bernd (2011): Fully charged: How great leaders boost their organization's energy and ignite high performance. Boston, Harvard Business School Publishing.

Collins, Jim (2001): Good to Great: Why Some Companies Make the Leap ... and Others Don't. New York, HarperCollins.

Covey, Stephen M.R. (2006): The Speed of Trust. New York, Free Press.

Csikszentmihalyi, Mihaly (2008): Flow: The psychology of optimal experience. New York, Harper Perennial Modern Classics.

Dweck, Carol S. (2007): Mindset: The New Psychology of Success. New York, Random House.

Doppler, Klaus, und Lauterburg, Christoph (2014): Change Management: Den Unternehmenswandel gestalten. 13. Auflage, Frankfurt/New York, Campus Verlag.

Foerster, Heinz von, und Pörksen, Bernhard (2001): Wahrheit ist die Erfindung eines Lügners. Gespräche für Skeptiker. Heidelberg, Carl-Auer.

Haidt, Jonathan (2006): The Happiness Hypothesis: Putting Ancient Wisdom and Philosophy to the Test of Modern Science. London, Arrow Books.

Heath, Chip, und Heath, Dan (2010): Switch: How to Change Things when Change is Hard. New York, Broadway. Auf Deutsch: Heath, Chip und Heath, Dan (2013): Switch: Veränderungen wagen und dadurch gewinnen. Fischer Taschenbuch, 3. Auflage.

Heifetz, Ronald, und Linsky, Marty (2002): A Survival Guide for Leaders, in: Harvard Business Review, June 2002.

Heitger, Barbara, und Doujak, Alexander (2014): Harte Schnitte – Neues Wachstum. 2. Aufl., München, mi-Wirtschaftsbuch.

Höfler, Manfred u. a. (2014) Abenteuer Change Management: Handfeste Tipps aus der Praxis für alle, die etwas bewegen wollen. 5. Auflage, Frankfurt, Frankfurter Allgemeine Buch.

Kahneman, Daniel (2011): Thinking, Fast and Slow. London, Penguin Books. Auf Deutsch: Kahneman, Daniel (2016): Schnelles Denken, langsames Denken. München, Penguin Verlag.

Koska, Claudia (2016): Change Management: Das Praxisbuch für Führungskräfte. München, Hanser Verlag 2016.

Kotter, John P. (1995): Leading Change, Why Transformation Efforts Fail, in: Harvard Business Review, March-April 1995.

Kotter, John P. (1996): Leading Change. Boston, Harvard Business School Press. Auf Deutsch: Kotter, John P (2011): Leading Change: Wie Sie Ihr Unternehmen in acht Schritten erfolgreich verändern. München, Vahlen.

Kotter, John P. (2002): The Heart of Change: Real-Life Stories of How People Change Their Organizations. Boston, Harvard Business Review Press.

Königswieser, Roswita (1999): Systemische Intervention: Architektur und Designs für Berater und Veränderungsmanager. 4. Aufl., Stuttgart, Klett-Cotta.

Königswieser, Roswita, und Hillebrand, Martin (2015): Einführung in die systemische Organisationsberatung. 8. Auflage, Heidelberg, Carl-Auer.

Laloux, Frederic (2014): Reinventing Organizations. Brussels, Nelson Parker. auf Deutsch: Laloux, Frederic (2015): Reinventing Organizations: Ein Leitfaden zur Gestaltung sinnstiftender Formen der Zusammenarbeit. München, Vahlen.

Lauer, Thomas (2014): Change Management: Grundlagen und Erfolgsfaktoren. 2. Auflage, Berlin/Heidelberg, Springer Gabler.

Liker, Jeffrey K. (2004): The Toyota Way. New York, McGraw-Hill.

Lencioni, Patrick (2002): The Five Dysfunctions of a Team: A Leadership Fable. San Francisco, Jossey-Bass.

Lewin, Kurt (1947): Frontiers of Group Dynamics: Concept, method and reality in social science, social equilibria, and social change, in: Human Relations. 1: 5–41.

Loehr, Jim, und Schwartz, Tony (2003): The Power of Full Engagement: Managing Energy, Not Time, Is the Key to High Performance and Personal Renewal. New York, Free Press.

Luhmann, Niklas (1984): Soziale Systeme. Frankfurt a. M., Suhrkamp.

McKinsey & Company (Hrsg.) (2008): McKinsey Global Survey Results: Creating organizational transformations, in: McKinsey Quarterly, July 2008.

McKinsey & Company (Hrsg.) (2016): Transformation with a capital T, in: McKinsey Quarterly, November 2016.

Miller, David (2001): Successful Change-Leaders: What makes them? What do they do that is different? In: Journal of Change Management, Volume 2, 2001 – issue 4.

Miller, Robert, und Heiman, Stephen (2005): The New Strategic Selling, New York, Warner Books.

PMI (Project Management Institute) (Hrsg.) (2013): A guide to the project management body of knowledge: PMBOK guide. 5. Auflage, Newtown Square, Pennsylvania.

Senge, Peter (1999): The Dance of Change. London/Boston, Nicholas Brealey Publishing.

Senge, Peter (2006): The Fifth Discipline: The Art & Practice of the Learning Organisation. New York, Random House.

Womack, James P., und Jones, Daniel T. (2010): Lean Thinking – Banish Waste and Create Wealth in Your Corporation. 2. Auflage, New York, Free Press.

Zander, Rosemund Stone, und Zander, Benjamin (2000): The Art of Possibility: Transforming Professional and Personal Life. Boston, Harvard Business Review Press.

Stichwortverzeichnis